普通高等院校计算机基础教育"十四五"规划教材

C语言程序设计

丁峻岭◎主　编

张伟华◎副主编

中国铁道出版社有限公司

CHINA RAILWAY PUBLISHING HOUSE CO., LTD.

内 容 简 介

C 语言是目前流行的通用程序设计语言,是许多计算机专业人员和计算机爱好者学习程序设计的首选语言。本书分为 12 章,内容包括 C 语言概述,数据类型、运算符与表达式,数据的输入和输出,选择型程序设计,循环控制,数组,函数,编译预处理,指针,结构体、共用体与枚举类型,位运算和文件。

本书遵循结构化程序设计原则,运用文字、插图等表述方法,深入浅出地介绍了 C 语言的基础算法和程序设计方法,具有良好的可读性和适用性。例题程序的编排由浅入深,注重强化知识点、算法、编程方法和技巧,并给出了详细的解释,更多地考虑到了初学者的需求。

本书可作为高等院校本、专科各专业 C 语言教材,也可作为计算机等级考试二级考试教材和自学者的参考书。

图书在版编目(CIP)数据

C 语言程序设计/丁峻岭主编. —2 版. —北京:中国
铁道出版社有限公司, 2021.8(2023.7 重印)
普通高等院校计算机基础教育"十四五"规划教材
ISBN 978-7-113-28095-6

Ⅰ.①C… Ⅱ.①丁… Ⅲ.①C 语言-程序设计-高等
学校-教材 Ⅳ.①TP312.8

中国版本图书馆 CIP 数据核字(2021)第 125124 号

书　　名:C 语言程序设计
作　　者:丁峻岭

策　　划:贾　星　　　　　　　　　　编辑部电话:(010)63549501
责任编辑:贾　星　贾淑媛
封面设计:高博越
责任校对:孙　玫
责任印制:樊启鹏

出版发行:中国铁道出版社有限公司(100054,北京市西城区右安门西街 8 号)
网　　址:http://www.tdpress.com/51eds/
印　　刷:三河市国英印务有限公司
版　　次:2007 年 2 月第 1 版　2021 年 8 月第 2 版　2023 年 7 月第 4 次印刷
开　　本:787 mm×1 092 mm　1/16　印张:17　字数:447 千
书　　号:ISBN 978-7-113-28095-6
定　　价:46.00 元

前言

党的二十大明确指出："实施科教兴国战略，强化现代化建设人才支撑。"科学技术、经济、文化和军事的发展都需要各类人才具备良好的信息技术素质，他们应当能够熟练地操作计算机，会用一门或几门计算机语言进行编程。

C 语言是目前流行的通用程序设计语言，之所以成为许多计算机专业人员和计算机爱好者学习程序设计的首选入门语言，除了 C 语言的众多优点外，最主要的还是 C 语言的实用性。

C 语言是程序设计的工具，学会使用 C 语言并不是学习的唯一目的，掌握计算机处理问题的思维方式和程序设计的基本方法，用以解决实际问题更为重要。因此，本书在详细阐述 C 语言基础知识的基础上，着重讨论了程序设计的基本原理、概念和方法，并通过实例来巩固所学的知识。

本书分为 12 章，内容包括 C 语言概述，数据类型、运算符与表达式，数据的输入和输出，选择型程序设计，循环控制，数组，函数，编译预处理，指针，结构体、共用体与枚举类型，位运算和文件。

本书遵循结构化程序设计原则，运用文字、插图等表述方法，深入浅出地介绍了 C 语言的基础算法和程序设计方法，具有良好的可读性和适用性。例题程序的编排由浅入深，注重强化各知识点及编程方法和技巧，通过详细地解释，更多地考虑到了初学者的需求。建议读者在学习 C 语言的过程中一定要多读程序，多动手编写程序，抓住"先模仿，在模仿的基础上改进，在改进的基础上提高"的学习规律。华侨大学范慧琳教授为本书编写的配套教材《C 语言程序设计习题解析与实验指导》，给出了本书各章习题的详细解答，以及实验安排与指导，强调动手实践，提高 C 语言程序设计的能力。

本书全部例题均由编者在 Visual C++ 6.0 环境下调试通过，也可在 Dev-Cpp 系统中运行。随本书配套的网络课程、作业库及 PPT 课件已在超星泛雅网络教学平台发表，读者可通过"示范教学包"建立网络课堂，或扫描右侧的二维码查看课程，或登录网址 https://mooc1.chaoxing.com/course/ 206159944.html 浏览、下载。

学习通扫码查看课程

本书由丁峻岭任主编，张伟华任副主编。其中，丁峻岭负责全书的策划和部分章节的编写工作，张伟华负责录制微课视频及部分章节的编写。本书在编写和修订过程中，得到了郑州商学院信息与机电工程学院的大力支持，衷心感谢院领导张晓冬、林海霞给予的关心和帮助。郑州商学院信息与机电工程学院的部分教师参与了本书的编写，崔刘浩、张菲菲、赵龙斌、徐英豪、李金鹏、金岗等同学参与了部分视频录制工作，在此一并表示感谢！

由于时间仓促及水平所限，书中不妥之处在所难免，恳请读者批评指正。

编　者

2023 年 7 月

第1章
C语言概述

人与人之间进行交流，要用某种能够共同理解的语言，人与计算机进行交流当然也要有"语言"。程序员或操作人员是通过按某种语言规范设计的程序来控制计算机，从而完成指定的任务。因此，程序员必须事先掌握与计算机打交道的"计算机语言"。

就像人类的语言有汉语、英语、日语等多种语种，计算机语言也有许多种，它们各自在不同的场合中使用。例如：FoxBase、FoxPro这类语言通常用于数据库的管理；汇编语言通常用在同计算机硬件、接口打交道的场合；Fortran语言用于数学计算；C语言则常用于系统软件、工程软件的设计等。

 ## 1.1 程序与程序设计

从自然语言角度讲，程序描述了解决某一问题的方法和步骤。从计算机角度讲，程序是用计算机能够理解并可执行的某种计算机语言描述的解决问题的方法和步骤。程序的特点是有始有终，每个步骤都能操作，所有步骤执行完毕，对应问题得到解决。

例如，某个会议的议程安排如下：

第一项 宣布会议开始。

第二项 全体起立唱国歌。

第三项 宣读嘉奖令。

第四项 颁发奖励证书。

⋮

第 N 项 宣布会议结束。

又如，求解 $ax^2+bx+c=0$（设 $a \neq 0$）实数根的步骤如下：

第一步 获得系数 a，b，c。

第二步 计算 b^2-4ac 并赋予 d（即 $d=b^2-4ac$）。

第三步 根据 d 值求实数根并输出结果。

① 若 $d>0$，则计算两实数根：

$$x_1 = \frac{-b+\sqrt{d}}{2a} , \quad x_2 = \frac{-b-\sqrt{d}}{2a}$$

输出"有两个实根，分别为 x_1、x_2"，然后转到第四步。

② 若 $d<0$，输出"没有实根"，然后转到第四步。

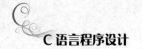

③ 若 $d=0$，计算 $x_1=x_2=(-b/2a)$，

输出"有两个相同的实根 x_1 或 x_2"，然后转到第四步。

第四步　结束。

程序设计就是将分析解决问题的方法步骤记录下来的过程。

例 1-1　用 C 语言编写的程序。

```
#include <stdio.h>  /*在程序中使用了输入/输出函数，插入其所在库*/
#include <math.h>   /*在程序中使用了数学类的函数，插入其所在库*/
void main()         /*主函数名*/
{   float a,b,c,d,x1,x2;              /*提前说明程序中用到的变量*/
    printf("请输入系数a,b,c:");        /*在程序中显示的提示信息*/
    scanf("%f,%f,%f",&a,&b,&c);       /*输入a,b,c三个系数*/
    d=b*b-4*a*c;                      /*计算b*b-4ac并赋予d*/
    if(d>0){ x1=(-b+sqrt(d))/(2*a);  /*若d>0,计算并输出两个实根*/
             x2=(-b-sqrt(d))/(2*a);
             printf("\nX1=%f,X2=%f",x1,x2);
    }
    else if(d<0)printf("没有实数根! ");  /*若d<0,输出没有实根*/
        else{ x1=x2=-b/(2*a);           /*若d=0,计算并输出重根*/
              printf("\nX1=X2=%f",x1);
        }
}
```

视频

求解一元二次方程

运行程序，屏幕显示结果如下：

```
请输入系数a,b,c:1,6,2<回车>              /*键盘输入1，6，2三个系数*/
X1=-0.354249,X2=-5.645751
```

需特别指出的是，初学者在开始编程时就要注重程序的格式，保证其可读性，并加入必要的注释。

初级程序员对于一个简单的问题，若要用计算机解决，具体步骤大致为：

（1）接受并分析问题，确定待解决问题的计算或处理方法。

（2）将实际问题转变为一个数学问题，用数学模型（表达式）描述。

（3）编制程序流程图，确定程序结构。

（4）选择计算机语言和它的工作模式。

（5）编写程序。

（6）上机编辑、调试（包括编译和连接），消除语法错误。

（7）如果结果正确则生成最终的用户程序，否则返回步骤（1）从头再来，找出逻辑或设计错误所在。

对于一个大型软件来说，在它的设计过程中会涉及许多复杂的问题，所以仅仅采用上面的步骤是不够的，必须按软件工程的方法进行设计。

1.2　C 语言的特点

各类计算机语言的发展历程大致为：先有机器语言，再有汇编语言，最后出现中级语言和高级语言。

机器语言是各类语言在计算机上运行和存储的最终形式。它是由二进制编码组成，各命令和地址均用对应的二进制码表示。汇编语言用具有一定意义的符号代替机器语言中的各条命令和地址。汇编语言必须通过汇编程序把其中的符号还原成对应的二进制码才能运行。由于用上述语言所编写的程序只能在同类型的计算机上执行，所以又称它们为"面向机器的语言"或"低级语言"。

为了使程序能够脱离具体的机器硬件，将一般程序员从对机器内部结构的深入了解中解放出来，并使程序的编写接近日常的数学表达习惯，计算机专家们设计出了一系列的高级语言。高级语言程序也必须经过编译，转换成机器语言才可以运行。由于高级语言是面向问题和算法的过程描述，所以它们又称为"面向问题的语言"。

用高级语言或汇编语言编写的程序称为源程序，必须将其翻译成二进制的机器语言程序后才能执行。翻译有两种方式：一种是通过"解释程序"翻译一句执行一句的方式运行；另一种通过"编译程序"一次翻译产生目标程序，然后执行。

虽然高级语言适应面较宽，但它使程序员对硬件的控制能力大为减弱。因此，随后又出现了一系列既保留高级语言的使用简便、可读性好等特点，又具备汇编语言所具有的对硬件的强大控制能力的"中级语言"，常见的就是 C 语言。

（1）C 语言本身的特点主要有：

- 表达能力强，能实现汇编语言的大部分功能，可直接访问内存物理地址和硬件寄存器，能进行位运算。
- 流程控制结构化、程序结构模块化。有顺序、选择、循环三种控制结构，是理想的结构化语言，符合现代编程的风格。
- 语言简练、紧凑。C 语言共有 32 个关键字，9 种控制语句，程序书写形式自由，如"i=i+1;"在 C 中还可写为"i++;"。
- 数据结构丰富，具有现代化语言的各种数据结构，能用来实现各种复杂的数据结构的运算。
- 运算符丰富。C 语言有 34 种运算符，把括号、赋值、强制类型转换等都作为运算符处理。

（2）C 语言的应用特点主要有：

- C 程序代码质量高。编译后生成的目标程序运行速度高，占用存储空间少，几乎与汇编语言相媲美。
- 可移植性好。不作改动或稍加改动就能从一个机器系统移植到另一个机器系统上。

（3）C 语言的主要不足是：语法限制不太严格、数据类型无严格的对应关系，既是灵活之处又是不足之处。

1.3 C 程序的基本结构

下面先介绍几个简单的 C 程序，然后从中分析、理解 C 程序的基本结构。

例1-2 编程显示某一字符串。

```
#include <stdio.h>          /*在程序中使用了输入/输出函数，插入其所在库*/
void main()                 /*主函数*/
{
  printf("同学们，你们好! ");   /*显示常量字符串"同学们，你们好!"*/
}
```

运行结果：

同学们，你们好!

例 1-3 求三个实数的平均值。

```c
#include <stdio.h>        /*在程序中使用了输入/输出函数,插入其所在库*/
void main()               /*主函数*/
{ float a,b,c,d;          /*定义存放实数的变量*/
  a=1.23;b=-4.56;c=7.89;  /*给各变量赋值*/
  d=(a+b+c)/3;            /*将三个实数的平均值赋予d*/
  printf("d=%f",d);       /*显示运行结果*/
}
```

视 频

求三个实数的
平均值

运行结果:

d=1.520000

例 1-4 由键盘输入三个整数,显示其中的最大值和最小值。

要求:求最大值和最小值用函数实现。

```c
#include <stdio.h>  /*在程序中使用了输入/输出函数,插入其所在库*/
/*定义一个名为max()的函数,功能是返回三个数中的最大值*/
int max(int i1,int i2,int i3)
{   int m;                    /*定义一个存放中间结果的变量*/
    if((i1>=i2)&&(i1>=i3)) m=i1;
    else if((i2>=i1)&&(i2>=i3)) m=i2;
        else m=i3;
    return m;                 /*返回变量m中获得的最大值*/
}
/*定义一个名为min()的函数,功能是返回三个数中的最小值*/
int min(int i1,int i2,int i3)
{   int m;                    /*定义一个存放中间结果的变量*/
    if((i1<=i2)&&(i1<=i3)) m=i1;
    else if((i2<=i1)&&(i2<=i3)) m=i2;
        else m=i3;
    return m;                 /*返回变量m中获得的最小值*/
}
void main()                   /*主函数*/
{   int a,b,c,d;              /*定义存放实数的变量*/
    printf("请输入三个整数值:");  /*显示提示信息*/
    scanf("%d,%d,%d",&a,&b,&c);  /*输入变量a,b,c*/
    d=max(a,b,c);            /*求最大值*/
    printf("\n最大值是:%d",d);  /*显示最大值*/
    d=min(a,b,c);            /*求最小值*/
    printf("\n最小值是:%d",d);  /*显示最小值*/
}
```

视 频

求最大值和最
小值

运行程序,屏幕显示结果如下:

请输入三个整数值:7,4,5<回车> /*从键盘输入三个数:7,4,5*/

最大值是:7

最小值是:4

从上述三个例子可以看出:

(1)C 程序是由若干个函数构成的,每个 C 程序有且仅有一个主函数(函数名规定为 main)。

(2)每个函数(含主函数)的定义分为两部分——函数说明部分和函数体。

(3)组成 C 语言源程序的基本单位是语句。C 程序中的语句最后总要有一个分号(;)作为每个语句的结束。

（4）程序中的"注释"是用"/*"和"*/"括起来的任意字符段落。在程序设计中经常使用的另一种注释是"//"，同一行中"//"后面的所有字符均为注释字符，直到换行结束。注意两种注释的区别。

（5）C程序的书写格式很灵活，在一行上可以书写多个语句。

（6）C程序的执行总是从主函数的第一条语句开始，并在主函数中结束。主函数的位置是任意的。

（7）主函数可以调用任何非主函数，任何非主函数都可以相互调用，但不能调用主函数。

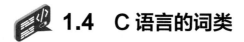 # 1.4　C语言的词类

1.4.1　字符集

在C语言程序中允许出现的所有基本字符的组合称为C语言的字符集。C语言的字符集主要分为52个大小写英文字母、10个数字、33个键盘符号和若干转义字符。

1.4.2　保留字

在C语言的程序中有特殊含义的英文单词称为"保留字"或"关键字"，主要用于构成语句、进行存储类型和数据类型定义。表1-1中列举了C语言的32个关键字。

表1-1　C语言的32个关键字

分　类	关　键　字
数据类型（14）	char, short, int, unsigned, long, float, double, struct, union, void, enum, signed, const, volatile
存储类型（5）	typedef, auto, register, static, extern
流程控制（12）	break, case, continue, default, do, else, for, goto, if, return, switch, while
运算符（1）	sizeof

1.4.3　标识符

标识符是用户自定义的一种字符序列，用于变量名、函数名、常量名等，主要由程序设计者指定，也可以由系统指定。C语言标识符的命名是有规则的：

（1）标识符只能由字母、数字和下画线组成，且第一个字符必须是字母或下画线。

（2）不能与上述32个关键字同名，最好不要与库函数和预编译命令同名。

（3）美国国家标准化协会（ANSI）规定C语言标识符的有效长度不大于32个字符。而PC中通常是前8个字符有效。

（4）C语言区分大小写，如变量sum和Sum是不同的。

1.4.4　分隔符

分隔符是用来分隔标识符的符号。空格字符、水平制表符、垂直制表符、换行符、换页符及注释均是C语言的分隔符，通称为空白字符。空白字符在语法上仅起分隔单词的作用。在相邻的

标识符、关键字和常量之间需要用一个或多个空白字符（不同个数的空白字符效果是一样的）将其分开。

1.5 C 程序的上机过程

在这一节，我们通过一个简单的 C 程序阐述如何在各类编译环境中运行 C 程序，从而对 C 程序的上机步骤有一个初步的印象。

1.5.1 VC++ 6.0 编写 C 程序的步骤

Visual C++ 6.0 简称为 VC++ 6.0，是微软 1998 年推出的一款 C/C++ IDE，界面友好，调试功能强大。VC++ 6.0 是一款革命性的产品，非常经典，至今仍然有很多企业和个人在使用，很多高校也将 VC++ 6.0 作为 C 语言的教学基础和上机实验的工具。

1. 创建空工程

（1）打开 Visual C++ 6.0。

（2）执行"文件"→"新建"（File→new）菜单命令或按【Ctrl+N】组合键，弹出图 1-1 所示的"新建"对话框。

（3）在"新建"对话框中选择"工程"选项卡中的 Win32 Console Application（Win32 控制台应用程序）选项。

（4）输入工程名称：cDemo（可按命名原则命名）。

（5）在"位置"下拉列表中选择程序保存目录。

（6）上述设置好后单击"确定"按钮。

（7）在弹出的"您想要创建什么类型的控制台程序？"选项中，选择"一个空工程"单选按钮，然后单击"完成"按钮，如图 1-2 所示。

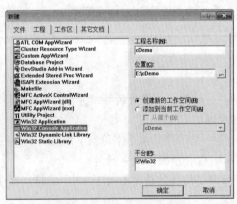

图 1-1 "新建"对话框　　　　　　　　图 1-2 控制台应用程序向导

（8）弹出图 1-3 所示的对话框，单击"确定"按钮。

2. 创建 C 源程序文件

（1）执行"文件"→"新建"（File→new）菜单命令或按【Ctrl+N】组合键，弹出图 1-4 所示的"新建"对话框。

（2）在弹出的"新建"对话框的"文件"选项卡中选择 C++ Source File 选项。

（3）单击选中"添加到工程"复选框。

（4）在"文件名"文本框中输入文件名 hello.c（可按命名原则命名，但文件名扩展名一定为.c，否则默认为.cpp）。

（5）在"位置"下拉列表中选择程序保存目录（一般默认）。

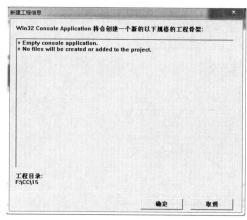

图 1-3 "新建工程信息"对话框

图 1-4 "新建"对话框

（6）上述设置好后单击"确定"按钮，显示编辑窗口。

3. 输入编辑源程序

（1）在工作区中可以看到刚才创建的工程和源文件，如图 1-5 所示。

（2）在图 1-6 所示的编辑窗口输入以下源程序：

```
#include <stdio.h>
void main()
{ printf("hello!\n"); }    // 运行结果是: hello!
```

图 1-5 工作区

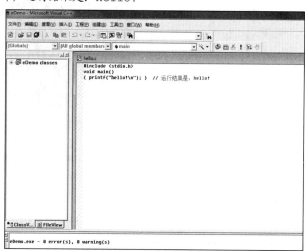

图 1-6 编辑代码

4. 调试、运行源程序

可以在"组建"菜单中找到编译、组建和执行的功能，如图 1-7 所示。

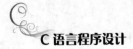
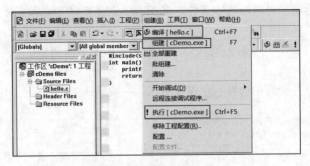

图 1-7 "组建"菜单命令

更加简单的方法是使用快捷方式，如图 1-8 所示。

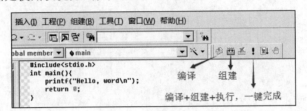

图 1-8 各快捷按钮

保存编写好的源代码，单击执行按钮 ! 或按【Ctrl+F5】组合键，如果程序正确，可以看到运行结果，如图 1-9 所示。

图 1-9 程序运行结果

若程序出现上述运行结果，表明程序创建并运行成功。

5. 说明

（1）编译生成的.exe 文件在工程目录下的 Debug 文件夹内。以上面的工程为例，路径为 E:\cDemo，打开看到有一个 Debug 文件夹（见图 1-10），进入可以看到 cDemo.exe。如图 1-11 所示，在 Debug 目录中还会看到一个名为 hello.obj 的文件。.obj 是 VC 生成的目标文件。

图 1-10　Debug 文件夹　　　　　　　　　图 1-11　Debug 文件夹内容

（2）工程文件说明。

如图 1-10 所示，进入工程目录 E:\cDemo，除了 hello.c，还会看到很多其他文件，它们是 VC++ 6.0 创建的，用来支持当前工程，不属于 C 语言的范围，可以忽略它们。这里进行简单的说明：

- .dsp 文件：DeveloperStudio Project，工程文件（文本格式），用来保存当前工程的信息，例如编译参数、包含的源文件等，不建议手动编辑。当需要打开一个工程时，打开该文件即可。
- .dsw 文件：DeveloperStudio Workspace，工作区文件，和 DSP 类似。
- .ncb 文件：是 "No Compile Browser" 的缩写，VC++ 6.0 自动创建的跟踪文件，其中存放的供 ClassView、WizardBar 和 Component Gallery 使用的信息由 VC++ 6.0 开发环境自动生成。
- .plg 文件：日志文件（HTML 文件），保存了程序的编译信息，例如错误和警告等。

一个工程可以包含多个源文件和资源文件（图片、视频等），但只能生成一个二进制文件，例如可执行程序.exe、动态链接库.dll、静态链接库.lib 等。工程类型决定了不同的配置信息，也决定了生成不同的二进制文件。

1.5.2　VC++ 2010 编写 C 程序的步骤

Visual C++ 2010 简称 VC++ 2010，下面介绍如何在 Visual C++ 2010 Express 编译环境中编写、调试、运行程序，并得到正确结果。

1. 启动系统

在 Windows 环境下，启动 Visual C++ 2010 Express 系统，然后选择 C++编程环境。

2. 创建空项目

（1）在 "起始页"，选择 "新建项目" 或执行 "文件→新建→项目" 菜单命令，打开图 1-12 所示的 "新建项目" 对话框。

图 1-12　"新建项目" 对话框

（2）在"新建项目"对话框中，选中"Win32 控制台应用程序"选项，在"名称"文本框中输入项目名称，例如"课程设计"；单击"位置"文本框右边的"浏览"按钮，选择项目文件保存位置；默认情况下，已经选中"为解决方案创建目录"复选框，此时"解决方案名称"就是项目名称。

（3）单击"确定"按钮，打开图 1-13 所示的"Win32 应用程序向导"对话框。

（4）在向导对话框中，单击"下一步"按钮，进入向导的第二步。选中"空项目"复选框，单击"完成"按钮（见图 1-14），打开 VC++ 2010 Express 工作窗口。

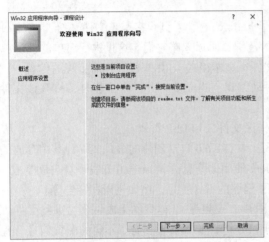

图 1-13 "Win32 应用程序向导"对话框 1

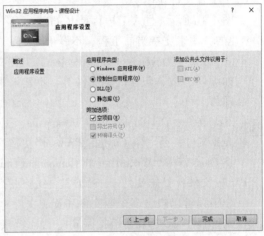

图 1-14 "Win32 应用程序向导"对话框 2

3. 创建程序文件

在工作窗口中右击"解决方案资源管理器"中的"源文件"图标，在弹出的快捷菜单中选择"添加→新建项"命令，创建新的 C/C++源程序文件；选择"添加→现有项"命令，添加已有的 C/C++源程序文件。工作窗口如图 1-15 所示。

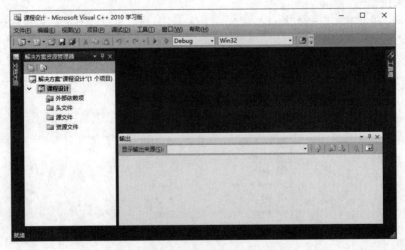

图 1-15 工作窗口

（1）选择"添加→新建项"命令，打开"添加新项"对话框，选中"C++文件"选项，在"名称"文本框中输入 C 程序文件名，例如输入"a01.c"（注意输入文件扩展名为.c，默认扩展名

是 .cpp），单击"位置"文本框右侧的"浏览"按钮，选择 C 程序文件的保存位置。单击"添加"按钮，打开编辑窗口，开始编辑程序代码，输入以下代码：

```
#include <stdio.h>
void main()
{ printf("Hello!\n"); }  // 运行结果是: Hello!
```

（2）选择"添加→现有项"命令，打开"添加现有项"对话框，选中已经存在的源程序文件，单击"添加"按钮，打开编辑窗口。

4．运行程序

（1）单击实心箭头按钮 ▶ ▷，启动调试；单击空心箭头按钮，开始执行。

（2）执行"文件→关闭解决方案"菜单命令，关闭当前程序，创建下一个工程文件和程序文件。

课 后 练 习

1. 怎样理解和认识 C 程序的基本结构？
2. 什么是源程序、编译程序和解释程序？
3. 用户自定义的标识符可以和库函数名同名吗？
4. 简述从编辑 C 源程序到生成可执行文件并运行的全过程。
5. 请参照本章示例，编写一个显示"Very good!"的 C 程序。
6. 请参照本章示例，编写一个 C 程序，显示以下信息：

```
 ^ ^
 @ @
  -
```

7. 请参照本章示例，编写一个 C 程序，计算并显示表达式 (a*b)/c+(x+y) 的值（其中 a=2，b=3，c=2，x=7，y=13）。

第2章
数据类型、运算符与表达式

一个完整的程序应包括数据和操作两个要素。数据是程序处理的对象；程序对数据进行的处理称为操作，也就是我们常说的算法。

本章主要介绍有关 C 语言描述数据的方式以及对数据的一些基本操作。

 ## 2.1　C 语言的数据类型

C 语言的数据类型要比一般高级语言丰富，包含数组、结构体、共同体和指针等数据类型。图 2-1 列出了 C 语言所提供的一些数据类型。

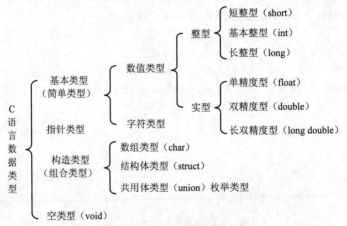

图 2-1　C 语言数据类型

构造类型数据是指由基本类型数据按一定的规律构造而成的。例如，若干个整型数的有序排列就构成一个整型数组。

 ## 2.2　常量与变量

C 语言的数据在程序中用变量和常量来表述。所谓常量，指有固定值的数据，在程序执行期间其值不能发生变化。变量则是指在内存中用来存储数据的存储单元，其值可以变化。

2.2.1 常量

常量分为直接常量和符号常量。

直接常量就是人们平时常说的常数（常量），例如，1.2, 3, 'a' 都是直接常量。由于从字面上即可直接判定它们是属于哪一类型的常量，因此又被称为"字面常量"。常见的字面常量有：整型、实型、字符型和字符串型。

符号常量则是指在一个程序（或程序段）中指定用一个符号（标识符）代表一个常量。

例2-1 计算买 10 只鸡的钱（每只鸡卖 30 元）并显示运行结果。

```c
#include <stdio.h>
#define JIAQIAN 30
void main()
{  printf("\n 买%d 只鸡的钱是%d 元", 10,10*JIAQIAN);
   printf("\n 买%d 只鸡的钱是%d 元",20,20*JIAQIAN);
}
```

视频

计算买 10
只鸡的钱

运行结果为：

买 10 只鸡的钱是 300 元
买 20 只鸡的钱是 600 元

程序中 10 为直接常量，JIAQIAN 是符号常量。定义符号常量要用#define 命令，它是一种"预编译命令"，作用是在预编译时将程序中凡出现 JIAQIAN 的地方全部用 30 代替，使程序更容易理解，可读性强，而且当需要修改鸡的单价（JIAQIAN）时，只需要改一处即可，这样的处理使编程简便又不易出错。

2.2.2 变量

1. 变量的概念

在程序运行时，数据被存放在一定的存储空间中。数据连同其存储空间被抽象为变量。

在程序中引用一个变量，实际上是对指定的存储空间的引用。因此必须先开辟（分配）存储空间才能引用它。即在引用变量之前必须先定义变量，指定其类型。在编译时就会根据指定的类型分配其一定的存储空间，并决定数据的存储方式和允许操作的方式。

例2-2 定义一个整数变量并在屏幕上显示其内容。

```c
#include <stdio.h>
void main()
{  short a;              /*定义一个整数变量 a*/
   a=0x1234;            /*向 a 赋值*/
   printf("a=%x",a);    /*在屏幕上显示 a 的内容*/
}
```

视频

定义并显示整
型变量

以上程序执行 short a 后，会在内存空间中开辟出两个字节的空间（见图 2-2），并以 a 为变量名标识单元 700～701。这个存储空间的首地址就称为该变量的地址。空间中所存储的数据，称为 a 变量的值（即变量值）。

执行 a=0x1234 后，内存中的情形如图 2-3 所示。

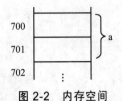

图 2-2　内存空间

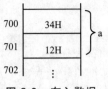

图 2-3　存入数据

2. 变量的定义

定义一个变量就是说明一个变量名并为其指定数据类型。在 C 语言中，定义变量的一般形式为：

数据类型　变量名；

在例 2.2 中，short a 语句完成了对变量的定义过程。变量 a 被定义成短整型变量。下面再举几个变量定义的例子：

```
int   i,j;            /*定义i,j为基本整型变量*/
short s1,s2;          /*定义s1,s2为短整型变量*/
long  zj;             /*定义zj为长整型变量*/
```

3. 变量的赋值

（1）向变量所代表的存储单元传送数据的操作被称为赋值。在例 2-2 中，"a=0x1234;" 语句完成了对变量 a 的赋值过程。

（2）C 语言中，赋值操作用 "=" 表示，一般形式为：

变量=表达式

请看下面的语句：

```
a=1;                  /*把1传送给a*/
a=a+1;                /*把a的值加1后传给a，这时a的值为2*/
```

> 🐦 **说明：**
>
> ① "=" 是赋值符号，不是等号。在 C 语言中，关系运算符等于号用 "==" 表示。
>
> ② 赋值运算是将 "=" 右侧表达式的值赋给 "=" 左侧的变量。执行步骤为先计算（表达式的值）再（向变量）赋值。

（3）C 语言中把用赋值号连接变量和表达式的式子称为赋值表达式。

例如，a=3+5 是一个赋值表达式，赋值表达式的值是被赋值后的变量的值（也就是 8）。可以将一个赋值表达式的值再赋给另一个变量。例如：

b=(a=3+5)

赋值表达式

因为赋值运算符的运算方向是自右至左，即先将 3+5 的值赋给 a，再将 a 的值赋给 b。因此上面的表达式还可以省略为：b=a=3+5。依此类推，可以写出一个包含多个赋值运算符的赋值表达式：

d=c=b=a=3+5

4. 变量的初始化

在定义变量时对变量赋予初值的操作称为变量的初始化。例如：

```
int a=3;                      /*指定a为整型变量，初值为3*/
char b='D';                   /*指定b为字符型变量，初值为'D'*/
```

定义一个全局或静态变量时，如果未被初始化，其值默认为 0。定义一个局部自动变量时，如果该变量未被初始化，其值将不确定。

 **2.3　整 型 数 据**

2.3.1　整型常量

整型常量可以使用十进制整数、八进制整数、十六进制整数表示。

C 语言规定，程序中凡出现以数字 0 开头的数字序列，一律作为八进制数处理。凡出现以 0x 开头后面跟若干位数字的，一律作为十六进制数处理。例如：

- 5121：十进制整数。
- 0111：八进制数，等于十进制数 73。
- 010007：八进制数，等于十进制数 4 103。
- 0177777：八进制数，等于十进制数 65 535。
- 0xFFFF：十六进制数，等于十进制数 65 535。
- –32768：十进制负数。
- 0xA3：十六进制数，等于十进制数 163。

在使用不同进制数的常量时，要注意数字的合法性。下面不是合法的整型常量：

- 09876：非十进制数，又非八进制数，因为有数字 8 和 9。
- 20fa：非十进制数，又非十六进制数，因为不是以 0x 开头。
- 0x10fg：出现了非法字符。

由于一个短整型无符号整数以 2 个字节存储，因此数的范围为 0 ~ 65 535，用八进制数表示则为 0 ~ 0177777，用十六进制数表示为 0x0 ~ 0xFFFF。超出上述范围的整型常数，要用长整数（32 位，长整数的存储空间为 4 个字节）表示。

在 C 语言中，整型数后加字母 l（或 L）为长整数。例如：

- –12L：十进制长整数。
- 774545L：十进制长整数。
- 076L：八进制长整数，等于十进制数 62。
- 0200000L：八进制长整数，等于十进制数 65 536。
- 0x12L：十六进制长整数，等于十进制数 18。
- 0x2000L：十六进制长整数，等于十进制数 8 192。

2.3.2　整型变量

1. 整型变量的分类

1）有符号数

（1）短整型，以 short int 或 short 表示。数值范围：–32 768 ~ 32 767，占 2 个字节。

（2）长整型，以 long int 或 long 表示。数值范围：–2 147 483 648 ~ 2 147 483 647，占 4 个字节。

（3）基本型，以 int 表示。数值范围：–32 768 ~ 32 767，占 2 个字节；或–2 147 483 648 ~ 2 147

483 647，占 4 个字节。

（2）无符号数

（1）短整型，以 unsigned short int 或 unsigned short 表示。数值范围：0 ~ 65 535，占 2 个字节。

（2）长整型，以 unsigned long int 或 unsigned long 表示。数值范围：0 ~ 4 294 967 295，占 4 个字节。

（3）基本型，以 unsigned int 表示。数值范围：0 ~ 65 535，占 2 个字节；或 0 ~ 4 294 967 295，占 4 个字节。

虽然一个无符号整型变量中存放的数的大小比有符号整型变量扩大了一倍，但是一个无符号整型变量中存放的数的范围（数量）与有符号整型变量中存放的数的范围（数量）是一样的。

2. 整型变量的定义

由前面学习已知，定义变量的一般形式为：

数据类型　变量名列表；

那么，具体到整型变量，可以相应地定义如下：

```
int x,y;                    /*定义 x,y 为整型数*/
unsigned short m,n;         /*定义 m,n 为无符号短整型数*/
long a;                     /*定义 a 为长整型数*/
```

2.3.3　整型数据的存储方式

（1）C 语言标准并未具体规定各种数据类型占多少字节，只要求 int 型的长度应大于或等于 short 型且小于或等于 long 型。由各种 C 版本自己确定各自的长度。

（2）在内存中存储有符号整数时，一般以其最高位（即最左边一位）表示数的符号，以 0 表示正，以 1 表示负。

（3）数值是以补码形式存放的，一个正数的补码就是该数的二进制数，如 $(10)_{10}$ 的补码为 $(0000000000001010)_2$，它在计算机内的存储形式如图 2-4 所示。

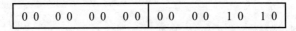

| 00 | 00 | 00 | 00 | 00 | 00 | 10 | 10 |

图 2-4　10 的补码在计算机内的存储形式

一个负数的补码的获取方法是：

① 取该数的绝对值。

② 以二进制形式表示。

③ 对其按位取反。

④ 加 1。

例如，–10 的补码可以这样得到：

① 取绝对值，为 10。

② 将 10 转换为二进制形式，即 00000000 00001010。

③ 按位取反得 11111111 11110101。

④ 加 1 后得 11111111 11110110。

11111111 11110110 即为 –10 的补码。它在计算机内的存储形式如图 2-5 所示。

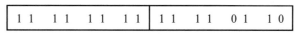

图 2-5 −10 的补码在计算机内的存储形式

所有负数的二进制数的最高位必然是 1。从每个数的最高位的状态（0 或 1）可以判定该数的正或负。

（4）前面讲到的 short，int，long 型整数，都是隐含 signed（带符号），因此：

2.4 字 符 类 型

2.4.1 字符与 ASCII 码

在计算机中，数字是用二进制表示的。而计算机处理的问题中不仅仅是数字，还包括各种字符，如大小写英文字母、标点符号、运算符号等。为了使计算机能识别和处理它们，就需要按特定的规则用若干位二进制的组合来表示各种字符。为了标准化起见，微型计算机普遍采用了 ASCII 码。ASCII 码的使用方便了不同计算机设备间的数据传输。

ASCII 码（即美国标准信息交换码）就是用一些标准化的数值表示字母和数字字符的二进制编码。它用一种特定的二进制格式代表每一个字母、数字和与标准的打字机键盘有关的特殊字符，同时也包括对特殊控制码的表示，从而实现字符与 ASCII 码的互换。起初的 ASCII 码是用七位二进制数表示 128 个不同的字符，后来 IBM PC 采用了八位的扩展 ASCII 码，可表示 256 个不同的字符，其中包括一些特殊的图形字符、数字符号、外语符号等。

例如，数字字符 0 ~ 9 对应的 ASCII 码值是 48 ~ 57，英文大写字母 A ~ Z 对应的 ASCII 码值是 65 ~ 90，英文小写字母 a ~ z 对应的 ASCII 码值是 97 ~ 122。每一个 ASCII 码占用一个字节。

2.4.2 字符常量

字符常量是用单引号括起来的一个字母或符号，如'q'、'Q'、'3'、'%'等。注意，在 C 语言中'q'和'Q'被认为是不同的字符常量。

字符常量中有一种特殊的形式，即转义字符，它是以"\"开头的字符序列。因为"\"后面的字符已不再是原来该字符的作用而转为新的含义，所以称为转义字符。比如前面用过的'\n'是一个转义字符，它代表换行。C 语言中对转义字符的规定如下：

（1）用反斜杠开头，后面跟一个特定字母代表一个控制字符，如'\n'和'\t'等。

（2）用'\\'代表字符"\"，用'\''代表"'"（单撇号）字符。

（3）用"\"后跟 1 ~ 3 个八进制数表示一个字符的 ASCII 码值，如'\000'（空操作）、'\012'（换行）、'\101'（字符 A）等。

（4）用"\x"后跟 1 ~ 2 个十六进制数表示一个字符的 ASCII 码值，如'\x41'（字符 A）、'\xFE'（字符■）等。

详尽的转义字符含义如表 2-1 所示。

表 2-1　转义字符

字 符 形 式	功　　能	字 符 形 式	功　　能
\n	回车换行	\f	走纸换页
\t	横向跳格（即跳到下一个输出区）	\\	反斜杠字符 "\"
\v	竖向跳格	\'	单引号（撇号）字符
\b	退格	\ddd	1~3 位八进制数所代表的字符
\r	回车不换行	\xhh	1~2 位十六进制数所代表的字符

注意：

① 可以利用转义字符形成任意一个 1 字节代码。

例如：'\0'或'\000'　　　表示"空操作"。

　　　'\010'或'\x08'　　表示'\b'。

　　　'\012'或'\x0A'　　表示换行'\n'。

　　　'\101'或'\x41'　　表示"A"。

　　　'\134'或'\x5C'　　表示"\\"。

　　　'\376'或' \xFE'　　表示"■"。

例2-3 转义字符的赋值与输出。

```
#include <stdio.h>
void main()
{ char ch1='\101',ch2='\007';
  printf("%c%c",ch1,ch2);   /*%c 为按字符格式输出一个字符数据*/
}
```

则运行后在屏幕上显示字符 A 后鸣一下喇叭。

对于一些不能用普通字符表示的控制符，也常需要用转义字符来表达。

例2-4 用打印机打印人民币符号"￥"。

```
#include <stdio.h>
void main()
{ printf("Y\b=\n");}             /*转义字符的输出*/
```

程序运行时，先打印一个字符 Y 后，打印头已走到下一个位置，用控制代码'\b'使打印头退回一格，即回到原先已打印好的 Y 位置再打印字符"="，两字符重叠形成人民币符号"￥"，但在屏幕上无法实现。

2.4.3　字符变量

字符变量是主要用来存放字符型数据的。所有的编译系统中都规定以一个字节来存放一个字符，一个字符变量在内存中占一个字节，只能存放一个字符。使用关键字 char 定义字符型变量，其定义形式如下：

```
char ch1,ch2;
```

可按如下形式赋值：

```
ch1='a';   ch2=97;
```

运行上述两个赋值语句后，ch1、ch2 字符变量中存放的都是字符 a。

2.4.4　字符数据的存储方式

字符类型的数据（如字符'a', 'A', '3'）在内存中以相应的 ASCII 码值存放。例如，'a'的 ASCII 码值为 97，它在内存中的存储形式如图 2-6 所示。

图 2-6　'a'在内存中的存储形式

可见，存储字符'a'的方式同在该位置存放整数 97 的效果是一样的。也就是说，在 C 语言中，在 ASCII 码值范围内的整数与字符是通用的。所以，当字符类型数据以字符形式输出时，需要先把 ASCII 码值转换成相应的字符后输出；以整数形式输出时，则直接输出其 ASCII 码值。另外，字符数据参加算术运算时，相当于对它的 ASCII 码值进行算术运算。

例 2-5　把小写字母转换为相应的大写字母。

```
#include <stdio.h>
void main()
{ char xx;        /*定义一个字符变量,标识小写字母*/
  char dx;        /*定义一个字符变量,标识大写字母*/
  xx='a';         /*把字符 a 赋给 xx*/
  dx=xx-32;       /*小写字母的 ASCII 码值减 32 得相应大写字母*/
  printf("%c 相应的大写字母是: %c",xx,dx);
}
```

字符数据占用一个字节。在程序中它不仅可以以字符形式输出，同样也可以用整数形式输出。

例 2-6　同时以字符和整数形式输出一个字符变量的值。

```
#include <stdio.h>
void main()
{ int zs='a',zf=98;              /*定义两个基本整型数据,并赋初值*/
  printf("%c,%d\n",zs,zs);       /*按字符型(%c)和整形(%d)格式输出数据 zs*/
  printf("%c,%d\n",zf,zf);       /*按字符型(%c)和整形(%d)格式输出数据 zf*/
}
```

2.4.5　字符串常量

在 C 语言中，由一对双引号括起来的字符序列称为字符串常量，如"hello", "A", " ", "12345 xyz"等均是字符串常量。

虽然字符串是以双引号作为定界符的，但双引号并不属于字符串。如果需要在字符串中插入双引号，应该借助转义字符。例如，要处理字符串"我说: "I am sorry!""时，应该把它写为：

```
"我说: \"I am sorry!\""
```

注意字符常量和字符串常量的区别，当 zf 为字符常量时，则下面的语句是错误的：

```
char zf="A";
char zf="BASIC";
```

第二句的错误在于不允许把一个字符串赋予一个字符变量，如果了解了字符数据的存储方

式，这一点是不难理解的。问题是第一句的错误之处对于初学者可能难以理解：'A'和"A"究竟有什么区别？事实是，字符串常量在机器内存储时，系统会自动在字符串的末尾加一个"字符串结束标志"，它是转义字符\0。例如，字符串"hello"在内存中存储形式如图 2-7 所示。

图 2-7　"hello"在内存中的存储形式

实际上每个字符都是用其 ASCII 码值来存储的。\0' 的代码为 0，它的含义为"空操作"，即不产生任何动作，只起"标记"作用，为串结束标志。上面的字符串实际上存储形式如图 2-8 所示。

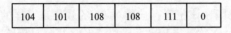

图 2-8　字符串实际存储形式

可见，字符串在存储时要多占用一个字节来存储\0。因此字符常量'A'和字符串常量"A"在存储方式上是不同的。它们的存储形式分别如图 2-9（a）和图 2-9（b）所示。

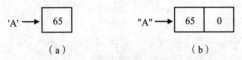

图 2-9　'A'和"A"的存储形式

字符串常量" "表示一个空格字符串，它在内存中占用两个字节，如图 2-10 所示。

图 2-10　" "在内存中的存储形式

另外，字符串常量""表示一个空字符串，它在内存中占用一个字节，如图 2-11 所示。

""　→　| 0 |

图 2-11　""在内存中的存储形式

2.5　实　数　类　型

2.5.1　定点数与浮点数

为了说明什么是"定点"，什么是"浮点"，先看一下 π 值的几种表示形式：

日常的表示法	C 语言中的表示形式
3.14159×10^{0}	3.141 59e0
0.314159×10^{1}	0.314 159e+1
0.0314159×10^{2}	0.031 415 9e+2
31.4159×10^{-1}	31.415 9e-1
3141.59×10^{-3}	3 141.59e-3

可见，同一个π值可以用不同的指数形式来表示。在 C 语言中一个以指数形式表示的数可表示为：

<数字部分><e 指数部分>　　　　或　　　　<尾数><e 阶码>

例如，对 0.031 415 9e+2 来说，"0.031 415 9"为数字部分，又称"尾数"，"e+2"是指数部分，又称"阶码"。由于"指数"的存在以及它的大小不同而使"数字部分"的小数点位置不同。也就是说，小数点的位置是"浮动的"，所以以这种形式表示的数称为浮点数。在计算机内部，凡实数（即以小数形式表示的数）都以浮点形式存储。如果在程序中出现小数形式的实数（如 3.14159），C 语言也把它按指数形式存放（如同写成 3.14159e0 一样）。也就是说，C 语言将实数一律看作是浮点数。

一个单精度实数一般用 4 个字节存储，究竟用多少位来表示小数部分，多少位来表示指数部分，由各 C 语言编译系统自定。不少 C 编译系统用其中的 3 个字节存放数字部分（含数据符号位），1 个字节存放指数部分（含指数符号），如图 2-12 所示（实际上，在计算机内是以二进制形式表示这些数的，这里以十进制数表示只是为了容易理解）。

图 2-12　单精度实数 3.14159 在计算机内部的存储形式

凡不带指数部分的数称为定点数，例如：

10　　−20　　1992

显然整数都属于定点数，在计算机内部，整数以简单的不带指数部分的若干个 0 和 1 表示，如短整数 250 在计算机内部的存储形式如图 2-13 所示。

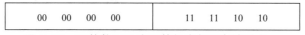

图 2-13　短整数 250 在计算机内部的存储形式

2.5.2　实型常量

实型常量只能有两种表示形式：

（1）十进制数形式（由数字和小数点组成）。例如：0.875　　0.0　　12.0　　875.　　.342

（2）指数形式。例如：1.23e4　1.23E4　1.23E+4　3 141.59e−3

实型常量不能用八进制或十六进制形式表示。

2.5.3　实型变量

实型变量分为：

（1）单精度（float 型），在内存中占 4 个字节，提供 6 ~ 7 位有效数字。

（2）双精度（double 型），在内存中占 8 个字节，提供 15 ~ 16 位有效数字。

（3）长双精度（long double 型），长度为 16 个字节，提供 18 ~ 19 位有效数字。

对每一个浮点型变量都应在使用前加以定义。例如：

```
float  a;          /*指定 a 为单精度实数，占 4 个字节*/
double c,d;        /*指定 c、d 为双精度实数，各占 8 个字节*/
```

但是所有的 float 型在运算之前均转换为 double 型，然后按 double 型的运算原则进行运算，最后存放或显示时，再按 float 型处理。

应当提醒的是，实型常量都是按 double 型进行处理的。在向实型变量赋值的过程中，实型常量可以赋给 float 型或 double 型变量，然后根据变量的类型截取实型常量中的有效位数字。例如：

```
float a=12345.6789;
```

因为 float 型变量只能接收 7 位有效数字（不按四舍五入），其结果 a=12345.67，最后两位小数无效。

2.5.4　sizeof 运算符

C 语言提供了一个能够测定某一种类型数据所占存储空间长度的运算符"sizeof"，它的格式为：

```
sizeof(类型标识符)
```

其执行结果为所测试数据类型（即类型标识符）实际占用的字节数据。下面举例来说明对它的使用。

例 2-7　用 sizeof 运算符测定所用的 C 系统中各种变量类型的数据长度。

```
#include <stdio.h>
void main()
{ short s;long l;float f;char c;
  printf("C语言各变量类型的数据长度为: \n");
  printf("S %d bytes\n",sizeof(s)); /*测试短整型变量s的长度: S 2*/
  printf("L %d bytes\n",sizeof(l)); /*测试长整型变量l的长度: L 4*/
  printf("F %d bytes\n",sizeof(f)); /*测试单精度浮点数f的长度: F 4*/
  printf("C %d bytes\n",sizeof(c)); /*测试字符型变量c的长度: C 1*/
}
```

视 频

测量变量的数据长度

例 2-8　用 sizeof 运算符测定所用的 C 系统中各种类型数据的长度。

```
#include <stdio.h>
void main()
{ printf("C语言各数据类型的长度为: \n");
  printf("short %d bytes\n",sizeof(short));
                                    /*测试短整型变量 2*/
  printf("int %d bytes\n",sizeof(int));/*测试基本整型变量 4 或2*/
  printf("long %d bytes\n",sizeof(long));  /*测试长整型变量 4*/
  printf("char %d bytes\n",sizeof(char));  /*测试字符型变量 1*/
  printf("float %d bytes\n",sizeof(float)); /*测试单精度浮点型变量 4*/
  printf("double %d bytes\n",sizeof(double)); /*测试双精度浮点型变量 8*/
}
```

视 频

测量C数据类型的长度

请根据上机环境，自行分析以上程序的运行结果。

2.5.5　C 语言基本数据类型小结

归纳 C 语言基本数据类型，数值型和字符型数据有 9 种，如表 2-2 所示。

表 2-2　基本类型数据（以 PC 为例）

类　型	类型标识符	长度/位	取值范围及精度
字符型	[signed] char	8	$-128 \sim 127$
	unsigned char	8	$0 \sim 255$
整　型	[signed] short [int]	16	$-32\ 768 \sim 32\ 767$
	unsigned short [int]	16	$0 \sim 65\ 535$
	[signed] long [int]	32	$-2\ 147\ 483\ 648 \sim 2\ 147\ 483\ 647$
	unsigned long [int]	32	$0 \sim 4\ 294\ 967\ 295$
实　型	float	32	$-3.4 \times 10^{-38} \sim +3.4 \times 10^{38}$，7 位精度
	double	64	$-1.7 \times 10^{-308} \sim +1.7 \times 10^{308}$，16 位精度
	long double	128	$-1.2 \times 10^{-4\ 932} \sim +1.2 \times 10^{4\ 932}$，19 位精度

说明：

① 表中方括弧内的内容是"可选"的，即有无作用相同。例如：

四者作用相同 $\begin{cases} \text{signed short int} \\ \text{signed short} \\ \text{short} \\ \text{short int} \end{cases}$

② 表 2-2 中未列出 int 型，不同 C 语言版本将 int 型确定为与 short 或 long 类型相同。例如：Turbo C 将 int 处理为 short 型。

③ 实型数据无 unsigned 与 signed 之分，均带符号。

④ 表 2-2 是大多数 16 位机的情况，有的计算机系统与此不同，因此必要时请查看所用系统的有关规定或上机试一下即可。

2.6　算 术 运 算

2.6.1　运算符与表达式

前面提到，程序的两个要素是数据和操作。数据即操作数，也称它为运算量。操作是对数据的处理，即运算。操作符是表述最基本的运算形式的符号，也就是这一节所要讲到的运算符，例如，+、-、<、*等。

C 语言中的表达式由操作符（运算符）和操作数（运算量）组成，描述了对哪些数据以什么顺序进行怎样的操作。操作数（运算量）可以是常量，也可以是变量，还可以是函数。

例如，a+3，t+sin(a)，x=a+b，PI*r*r 等都是表达式。

C 语言提供了丰富的运算符，可构成多种表达式，它把许多基本操作都作为运算符处理。例如，把赋值符"="作为赋值运算符（这是与其他高级语言不同的），这就使得 C 语言表达式处理问题的范围宽、功能强。例如，在 C 语言中可以在一个算术表达式中出现赋值表达式，对于下面的表达式：

3+(a=5)*6

它先执行括弧内的赋值运算，把 5 赋给 a 后再乘以 6，最后加 3，结果 a 的值为 5，表达式的值是 33。

C 语言的运算符有以下 13 类：

- 算术运算符：+ – * / % ++ ——。
- 关系运算符：> < == >= <= !=。
- 逻辑运算符：! && ||。
- 位运算符：<< >> ~ | ^ &。
- 条件运算符：?:。
- 赋值运算符：= 及其扩展赋值运算符。
- 逗号运算符：,。
- 指针运算符：* &。
- 求字节数运算符：sizeof。
- 强制类型转换运算符：类型。
- 分量运算符：. ->。
- 下标运算符：[]。
- 其他：如函数调用运算()。

在使用运算符时应注意以下几点：

（1）运算符的功能。例如，"="是赋值运算符，"=="是关系运算符等。

（2）运算量的数目。例如，有的运算符要求有两个运算量参加运算（如"+"），称为双元运算符；而有的运算符（地址运算符"&"）只允许有一个运算量，称为单元运算符。

（3）运算量的类型。如"+"的运算对象可以是整型或实型数据，而求余运算符要求参加运算的两个运算量都必须为整型数据。

（4）运算的优先级别。如果一个运算量的两侧有不同的运算符，先执行"优先级别"高的运算。例如，"*"的优先级别高于"+"，则对于 3+5*6，在 5 的两侧分别为"+"和"*"，则先乘后加。

（5）结合方向。如果在一个运算量的两侧有两个相同优先级别的运算符，则按结合方向顺序处理。例如，对于 4*3/2，在 3 的两侧分别为"*"和"/"，根据"先左后右"的原则应先乘后除，即 3 先和其左面的运算符结合，得出结果 12 后再除以 2。这称为"自左至右的结合方向（或称左结合性）"。而赋值符运算方向则是"自右至左"（或称右结合性）的，因此，对于 a=b=c=5，b 的两侧有相同的赋值运算符，根据自右至左的原则，它应先与其后的赋值运算符结合，故相当于 a=(b=(c=5))。运算结果，a、b、c 三个变量的值都为 5。

（6）结果的类型，即表达式值的类型，尤其当两个不同类型数据进行运算时，特别要注意结果值的类型。

2.6.2 双元算术运算符

C 语言中有 5 个双元算术运算符，如表 2-3 所示。

表 2-3 双元算术运算符

运 算 符	名 称	功 能	示 例	表达式值
*	乘	求 a 与 b 之积	5.5*4.0	22.0
/	除	求 a 除以 b 之商	4.2/7	0.6
%	模（求余）	求 a 除以 b 之余数	10%3	1
+	加	求 a 与 b 之和	8+3.5	11.5
−	减	求 a 减 b 之差	10−4.6	5.4

这几个运算符的优先级别为："*""/""%"同级别，"+""−"同级别但低于"*""/""%"。它们的结合方向均为"自左至右"。

需要强调的是，求余运算符要求参加运算的两个运算量都必须为整型数据。当除运算符"/"两侧的运算量都是整数时，其运算结果也是整数（仅取商）；当除运算符"/"两侧的运算量只要有一个是实数，其运算结果也是实数。例如，表达式 10/3 的运算结果为 3，而表达式 10/3.0 的运算结果为 3.33333…。

2.6.3 复合算术赋值运算符

对于双元运算表达式，例如：

a=a+b

即先求 a、b 之和，再把和值赋给 a。为了简洁，C 语言提供了一种压缩方式的运算符，使上述表达式变为：

a+=b

这种运算符实际上是算术运算符与赋值运算符的合成或简化，称为复合算术赋值运算符。5个双元算术运算符所对应的复合算术赋值运算符如下：

- += （复合加赋值运算符）　　示例：a=a+b 表示为 a+=b
- −= （复合减赋值运算符）　　示例：a=a−b 表示为 a−=b
- *= （复合乘赋值运算符）　　示例：a=a*b 表示为 a*=b
- /= （复合除赋值运算符）　　示例：a=a/b 表示为 a/=b
- %= （复合模赋值运算符）　　示例：a=a%b 表示为 a%=b

复合赋值运算符的结合方向与赋值运算符一样，自右向左。另外，它的优先级别与赋值运算相同。例如：c=b*=a+2 相当于 b=b*(a+2)和 c=b 两个表达式。

2.6.4 自加和自减运算

复合算术赋值运算中有两种更特殊的情况：

- i=i+1 即 i+=1。
- i=i−1 即 i−=1。

这是两种极为常用的操作。C 语言为它们专门提供了更简洁的运算符：

- i++或++i。
- i− −或− −i。

前一种（i++和i− −）称为后缀形式，其特点是先引用后增减值；后一种（++i 和− −i）称为
前缀形式，其特点是先增减值后引用。它们分别称为自加和自减运算符。

例如：

```
int i=5;
i++;
y=i;
```

与

```
int i=5;
++i;
y=i;
```

两段程序执行后，i 值都为 6，y 值也为 6，但是把它们引用在表达式中就表现出区别了。

例如：

```
int i=5;
x=i++;        /*相当于x=i;i=i+1;*/
y=i;
```

程序执行后，x 为 5，y 为 6，即后缀方式是"先引用后增值"。而

```
int i=5 ;
x=++i;        /*相当于x=i=i+1*/
y=i;3
```

程序执行后，x 为 6，y 为 6，即前缀方式是"先增值后引用"。

自加和自减运算符的结合方向是"自右至左"，它的运算对象只能是整型变量而不能是表达
式或常数。例如，5++或(x+y)++都是错误的。

如果有表达式−i++，则 i 的左面是负号运算符，右面是自加运算符。若 i 的原值为 3，运行
后表达式的值为−3，i 为 4。

2.6.5　正负号运算符

正负号运算符为"+"（正号）和"−"（负号），它们是一元运算符。例如：

```
−5
+6.5
```

它们的优先级别高于"*""/"运算符。例如：−a*b，先使 a 变符号再乘以 b。其实正负号运
算相当于一次算术赋值运算。例如：

```
−a    相当于  a=0−a
−a*b  相当于  (0−a)*b
```

它的结合方向为自右至左。

2.6.6　赋值类运算符的副作用及限制

凡赋值运算符及其变种（包括复合算术赋值运算符、自加自减运算符和正负号运算符）的结
合方向都是自右至左的。

C 语言允许在一个表达式中使用一个以上的赋值类运算符（包括赋值符、复合算术赋值符，
以及自加、自减运算符等）。这种处理固然使程序变得简洁，但同时也会引起一些负面作用。具
体表现在两个方面：

1. 使人产生误解

用例子来说明这个问题，例如：

（1）c=b*=a+2 容易误解为 b*=a; c=b+a+2;。

（2）x=i+++j 应该理解为 x=(i++)+j 呢，还是 x=i+(++j) 呢？实际上在 C 编译处理时，系统从左至右尽量多地将若干个字符组成一个运算符（对标识符也如此），因此 i+++j 被处理成(i++)+j，而不是 i+(++j)。但是像 i+++j 这样的写法是很容易被人误解的。

消除这些负面作用的途径是尽量把程序写得便于理解一些，尽量避免产生歧义。为了使表达式清晰易懂，可以采用这样一些措施：

（1）将容易误解的地方分解。例如可将 c=b*=a+2 表达式语句分解为：

a=a+2; b=b*a; c=b;

对 x=i+++j 表达式可分解为：

x=i+j;i++;

（2）加一些"不必要"的括号。C 语言的运算符丰富，但运算规则复杂、难记。为了避免出错，可以在认为易于误解处加一些不必要的括号。例如，c=b*=a+2 可以改写为：c=(b*=(a+2))。

所以称之为"不必要"，是指不加这些括号，计算机也不会算错，只是人容易理解错。

（3）加注释说明。注释是提高程序清晰性的有力工具。对 C 语言来说，注释不会影响程序的效率。所以，当既想保证程序的效率又易于别人理解时，可加注释说明。如对语句 c=b*=a+2 可以写为：

c=b*=a+2; /*a=a+2;c=a*b;*/

2. 产生不定解

先看一个例子：

j=3;

i=(k=j+1)+(j=5);

执行程序时，不同机器上得到 i 的值可能是不同的。有的机器先执行 k=j+1，然后再执行 j=5，i 值得 9，而有的机器是先执行 j=5 后执行 k=j+1，i 的值就成了 11。

为了提高程序的可移植性，应当使表达式分解，使之在任何机器上运行都能得到同一结果。因此上面语句可改为：

j=3;   k=j+1;   j=5;   i=k+j;

2.7 关系运算与逻辑运算

2.7.1 关系运算

1. 关系运算的概念

关系运算是指对两个运算量之间的大小比较。C 语言中提供的关系运算符有：

> （大于）   >= （大于或等于）

< （小于）   <= （小于或等于）

== （等于）   != （不等于）

所有的关系运算符的优先级均低于纯算术运算符，但高于赋值运算符。其中后两个关系运算符的优先级要低于前四个关系运算符。关系运算符的结合方式是从左向右进行的。例如：

m+n<x+y　　　等价于　　　(m+n)<(x+y)

2. 关系表达式的值

关系表达式的值只有"真"和"假"两种。

（1）关系表达式成立，即为"真"，C 语言中以"1"表示。

（2）关系表达式不成立，即为"假"，C 语言中以"0"表示。

例如，若 int x=2, y=3；则：

表达式 x==y 的值为 0。

表达式 x<y 的值为 1。

表达式 x==y<0 等效于 x==(y<0)表达式，其值为 0。

对于表达式 z=3-1>=x+1<=y+2，其中有赋值、关系、算术三种运算。其中"赋值"的优先级最低，其次为"关系"，"算术"的优先级最高。先进行算术运算得：

z=2>=3<=5

然后计算 2>=3，其值为 0，得：

z=0<=5

再计算 0<=5 为真，即 1，故有 z 的值为 1，整个表达式的值也为 1。

（3）在进行关系判别时，将"非零"作为"真"，把"零"作为"假"。例如：

if(4) printf("真");

由于 4 为非零，按"真"处理，因此执行结果输出"真"。

2.7.2　逻辑运算

C 语言有三个逻辑运算符，它们分别是：

- &&：逻辑与，二元运算符，结合方向自左向右，优先级低于关系运算符。
- ||：逻辑或，二元运算符，结合方向自左向右，优先级低于关系运算符。
- !：逻辑非，一元运算符，结合方向自右向左，优先级高于关系运算符。

这三个逻辑运算符中，"!"优先级最高，"&&"次之，"||"最低。

表 2-4 列出了三种逻辑运算的真值。

表 2-4　三种逻辑运算的真值

数据 a	数据 b	!a	!b	a&&b	a||b	!（a&&b）
真	真	假	假	真	真	假
真	假	假	真	假	真	真
假	真	真	假	假	真	真
假	假	真	真	假	假	真

在逻辑运算中存在着许多规律，掌握这些规律能使复杂的逻辑运算简化、清晰，从而达到事半功倍的效果。例如：

（1）在一个"&&"表达式中，若"&&"的左端为假，则不再计算另一端，该表达式的值肯定为假（0）。

（2）在一个"||"表达式中，若"||"的左端为真，则不再计算另一端，该"||"表达式的值必定为真（1）。

使用关系运算符、逻辑运算符应注意如下问题：

（1）注意 C 语言规定与习惯用法之间的差异。例如，数学上判断 x 是否在区间[a,b]中时，习惯上写成 a<=x<=b，而在 C 语言中应写成 a<=x && x<=b。

再比如，对于表达式 5>2>7>8 在数学上显然是不允许的，而在 C 语言中允许，按自左而右求解：

① 5>2 值为 1。

② 1>7 值为 0。

③ 0>8 的值为 0。

即整个关系表达式的值为 0。

（2）关系表达式可以视为一种整型表达式。由于关系表达式的值是整型数 0 或 1，故可以参加算术运算。例如：

```
int i=1,j=7,a;
a=i+(j%4!=0);          /*a 的值为 2*/
```

（3）由于字符数据的存储是按其 ASCII 码值进行的，因此可以作为整数参加运算和比较。例如：

```
'a'-25>0 的值为 1（真）
'A'>100 的值为 0（假）
```

（4）在判断两个浮点数是否相等时，由于计算机存储上出现的误差，会出现错误的结果。例如：

```
1.0/3.0*3.0==1.0
```

在数学上显然应该是一个恒等式，但由于 1.0/3.0 得到的值的有效位数是有限的，因此上面关系表达式的值为 0（假），而不为 1（真）。所以应避免对两个实数表达式作"相等"或"不相等"的判别。

2.7.3 条件运算符

条件运算符是一种在两个表达式的值中选择一个值的操作。它的一般形式为：

```
e1?e2:e3
```

条件运算符 "?:" 共需要三个运算量，是 C 语言中唯一的三元运算符。其特点如下：

（1）具体操作是若 e1 为真（非 0），则此条件表达式的值为 e2 的值；若 e1 为假（0），则表达式取 e3 的值。

（2）在表达式 e1?e2:e3 中，e1 的结果是一个逻辑值，e2、e3 可以是任意类型的表达式。例如：

```
d=b*b-4*a*c>=0?d:-d
a>0?1:(a<0?-1:0)
```

（3）条件表达式的值的类型为 e2 与 e3 二者中类型较高者。如表达式：

```
y<3?-1.0:1
```

的值应为实型。即当 y<3 成立时，值为-1.0，而当 y<3 不成立时，值为 1.0。

例 2-9 输入两数，输出其中较大的数。

```
#include <stdio.h>
void main()
{ float a,b,max;
  printf("请输入两个实数:");
  scanf("%f%f",&a,&b);    /*通过键盘为浮点型变量 a，b 输入数据*/
  max=a>b?a:b;
```

```
    printf("较大的数是: %f\n",max);  /*%f为按浮点数格式输出一个数据*/
}
```

 2.8   逗号运算符和逗号表达式

C语言提供一种特殊的运算——逗号，用它将两个表达式连接起来，如：

3+5,6+8,3*7

称为逗号表达式，又称为"顺序求值运算符"。逗号表达式的一般形式为：

表达式1,表达式2,表达式3,…,表达式n

逗号表达式的求解过程是：先求解表达式1，再求解表达式2……整个逗号表达式的值是最后一个表达式的值。例如，3+5，6+8，3*7表达式的值为21。又如，逗号表达式：

a=3*5, a*4

先求解a=3*5，得a的值为15，然后求解a*4，得60。整个逗号表达式的值为60。再如，逗号表达式：

i=3,i++,++i,i+5

表达式的值为10，i的值为5（注意i每一步的求解过程）。

一个逗号表达式又可以与另一个表达式组成一个逗号表达式，如：

（a=3*5, a*4），a+5

先使a的值等于15，再计算a*4（但a值未变），再计算a+5得20，即整个表达式的值为20。

逗号运算符是所有运算符中级别最低的。下面两个表达式的x值是不同的：

x=(a=3, 6*3)   ①
x=a=3, 6*a   ②

第①个是一个赋值表达式，将一个逗号表达式的值赋给x，x的值等于18，整个表达式的值为18。第②个是逗号表达式，它包括一个赋值表达式和一个算术表达式，x的值为3，整个表达式的值也是18。

注意并不是任何地方出现的逗号都是逗号运算符。例如函数参数也是用逗号来间隔的。如：

printf("%d,%d,%d",a,b,c);

函数中的"a,b,c"并不是一个逗号表达式，它是printf()函数的三个参数，参数间用逗号间隔。如果改写为：

printf("%d,%d,%d",(a,b,c),b,c);

则"(a,b,c)"是一个逗号表达式，括弧内的逗号不再是参数间的分隔符，而是逗号运算符，整个逗号表达式的值等于c的值。

 2.9   不同类型数据间的转换

2.9.1   基本概念

1. 数据转换的基本形式

C语言允许数据值从一种类型转换成另一种类型。数据类型的转换有如下三种基本形式：

（1）同一类型但长度不同的数据间的转换。

（2）定点方式与浮点方式间的转换。

（3）整型数中的有符号格式与无符号格式间的转换。

2．数据扩展时应注意的问题

（1）有符号数与无符号数之间的转换。由 signed 型转换为同一长度的 unsigned 型时，原来的符号位不再作符号位，而成为数据的一部分。所以负数转换成无符号数时，数值将发生改变。

例 2-10 符号位被作为数值的一部分处理。

```
#include <stdio.h>
void main()
{ short i=-69;
  unsigned short un=5;
  printf("%d+%d=%hu?!\n",i,un,i+un);
                    /*%hu 为按短整型格式输出一个无符号数*/
  printf("%d+%d=%hd\n",i,un,i+un);
                    /*%hd 为按短整型格式输出一个有符号数*/
}
```

视 频

负数转换为无符号数

运行结果为：

```
-69+5=65472?!         /*-69+5=-64→65536-64=65472*/
-69+5=-64
```

由 unsigned 型数据转换为同一长度的 signed 型数据时，各个二进制位的状态不变，但最高位被当作符号位了。这时也会发生数值改变，其结果为 2^{16} 或 2^{32} 加上该负数值。

（2）数据的截取与保留。当一个实数（浮点数）转换为整数时，实数的小数部分全部舍去，并按整数形式存储。例如，将实数 3 276.85 赋给一个整型变量 i，i 的值为 3 276。但应注意，实数的整数部分不要超过整型数允许的最大范围，否则数据出错。

当由 double 型转换为 float 型时，去掉多余的有效数字，但按四舍五入处理。

（3）数据转换中的精度丢失。四舍五入会丢失一些精度，截去小数也会丢失一些精度。此外，由 long 型转换成 float 或 double 型时，有可能在存储时不能准确地表示该长整数的有效数字，精度也会受损失。

（4）数据转换结果的不确定性。当较长的整数转换为较短的整数时，要将高位截去。例如 long 型为 4 个字节，short 型为 2 个字节，将 long 型值赋给 short 型，只将低字节内容送过去，这就会产生很大误差，得到的值是原数据值以 65 536 为模的余数。

例 2-11 较长类型转换为较短类型，会出现较大误差。

```
#include <stdio.h>
void main()
{ short i,j;
  long a=80000,b=3200L;
  i=a;j=b;
  printf("%ld=%hd?! \n",a,i); /*%ld 为按长整型格式输出一个有符号数*/
  printf("%ld=%hd?! \n",b,j); /*%hd 为按短整型格式输出一个有符号数*/
}
```

视 频

较长类型转较短类型

运行结果为：

```
80000=14464?!  /*80000=0x1 3880,0x3880=14464*/
3200=3200?!    /*3200=0xc80,0xc80=3200*/
```

"%ld" 是用于输出长整型的转换符，结果表明当 long 型数据的值按 "%d" 输出时，若不超出整型的范围–32 768 ~ 32 767 时，结果是正确的；若超过此范围时，只输出以 65 536 为模的余数，即 80 000–32 768–32 768=14 464。

浮点数降格时（即 double 转换为 float 或 double，float 转换成 long、short 型），当数据值超过了目标类型的取值范围时，所得到的结果将是不确定的。

下面是一个数据转换的典型例子。

例 2–12 测试双精度浮点数降格时的运行结果。

```
#include <stdio.h>
void main()
{ double a=123456.789098765;
  float b;long c;short j;
  b=a;c=a;j=a;
  printf("a=%lf,b=%f,c=%ld,j=%d \n",a,b,c,j);
}           /*%lf 为按双精度格式输出一个浮点数*/
```

视频

测双精度浮点数降格

运行结果如下，请自行分析。

```
a=123456.789099,b=123456.789063,c=123456,j=-7616
```

2.9.2 数据类型的隐式转换

C 语言数据类型的转换分为隐式与显式两种。下面先讲述隐式转换。

1. 数据的隐式转换条件

隐式转换是在下列情况下发生的。

（1）运算符转换：在不同类型数据混合运算时，为使表达式中的各运算量具有共同的类型而进行的数据类型转换。

（2）赋值转换：把一个值赋给与其不同类型的变量时发生的转换。

（3）输出转换：在输出时转换为指定的输出格式。

（4）函数调用转换：函数调用时，实参与形参类型不一致时发生的转换。

2. 运算符转换

运算符转换通常用于算术运算（加、减、乘、除、取余及负号运算），通称算术转换，其转换的目的是：

（1）将短的数扩展成机器处理的长度。

（2）使运算符两端具有共同的类型。

其转换原则的是：

① 自动转换原则。将表达式中的 char 或 short 全部自动转换为相应的 int 型；将 float 转换为 double 型。转换的结果使表达式中只剩下 5 种类型，即：int，unsigned int，double，long，unsigned long。

② "向高看齐" 原则。如果一个运算符两端的运算量类型不一致，对 "较低" 的类型进行提升。类型的高低如图 2-14 所示。

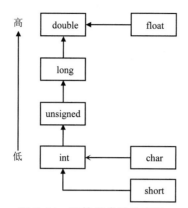

图 2-14　运算量类型的高低

一般算术转换是在运算过程中自动进行的。图 2-15 所示为一个转换的实例。

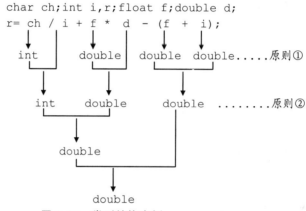

图 2-15　类型转换实例

3. 赋值转换

C 语言中允许通过赋值使赋值号右边表达式的值的类型自动转换为左边变量的类型。图 2-15 中表达式的值为 double 型，但经过赋值后要转换为 int 型。赋值转换具有强制性，可能是提升，也可能是降格。

4. 输出转换

例如，当一个 long 型数据用 printf() 函数中指定的 "%d" 格式输出时，相当于先将其转换为 int 型数据后再输出。一个 int 型数据也可按无符号方式输出（使用 "%u" 转换等）。

2.9.3　数据类型的显式转换

1. 数据类型的显式转换

C 语言提供一种 "强制类型转换" 运算符，可将一种类型的变量强制转换为另一种类型，这种转换通常被称为显式转换。其一般形式为：

（类型标识符）表达式

例如：

```
(int)3.5                    /*将 3.5 转换成整型 3*/
(char)(3-3.14159*x)         /*得到字符型数据*/
```

```
k=(int)((int)x+(float)i+j)          /*赋值号右边表达式的类型为整型*/
(float)(x=99)                        /*得到实型单精度数*/
```

C 系统提供的数学函数中多数要求参数为 double 型，在调用这些函数时可以用显式转换方法进行类型转换。例如：

```
double cos((double)i)
```

2. 显式转换中应注意的问题

（1）显式转换实际上是一种单目运算。各种数据类型的标识符都可以用来作显式转换运算，但必须用圆括号把类型标识符括起来。下面的写法形式是错误的：

```
int(3+5)
```

（2）注意圆括号的使用效果。下面的两种转换：

```
(int)3.6+7.2   与   (int)(3.6+7.2)
```

是有区别的。前者只是对 3.6 转换，相当于((int)3.6)+7.2；后者则是对 3.6+7.2 这个表达式进行转换。

（3）对一个变量进行转换后，得到一个新类型的数据，但原来变量的类型不变。

例如，若 a 原为实型变量且值为 3.6，在执行

```
i=(int)a
```

后得到一个整数 3，并把它赋给整型变量 i，但 a 仍为实型，值仍为 3.6。

 课 后 练 习

1. C 语言的数据类型有哪些？

2. 什么是变量？什么是变量名、变量的地址、变量的值？试举例说明。

3. 为什么在引用变量之前必须先定义变量、指定其类型？

4. 简述整型常量的表示形式。

5. 简述字符型常量的表示形式。

6. 什么是字符常量？在 C 语言中'a'、'A'和"A"是同一字符常量吗？

7. 字符串常量"\\\22a,0\n"有效字符的长度是多少？占用的存储空间的长度是多少？

8. C 语言中，在 ASCII 码存储范围内的整数与字符是通用的吗？

9. 什么是单元运算符、双元运算符和三元运算符？

10. 如何理解关系运算和逻辑运算中的"真"和"假"？

11. 使用符号常量 BANJI 代表学校总的班级数，RENSHU 代表平均每班学生数，编写程序计算并显示全校的学生数。

12. 定义整数变量 x（x=5）和 y（y=15），计算并在屏幕上显示表达式(x+y)*x/y 的内容。

13. 编写程序把大写字母转换为相应的小写字母。

14. 编写程序，分别以字符和整数的形式输出两个不同字符变量的值。

15. 试用条件运算符编写程序，要求输入两个字符，输出其中较小字符的 ASCII 码值。

16. 设变量 x=10.2，y=20.5，编写程序实现两个变量的值互换。

第3章
数据的输入和输出

标准 I/O 函数库中有一些公用的信息写在头文件 stdio.h 中，因此要使用标准 I/O 函数库中的 I/O 函数时（如 printf()、getchar()等），一般应在程序开头先写下面的代码：

```
#include <stdio.h>
```

这样，I/O 函数要使用的信息就包括到程序中了。有些 C 语言编译系统中，如果程序中仅包含 printf()和 scanf()函数，不加 "#include <stdio.h>" 语句也能通过编译，但有些系统将通不过编译（必须在程序开头添加上述代码）。

3.1 printf()函数

3.1.1 printf()函数格式

printf()函数的功能是按照指定的格式，通过控制参数的值在标准输出设备上实现输出（一般是指在用户终端上显示或打印）。它有两种参数：格式控制参数和输出项参数。其一般形式为：

```
printf(格式控制参数,输出表列);
```

例如：
```
printf("%d,%c\n",12,'A');
```
              格式说明   输出表列

输出表列是需要输出的一些数据，可以是常量、变量或各类表达式。如上例的 12,'A'。又如 printf("%d,%f",a,2.1*a)中的 a 和 2.1*a。

格式控制参数以字符串的形式描述，所以也称"格式控制字符串"。它由两种成分组成：普通字符和格式说明。普通字符（包括转义符序列）将被简单地复制显示（或执行），而一个格式说明项将引起一个输出参数项的转换与显示。例如：

```
printf("x=%f",23.4);
```

"x=" 是普通字符，"%f" 是格式说明。

格式说明是由 "%" 引出并以一个类型描述符结束的字符串，中间是一些可选的附加说明项，其完整格式为：

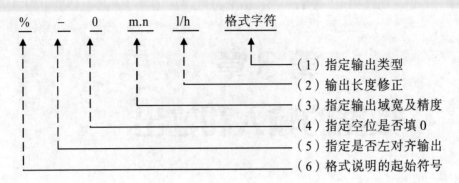

（1）指定输出类型
（2）输出长度修正
（3）指定输出域宽及精度
（4）指定空位是否填 0
（5）指定是否左对齐输出
（6）格式说明的起始符号

3.1.2　格式说明

下面对组成格式说明的各项加以说明。

1. 格式字符

格式字符用以指定输出项的数据类型和输出格式。表 3-1 给出了 printf()函数主要的格式字符的意义及其用法示例。

表 3-1　printf()函数的格式字符

格式字符	输出形式	举　例	结　果
d（或 i）	带符号的十进制整数（正数无符号位）	int a=123;printf("%d",a); int a=−123;printf("%d",a);	123 −123
x（或 X）	十六进制无符号整数（无前导符 0X），X/x 对应大小写字符	int a=123;printf("%hx",a); int a=−123;printf("%HX",a);	7b FF85
o	八进制无符号整数（无前导符 0）	int a=123;printf("%ho",a); int a=−123;printf("%ho",a);	173 177605
u	无符号十进制整数	int a=123;printf("%hu",a); int a=−123;printf("%hu",a);	123 65413
c	单一字符	char a=69;printf("%c",a);	E
s	字符串（遇到\0 或指定精度结束）	char a[]="CHINA"; printf("%s",a);	CHINA

f	小数形式的单、双精度浮点数（隐含输出 6 位小数）	float a=123.456,b=−123.456;
		printf("%f",a);
		printf("%f",b);
			123.456001
			−123.456001

e（或 E）	指数型浮点小数（隐含 6 位小数位，2 位以上的指数位），e/E 对应指数大小写	float a=123.456,b=−123.456;
		printf("%e",a);
		printf("%E",b);
			1.234560e+02
			−1.234560E+02

g（或 G）	由系统选用%f 或%e 中输出宽度最短的格式，不输出无效 0，G/g 对应大小写指数符	float a=123.456,b=−123.456;
		printf("%g",a);
		printf("%G",b);
			123.456
			−123.456

p	变量内存地址	int a; printf("%p",&a);	0012FF84
%	百分号本身	printf("%%");	%

编译程序只是在检查了 printf()函数中的格式参数后才确定有几个输出项、每个输出项是什么

类型、按什么格式输出等信息。因此，在设计格式参数时，要求每个格式项要与所对应的输出项参数的类型、次序相一致，否则将会出现错误。例如，不应用%f 去输出整数。另外，除了 X，E，G 外，其他格式字符必须用小写字母，如%d 不能写成%D。此外，可以在 printf()函数中的"格式控制"字符串内包含"转义字符"，如"\n"、"\b"、"\377"等。

> 🔔 **说明：**
>
> %e 若没有指定输出数据所占的宽度和数字部分的小数位数，有的 C 编译系统自动给出数字部分的小数位数为 6 位，指数部分占 5 位（如 e+002），其中"e"占 1 位，指数符号占 1 位，指数占 3 位。

2. 域宽及精度描述符 m.n

1）域宽

在"%"与格式字符之间插入一个整数常量来指定输出的宽度（如%md 格式）。输出时，将该指定宽度与格式字符规定的输出宽度进行比较，按较大的宽度输出。如果指定的输出宽度不够，则按格式字符规定的数据宽度输出；如果指定的输出宽度较大，默认情况下数据右对齐，左边补以空格。

例 3-1 域宽%m 格式使用示例。

视频

域宽%m 格式
使用示例

```
void main()
{ long i=12345;
  short x=4,c=97;
  char z='a';
  printf("\n%ld",i);          //12345
  printf("\n%3ld",i);         //12345
  printf("\n%8ld",i);         //^^^12345
  printf("\n%ld",-i);         //-12345
  printf("\n%8ld",-i);        //^^-12345
  printf("\n%8o",-x);         //37777777774
  printf("\n%8o",x);          //^^^^^^^4
  printf("\n%8x",-x);         //fffffffc
  printf("\n%8x",x);          //^^^^^^^4
  printf("\n%3c",z);          //^^a
  printf("\n%5c",c);          //^^^^a
  printf("\n%6d",z);          //^^^^97
}
```

一个整数，只要它的值在 0～255 范围内，也可以用"%c"使之按字符形式输出；反之，一个字符数据也可以用整数形式输出。

2）精度描述符

对于 float 或 double 类型的实数，可以用 m.n 的形式在指定宽度的同时指定小数位的位数。其中：m 指域宽，即输出数据的总宽度；n 指精度，对于实数，表示输出 n 位小数（不指定 n 时，隐含的精度为 n=6 位）。输出时，按以下步骤进行：

（1）控制输出精度。对于%e 或%f，当输出数据的小数位大于 n 指定的宽度时，截去右边多余的小数，并对截去的第一位小数做四舍五入处理；当输出数据的小数位小于 n 指定的宽度时，在小数的右边添 0。

（2）当输出数据所占的宽度大于 m 指定的宽度时，小数位仍按上述原则处理，整数部分并不丢失。

例3-2 域宽精度%m.n 在实型数据中的使用。

```
void main()
{ double f=123.456;                      /*输出显示 */
  printf("\n%8.3f",123.66);              /*^123.660 */
  printf("\n%8.1f",123.66);              /*^^^123.7 */
  printf("\n%8.0f",123.66);              /*^^^^^124 */
  printf("\n%8.3f",-123.66);             /*-123.660 */
  printf("\n%8.1f",-123.66);             /*^^-123.7 */
  printf("\n%8.0f",-123.66);             /*^^^^-124 */
  printf("\n%le,%10le,%10.2le,%.2le",f,f,f,f);
            /*1.234560e+02,1.234560e+02,^^1.23e+02,1.23e+02*/
}
```

视频
%m.n 使用在
实型数据

例3-3 单、双精度浮点数据在不同域宽情况下的截取。

```
void main()
{ float x;
  double y,z;
  x=y=333.12345678901234567890;
  z=-555.1234567890123456789;           /*输出说明*/
  printf("\n%f",x);       /*333.123444 单精度实型默认存储精度为 6 ~ 7*/
  printf("\n%f",z);       /*-555.123457 双精度实型缺省存储精度为 15~16*/
  printf("\n%e",z);       /*-5.551235e+02 双精度实型缺省存储精度为 15~16*/
  printf("\n%.4f",x);     /*333.1234 域宽缺省只指定精度*/
  printf("\n%.8lf",y);    /*333.12345679 域宽缺省只指定精度*/
  printf("\n%.3lE",z);    /*-5.551E+02 域宽缺省只指定精度*/
  printf("\n%.16lf",y);   /*333.1234567890123230*/
  printf("\n%11.3le",y);  /*^^3.331e+02 域宽大于精度*/
  printf("\n%2.5lf",y);   /*333.12346 域宽小于精度*/
  printf("\n%2le",z);     /*-5.551235e+02 域宽太小*/
}
```

视频
浮点数据的
截取

%f 用来输出实数（含单、双精度）时，在输出的数字中并非全部数字都是有效数字。千万不要以为凡是计算机输出的数字都是准确的。

"%e"若没有指定输出数据所占的宽度和数字部分的小数位数，有的 C 编译系统自动给出数字部分的小数位数为 6 位，指数部分占 5 位（如 e+002），其中"e"占 1 位，指数符号占 1 位，指数占 3 位。"%m.ne"中，m、n 字符的含义与前面相同。

g 格式符根据数值的大小，自动选取 f 格式或 e 格式（选择输出宽度最短的一种），且不输出无意义的零。对于格式字符 g，m 指输出数据的总宽度，域宽精度 n 用来指定输出的有效数字(有些系统默认 6 位)。请参看下面的示例。

例3-4 格式字符 g 使用示例。

```
void main()
{ double f=123.456,d=123.456789;        //输出显示
  printf("\n%lg,%lf,%le",f,f,f);        //123.456,123.456000,
                                        //  1.234560e+02
  printf("\n%lg,%lf,%le",d,d,d);        //123.457,123.456789,
                                        //  1.234568e+02
```

视频

格式字符 g 使
用示例

```
printf("\n%.7lg,%.7lg",f,d);          //123.456,123.4568,n指定输出的有效数字
printf("\n%7lg,%7lg",f,d);            //123.456,123.457,有效数字默认6位
printf("\n%9lg,%9lg",f,d);            //^^123.456,^^123.457
printf("\n%7.0lg,%7.0lg",f,d);        //^^1e+02,^^1e+02
printf("\n%9.8lg,%9.8lg",f,d);        //^^123.456,123.45679
}
```

需要特别指出的是：输出数据的实际精度并不主要取决于格式项中的域宽与精度，也不完全取决于输入的数据精度，而主要取决于数据在机器内的存储精度。一般系统对 float 型数据只能提供 6 位或 7 位有效数字，对 double 型提供 15 或 16 位有效数字。所以增加域宽与输入精度并不能提高输出数据的实际精度。

对于整数，若输出的数字少于精度 n 指定的个数，则在数字前面加 0 补足；若输出的数字多于 n 指定的个数时，按数字的实际宽度输出。

例3-5 域宽精度%m.n 在整型数据中的使用。

```
void main()                  /*输出显示*/
{ printf("\n%d",42);         /*42*/
  printf("\n%5d",42);        /*^^^42*/
  printf("\n%0d",42);        /*42*/
  printf("\n%.5d",42);       /*00042*/
  printf("\n%.0d",42);       /*42*/
  printf("\n%.0d",-42);      /*-42*/
  printf("\n%.5d",-42);      /*-00042*/
}
```

视频

%m.n 使用在整型数中

对于字符串，%ms 输出的字符串占 m 列，如字符本身长度大于 m，则突破 m 的限制，将字符串全部输出。若串长小于 m，则左补空格。对于字符串，域宽精度 n 表示截取的字符个数，即用来指定最多输出的字符个数。

例3-6 域宽精度%m.n 在字符串中的使用。

```
void main()                              /*输出显示*/
{ printf("\n%s","abcdefghij");           /*abcdefghij*/
  printf("\n%5s","abcdefghij");          /*abcdefghij*/
  printf("\n%8s","abcde");               /*^^^abcde*/
  printf("\n%.5s","abcdefghij");         /*abcde*/
  printf("\n%7.2s","abcde");             /*^^^^^ab*/
  printf("\n%.4s","abcde");              /*abcd*/
  printf("\n%5.3s","abcde");             /*^^abc*/
}
```

视频

%m.n 使用在字串中

3. 长度修正符

整型的格式字符不区分 int、short、long，实型的格式字符也没有区分 float 与 double，对整型来说，d(i)、x、o、u 是指 int 型；对实型来说 e、f、g 是指 float 型。为适应不同长度数据的输出，可在格式字符前面加一个长度修正符。

l：对整型指 long 型，如%ld、%lx、%lo、%lu；对实型指 double 型，如%lf。

h：只用于将整型的格式字符修正为 short 型，如%hd、%hx、%ho、%hu 等。

一个 int 型数据可以用%d 或%ld 格式输出，但有些 C 编译系统，对于长整型数据，如果用%d 输出就会发生错误。所以，对于长整型数据应当用%ld 格式。

同样，对于加了长度修正符的格式字符也可以指定域宽精度。

例 3-7 有关长度修正符的综合练习。

```
void main()
{ float f=123.123456789;          /*输出显示或说明*/
  double d=123.123456789;         /*有些 C 编译系统会发生错误*/
  long a=1234567;                 /*1234567(有些 C 会发生错误)*/
  printf("\n%d",a);
  printf("\n%ld",79);             /*79*/
  printf("\n%10ld",a);            /*^^^1234567*/
  printf("\n%lf",f);              /*123.123459*/
  printf("\n%lf",d);              /*123.123457*/
  printf("\n%ld,%lx,%lo,%lu",a,a,a,a);
                                  /*1234567,12d687,4553207,1234567*/
  printf("\n%hd,%hx,%ho,%hu",a,a,a,a);
                                  /*-10617,d687,153207,54919*/
  printf("\n%hd,%ho,%hx,%hu",-1,-1,-1,-1);
                                  /*-1,177777,ffff,65535*/
  printf("\n%hd,%ho,%hx,%hu",65534,65534, 65534, 65534);
                                  /*-2,177776,fffe,65534*/
}
```

一个有符号整数也可以用%u 格式输出；反之，一个 unsigned 型数据也可以用%d 格式输出。

4. 数 0 用以指定数字前的空位是否用 0 填补

有此项则空位以 0 填补，无此项则空位用空格填补。

例 3-8 "0" 格式说明符的使用与比较。

```
void main()                      /*输出显示或说明*/
{   printf("\n%6d",12);          /*^^^^12*/
    printf("\n%06d",12);         /*000012*/
    printf("\n%6d",-12);         /*^^^-12*/
    printf("\n%06d",-12);        /*-00012*/
    printf("\n%08.1f",1.23);     /*000001.2*/
    printf("\n%10.5f",3.1415);   /*^^^3.14150*/
    printf("\n%010.5f",3.1415);  /*0003.14150*/
    printf("\n%10.5f",-3.1415);  /*^^-3.14150*/
    printf("\n%010.5f",-3.1415); /*-003.14150*/
    printf("\n%06s","abcd");     /*^^abcd*/
    printf("\n%06c",'A');        /*^^^^^A*/
}
```

5. 负号用以指定输出项是否左对齐输出

加负号用以指定输出项左对齐输出，不加负号时为右对齐输出。

例 3-9 "-" 格式说明符的使用与比较。

```
void main()
{ double f=123.456;              /*输出显示或说明*/
  printf("\n%6d##",123);         /*^^^123##*/
  printf("\n%-6d##",123);        /*123^^^##*/
  printf("\n%-6d##",-123);       /*-123^^##*/
  printf("\n%10.6lf##",1.3466);  /*^^1.346600##*/
  printf("\n%-10.6lf##",1.3466); /*1.346600^^##*/
  printf("\n%-10.6lf##",-1.3466);/*-1.346600^##*/
  printf("\n%-5.3s##","abcde");  /*abc^^##*/
```

视频

长度修正符的
使用

"0" 格式符的
使用

"-" 格式符的
使用

```
printf("\n%s","ZHANG WEI");          /*ZHANG WEI*/
printf("\n%6s","ZHANG WEI");         /*ZHANG WEI*/
printf("\n%-6s","ZHANG WEI");        /*ZHANG WEI*/
printf("\n%12s","ZHANG WEI");        /*^^^ZHANG WEI*/
printf("\n%-12s#","ZHANG WEI");      /*ZHANG WEI^^^#*/
printf("\n%-10.2le#",f);             /*1.23e+02^^#*/
}
```

通常的报表中要求数字以小数点对齐格式打印，其他非数字要求左对齐打印。利用负号、域宽和精度便可以实现上述要求。

例3-10 左右对齐输出与域宽精度结合的应用效果。

```
void main()                          /*输出显示或说明*/
{ printf("\n%10.4f",12.34);          /*^^^12.3400*/
  printf("\n%10.4f",1.3456);         /*^^^^1.3456*/
  printf("\n%10.4f",12345.3456);     /*12345.3456*/
}
```

6. 在"%"和格式字符间加一个"+"号，可以使输出的数总是带有"+"号或"−"号

例3-11 "+"格式说明符的使用。

```
void main()                          /*输出显示或说明*/
{ printf("%+d,%+d",12,-12); }        /*+12,-12*/
```

7. 在"%"和格式字符 o 和 x 之间插入一个"#"号，将在输出的八进制数前添加 0，在输出的十六进制数前添加 0x

例3-12 "#"格式说明符的使用。

```
void main()                          /*输出显示或说明*/
{ printf("%o,%#o,%X,%#x,%#X",10,10,10,10,10);} /*12,012,A,0xa,0XA*/
```

3.2 scanf()函数

scanf()函数的功能是完成数据的输入。具体地说，它是按格式参数的要求，从终端上把数据传送到地址参数所指定的内存空间中。其一般形式为：

scanf(格式控制参数，地址表列);

例如：scanf("%d",&a);

3.2.1 地址表列

"地址表列"是由若干个地址组成的表列。C 语言允许程序员间接地使用内存地址。这个地址是通过对变量名"求地址"运算得到的，求地址的运算符为"&"，得到的地址是一种符号地址。例如：

short a;
float b;

则&a 给出的是变量 a 两字节空间的首地址，&b 给出的是变量 b 四字节空间的首地址。

3.2.2 格式控制参数

scanf()函数与 printf()函数有相似之处，也有不同之处。scanf()函数的"格式控制参数"有两

种成分：格式说明项和普通字符。

1. 格式说明项

格式说明项的完整格式如下。

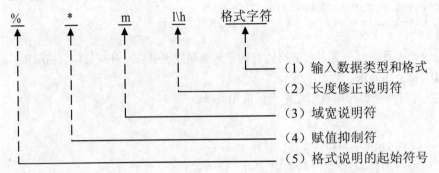

这里格式字符的使用与 printf() 函数中的使用方法相同。把输入数据分为整型（int 型，用 d、o、x 指定）、字符型（char 型，用 c 指定）、实型（float 型，用 f、e 指定）、字符串型（用 s 指定）。在整型与实型中可再加长度修正符：h（短整型）或 l（长整型及双精度型）。m（注意没有.n）用以指定输入数据的宽度。

2. 普通字符

对于除格式说明项之外的其他字符，用户在输入数据时在对应位置上应输入与这些字符相同的字符。

3. 使用格式控制参数时需要注意的问题

（1）必须按格式控制参数规定的格式输入。例如：

```
scanf ("%d%d",&a,&b);
```

执行并输入：1 2（回车）

📢 **说明：**

用空白字符分开，空白字符包括空格键、【Enter】键和【Tab】键。

又如：

```
scanf("%d,%d",&a,&b);
```

执行并输入：1,2（回车）

再如：

```
scanf("a=%d,b=%f,c=%f",&a,&b,&c);
```

执行并输入：a=1,b=2,c=3（回车）

（2）在格式控制中，格式说明的类型与输入项的类型应一一对应匹配，否则可能得不到正确的数据。例如，输入 long 整数和输入 double 型数时，在"%"后必须加 l。

（3）格式说明的个数应该与输入项的个数相同。格式说明的个数少于输入项个数时，scanf() 函数结束输入，多余的输入项并没有从终端接收新的数据；若格式说明的个数多于输入项个数时，scanf() 函数将等待所有格式说明项都接收到数据后才结束。例如：

```
scanf ("%d%d",&a,&b,&c);
```

执行并输入：1 2 3（回车）

则 a 为 1，b 为 2，而 c 未接到数据，仍保留原值。

又如：

```
scanf ("%d%d%d",&a,&b);
```

用户必须输入 3 个整数，scanf()函数才结束，同时把前两个整数分别赋值给变量 a 和 b。

（4）不可以对实数指定小数位的宽度。例如：

```
scanf("%7.2f",&a);
```

该语句是错误的。

（5）"%*"一般用于在利用现成的数据输入时，"跳过"某些数据，即"虚读"。例如：

```
scanf("%d%*d%d",&a,&b);
```

执行并输入：12 34 567（回车）

则 a 的值为 12，b 的值为 567。

3.2.3 scanf()函数的执行过程

当程序执行到 scanf()函数时会停下，等待用户输入。在输入数据时，实际上并不是输入完一个数据项就被读入并将其送给一个变量，而是在输入一行字符并按【Enter】键之后才被输入，这一行字符先放在一个缓冲区中，然后按 scanf()函数所要求的个数使用，余下的数据可以为下一个 scanf()函数接着使用。例如：

```
scanf("%d%d",&a,&b);
```

执行并输入：1 2（回车）

这些数据（即 1、空格、2 和回车）将写入缓冲区。然后 scanf()函数根据格式控制参数将 1 和 2 赋给变量 a 和 b（空格起到分隔数据的作用）。

又如：

```
scanf ("%d%d",&a,&b);
scanf("%d",&c);
```

执行并输入：1 2 3（回车）

数据写入缓冲区。第一个 scanf()函数接收到 1 和 2 后结束。而第二个 scanf()函数由于缓冲区中还有数据，则直接接收 3 后结束。

3.2.4 scanf()函数如何分隔数据项

如上所述，scanf()函数是从输入数据流中接收字符，再转换成格式项描述的格式，传送到与格式项对应的地址中去。那么，当在终端输入一串字符时，系统如何知道哪几个字符算作一个数据项呢？有以下几种方法。

1. 用隐含的分隔符

空格、跳格符（Tab）、换行符都是 C 语言认定的非字符型数据的分隔符。

例 3-13 隐含分隔符在整型及浮点型数据输入中的应用。

```
void main()
{ int a;float b,c;
  scanf("%d%f%f",&a,&b,&c);
  printf("a=%d,b=%f,c=%f",a,b,c);
}
```

执行并输入：12 345 6789 87654321（回车）

视频

隐含分隔符在整型及浮点型数据输入中的应用

运行显示：a=12,b=345.000000,c=6789.000000

例3-14 隐含分隔符在含有字符型数据输入中的应用。

```
void main()
{ short a;char b;float c;
  printf("input a,b,c:");
  scanf("%d%c%f",&a,&b,&c);
  printf("a=%d,b=%c,c=%f\n",a,b,c);
}
```

执行并输入：input a,b,c:1234r　1234.567（回车）

或执行并输入：input a,b,c:1234r（回车）

　　　　　　　　1234.567（回车）

运行显示：a=1234,b=r,c=1234.567000

如果执行并输入：input a,b,c:1234（回车）

　　　　　　　　r1234.567（回车）

视　频

隐含分隔符在
整型及浮点型
数据输入中的
应用

其结果就不是上述显示内容了。因为在用%c 格式输入字符时，隐含的分隔符（如回车符、空格字、转义符）都作为有效的字符输入。

例3-15 隐含分隔符在多个字符型数据输入中的应用。

```
void main()
{ char c1,c2,c3;
  scanf("%c%c%c",&c1,&c2,&c3);
  printf("c1=%c,c2=%c,c3=%c",c1,c2,c3);
}
```

执行并输入：a b c（回车）

运行显示：c1=a,c2= ,c3=b

视　频

隐含分隔符在
多个字符型数
据输入中的应
用

字符'a'送给 c1，空格字符' '送给 c2，字符'b'送给 c3。%c 只要求读入一个字符，后面不需要用空格作为两个字符的间隔，因此' '作为下一个字符送给 c2。如果想将字符'a'、'b'、'c'分别送给字符变量 c1、c2、c3，正确的输入方法是：abc（回车）。

2. 根据格式项中指定的域宽分隔出数据项

例3-16 根据格式项中指定的域宽分隔出数据项的应用。

```
void main()
{ int a;float b,c;
  printf("input a,b,c:");
  scanf("%2d%3f%4f",&a,&b,&c);
  printf("a=%d,b=%f,c=%f",a,b,c);
}
```

执行并输入：input a,b,c:12345678987654321（回车）

运行显示：a=12,b=345.000000,c=6789.000000

视　频

根据格式项中
指定的域宽分
隔出数据项

%2d 只要求读入 2 个数字字符，因此把"12"读入送给变量 a，%3f 要求读入 3 个字符，可以是数字、正负号或小数点，继续把"345"读入送给变量 b，又按%4f 读入"6789"，送给变量 c。

再次执行并输入：input a,b,c:-1234-5678987654321（回车）

运行显示：a=-1,b=234.000000,c=-567.000000

再次执行并输入：input a,b,c:-123.4（回车）

则运行显示：a=-1,b=23.000000,c=4.000000

此方法也可用于字符型，例如：

```
scanf("%3c",&c);
```

如果从键盘连续输入 3 个字母 "ABC"，由于 c 只能容纳一个字符，系统就把第一个字符'A'赋给字符变量 c。

3. 根据格式字符的含义从输入流中取得数据，当输入流中数据类型与格式字符要求不符合时，就认为这一数据项结束

例 3-17 根据格式字符的含义从输入流中获取数据的应用实例。

视 频
根据格式字符的含义从输入流中获取数据

```
void main()
{ short a;char b;float c;
  printf("input a,b,c:");
  scanf("%d%c%f",&a,&b,&c);
  printf("a=%d,b=%c,c=%f\n",a,b,c);
}
```

执行并输入：input a,b,c:1234r1234.567（回车）

运行显示：a=1234,b=r,c=1234.567000

因为 scanf() 首先按 %d 的要求接收输入流中的数字字符，执行到 r 时发现类型不符，于是把 "1234" 转换成整型数送往地址 &a 所指的两字节存储空间中，接着接收字符 r 送入地址 &b 所指的单字节存储空间。最后把 "1234.567" 送入地址 &c 所指的 4 字节存储空间。

例 3-18 显式分隔字符的使用。

视 频
显式分割字符的使用

```
void main()
{ int a;float b,c;
  printf("input a b c:");
  scanf("%d,%f,%f",&a,&b,&c);
  printf("a=%d,b=%f,c=%f\n",a,b,c);
}
```

执行并输入：input a b c:12345,678,976.388（回车）

运行显示：a=12345,b=678.000000,c=976.388000

这里的逗号是显式分隔字符，起到分隔输入项的作用。因为 scanf() 首先按 %d 的要求接收输入流中的数字字符，遇到逗号时发现类型不符，于是把 "12345" 转换成整型数送往地址 &a 所指的存储空间中；然后接收字符逗号与格式控制参数中的第一个逗号相抵消；接着再按 %f 接收数字字符，再次遇到逗号，于是把 "678" 送入地址 &b 所指的存储空间；数据流中的逗号与格式控制参数中的第二个逗号相抵消；最后一个 %f 把 "976.388" 送入地址 &c 所指的存储空间。

3.2.5 scanf()函数的停止与返回

scanf()函数在执行中遇到下面两种情况后结束。

（1）正常结束。格式参数中的格式项用完时正常结束。例如：

```
scanf("%d%d",&a,&b);
```

当两个格式说明项 %d 都接收到数据后，scanf()函数结束。

（2）非正常结束。格式项与输入域不匹配时非正常结束。例如：

```
scanf("%d%d",&i,&j);
```

执行并输入：123r5（回车）

第一个格式说明项 %d 正常接收数据，而第二个格式说明项 %d 在接收数据时遇到类型不匹配

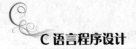

的字符 r，则 scanf() 函数结束。i 为 123，j 未被赋值，仍保持原值。

scanf 是一个函数，它也有一个返回值，这个返回值就是成功匹配的项数。

视 频

scanf() 函数的返回值

3-19 scanf() 函数的返回值。

```
void main()
{ int a,b,c;
  printf("%d\n",scanf("%3d-%2d-%4d",&a,&b,&c));
  printf("a=%d,b=%d,c=%d\n",a,b,c);
}
```

scanf() 函数出现在 printf() 函数中作为输出项。在程序运行时先按 scanf() 函数的要求输入数据，然后由 printf() 函数把输入时匹配成功的项目数输出。

执行并输入：`123-45-6789`（回车）

运行显示：`3`

`a=123,b=45,c=6789`

正确地输入了 3 个整数，scanf() 正常结束，scanf() 函数的返回值为 3。

再次执行并输入：`12-345-6789`（回车）

则运行显示：`2`

`a=12,b=34,c=`（原值）

在按 %3d 读数据时，第 3 个字符不是数字，故提前截止，只将 2 个字符"12"送给 a，再按 %2d 读入 2 个字符"34"送给 b，本应出现"-"，但却输入"5"，不合法，非正常终止。scanf() 函数返回值为"2"，输出的 c 为原值。

3.3 getchar() 函数和 putchar() 函数

3.3.1 getchar() 函数和 putchar() 函数的定义

1. getchar() 函数

getchar() 函数是从标准输入设备（一般是用户终端）上读入一个字符。该函数没有参数，其一般形式是：

```
getchar()
```

函数的返回值就是从输入设备得到的字符。

2. putchar(c) 函数

putchar(c) 函数是将字符变量 c 中的字符输出到标准输出设备（一般也是用户终端）上，它有一个形式参数 c，其一般形式是：

```
putchar(c)
```

3. getchar() 和 putchar() 函数的使用

使用 getchar() 和 putchar() 函数时，应在程序的前面加上包含命令：#include <stdio.h>。

3.3.2 getchar() 函数和 putchar() 函数的用法

3-20 输入 3 个字母，如果其中有小写字母，则转换成大写字母输出。

```
#include <stdio.h>
```

```
void main()
{ char ch1,ch2,ch3;
  ch1=getchar();
  ch2=getchar();
  ch3=getchar();
  ch1=(ch1>='a' && ch1<='z')? ch1-32:ch1;
  ch2=(ch2>='a' && ch2<='z')? ch2-32:ch2;
  ch3=(ch3>='a' && ch3<='z')? ch3-32:ch3;
  putchar(ch1);
  putchar(ch2);
  putchar(ch3);
}
```

视频
小写字母转大
写字母

运行情况如下：

输入：abc（回车）

显示：ABC

输入：ABCD（回车）

显示：ADC

针对该程序，分析说明如下：

（1）getchar()函数在执行时，虽然是读入一个字符，但并不是从键盘上按一个字符，该字符就被读入送给一字符变量，而是等到输入完一行按【Enter】键后，才将该行的字符输入到缓冲区，然后 getchar()函数从缓冲区中取一个字符到一个字符变量中。

（2）当需要完成读入一个字符，然后从终端输出时，可以采用下面的形式：

```
putchar(getchar());
```

3.4 顺序结构程序设计举例

例 3-21 设有双精度浮点型变量 x、y，编程通过键盘输入两变量的值，然后两变量的值互换后输出。

视频
两变量的值互
换

怎样才能实现 x、y 值的互换？这里假设 x=10.2;y=20.5,若用程序段：x=y;y=x;执行 x=y;后，x 的值 10.2 已经丢失，由 y 的值 20.5 取而代之。再执行 y=x;时，赋给 y 的不是 x 原来的值 10.2，而是 x 的新值 20.5。所以，执行后 x、y 的值均为 20.5。这里失败的原因在于一开始 x 值的丢失，因此，应该先把 x 的值保存在另一变量 t 中，即 t=x;，执行 x=y;时，虽然 x 的值被 y 的值取代，但 x 的值事先已经保存在另一变量 t 中，所以用 y=t;就可以把原 x 的值赋给 y，从而实现 x、y 值的互换。

```
#include <stdio.h>
main()
{ double x, y, t ;
  printf("Enter x and y :\n");
  scanf ("%lf%lf",&x,&y);
  t=x;
  x=y;
  y=t;
  printf ("x=%f, y=%f \n ",x,y);
}
```

运行程序显示：Enter x and y :

输入：12.34 34.12（回车）

输出：x=34.120000, y=12.340000

第一个 printf() 函数输出的是提示信息，提醒用户输入 x 和 y 的值；x、y 值交换后用%f 格式输出 x 和 y 的值（输出 double 型数据可以用%f 格式，但输入 double 型数据必须用%lf 或%le 格式）。在格式字符串中用"x="、"y="是为了对输出的数据进行说明，使输出数据更明确。

例3-22 输入两个整数 a 和 b（设 a=1500，b=350），求 a 除以 b 的商和余数，编写完整程序并按如下形式输出结果。

a=1500,b=350

a/b=4,the a mod b=100

这个程序由三部分组成：输入部分——输入整型变量 a、b 的值；计算处理部分——求 a/b 的商和余数；输出部分——按要求输出结果。源程序如下：

```
#include <stdio.h>
main()
{ int a,b,c,d;
  scanf ("%d,%d",&a,&b);
  c=a/b;              /*求 a/b 的商*/
  d=a%b;              /*求 a/b 的余数*/
  printf("a=%5d,b=%4d\n",a,b);
  printf ("a/b=%3d,the a mod b=%4d\n",c,d);
}
```

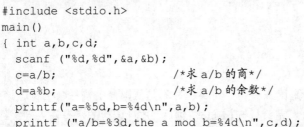

视频

求两整数的商和余数

例3-23 A、B、C 三人分 24 只苹果，每人所得个数等于三年前他们的年龄数。如果 C 把所得苹果的一半均分给 A 和 B；然后 B 再把现有苹果的一半均分给 A 和 C，最后 A 再把现有苹果的一半均分给 B 和 C，这时每人的恰好相等，求现在三人的年龄各是多少岁。

在分析题目或编程时，大致有两种思路：一种是按照数学运算过程或事物变化过程的顺序编程；一种是完全与数学过程或事物变化过程相反的顺序编程。第一种编程方法叫作"顺序法"，后一种方法叫作"逆算法"。本题采用逆算法求解。

视频

三人分苹果求各自年龄

依题意：

c=c-c/2;a=a+c/2;b=b+c/2;

b=b-b/2;c=c+b/2;a=a+b/2;

a=a-a/2;c=c+a/2;b=b+a/2;

当三人相等时，每人的苹果数是 24/3=8，由此着手，由后往前推。

程序如下：

```
#include <stdio.h>
void main()
{ int a,b,c;
  a=b=c=24/3;
  b=b-a/2;c=c-a/2;a=a*2;
  a=a-b/2;c=c-b/2;b=b*2;
  b=b-c/2;a=a-c/2;c=c*2;
  a=a+3;b=b+3;c=c+3;
  printf("a=%d,b=%d,c=%d",a,b,c);
}
```

输出结果：a=16，b=10，c=7

课后练习

1. 在使用 printf()函数和 scanf()函数时，是否可以省略头文件 stdio.h 的说明？

2. 简述 printf()函数的函数格式，在使用时，应注意什么问题？

3. 增加域宽与输入精度能否提高输出数据的实际精度，为什么？

4. 使用 scanf()函数，当在终端上输入一串字符时，系统如何知道哪几个字符算作一个数据项？

5. 试写出以下程序各 printf 语句的运行结果（空格用"^"表示）。

```
#include <stdio.h>
void main()
{ short x=5432;
  int  i=3456，c='x';
  char z=65;
  printf("\n%d,%o,%x",x,x,x);
  printf("\n%d,%o,%x",-x,-x,-x);
  printf("\n%c,%d,%c,%d",z,z,c,c);
}
```

6. 试写出以下程序各 printf 语句的运行结果（空格用"^"表示）。

```
#include <stdio.h>
void main()
{ double  x = 1234.6657867,y = 3.45;
  printf("\n%f,%f",x,y);
  printf("\n%4f,%9f",x,y);
  printf("\n%9.4f",y);
  printf("\n%9.2f",x);
  printf("\n%9.0f",x);
  printf("\n%9.4f",-y);
  printf("\n%9.2f",-x);
  printf("\n%9.0f",-x);
}
```

7. 试写出以下程序各 printf 语句的运行结果（空格用"^"表示）。

```
void main()
{ double f=7654.321,d=12345.6789;
  printf("\n%g,%f,%e",f,f,f);
  printf("\n%g,%f,%e",d,d,d);
  printf("\n%.7g,%.7g",f,d);
  printf("\n%9g,%9g",f,d);
  printf("\n%7.0g,%7.0g",f,d);
  printf("\n%7.6g,%7.6g",f,d);
  printf("\n%e,%10e,%10.2e,%.2e",f,f,f,f);
}
```

8. 试写出以下程序各 printf 语句的运行结果（空格用"^"表示）。

```
#include <stdio.h>
void main()
```

```
{ int  i=1234;
  printf("\n%d",i);
  printf("\n%0d",i);
  printf("\n%3d",i);
  printf("\n%9d",i);
  printf("\n%-9d",i);
  printf("\n%.7d",i);
  printf("\n%.0d",i);
  printf("\n%.7d",-i);
  printf("\n%.0d",-i);
}
```

9. 试写出以下程序各 printf 语句的运行结果（空格用 "^" 表示）。

```
void main()
{ printf("\n%s","abcdef1234");
  printf("\n5s","abcdef1234");
  printf("\n%8s","12345");
  printf("\n%.5s","abcdef1234");
  printf("\n%7.2s","12345");
  printf("\n%.4s","12345");
  printf("\n%-5.3s","12345");
  printf("\n%5.3s","12345");
}
```

10. 试写出以下程序各 printf 语句的运行结果（空格用 "^" 表示）。

```
void main()
{ short i=127,b=-1;
  unsigned short int a=65535;
  printf("\n%d",i);
  printf("\n%5d",-i);
  printf("\n%5o",i);
  printf("\n%5x",i);
  printf("\n%hd,%ho,%hx,%hu",a,a,a,a);
  printf("\n%hd,%ho,%hx,%hu",b,b,b,b);
}
```

11. 试写出以下程序各 printf 语句的运行结果（空格用 "^" 表示）。

```
void main()
{ float x;double y,z;
  x=y=z=345.567890123;
  printf("\n%f",x);
  printf("\n%f",z);
  printf("\n%e",z);
  printf("\n%.4f",x);
  printf("\n%.8f",y);
  printf("\n%.3E",z);
  printf("\n%.16f",y);
  printf("\n%11.3e",y);
  printf("\n%2.5f",y);
  printf("\n%2e",z);
}
```

12. 试写出以下程序各 printf 语句的运行结果（空格用 "^" 表示）。

```c
void main()
{   printf("\n%6d",678);
    printf("\n%06d",678);
    printf("\n%6d",-678);
    printf("\n%06d",-678);
    printf("\n%08.1f",12.3456);
    printf("\n%10.5f",12.3456);
    printf("\n%010.5f",12.3456);
    printf("\n%10.5f",-12.3456);
    printf("\n%010.5f",-12.3456);
    printf("\n%06s","1234");
    printf("\n%06c",'1');
}
```

13. 试写出以下程序各 printf 语句的运行结果（空格用 "^" 表示）。

```c
void main()
{ double f=568.456789;
  printf("\n%8d*",5678);
  printf("\n%-8d*",5678);
  printf("\n%-8d*",-5678);
  printf("\n%10.6lf*",1.3466);
  printf("\n%-10.6lf*",1.3466);
  printf("\n%-10.6lf*",-1.3466);
  printf("\n%s","abcd efg hi");
  printf("\n%6s"," abcd efg hi");
  printf("\n%-6s"," abcd efg hi");
  printf("\n%12s"," abcd efg hi");
  printf("\n%-12s"," abcd efg hi");
  printf("\n%e,%10e,%10.2e,%.2e,%-10.2eA",f,f,f,f,f);
}
```

14. 试写出以下程序 printf 语句的运行结果（空格用 "^" 表示）。

```c
void main(){printf("%+d,%+d",-258,8754); }
```

15. 试写出以下程序 printf 语句的运行结果（空格用 "^" 表示）。

```c
void main(){printf("%o,%#o,%X,%#x,%#X",18,18,18,18,18);}
```

16. 已知 C 程序如下：

```c
void main()
{ short a;char b;float c;
  scanf("%d%c%f",&a,&b,&c);
  printf("a=%d,b=%c,c=%f\n",a,b,c);
}
```

执行并输入 "346t123.567（回车）" 后，请写出程序的输出结果。

17. 已知 C 程序如下：

```c
void main()
{ int a;float b,c;
  scanf("%4d%2f%3f",&a,&b,&c);
  printf("a=%d,b=%f,c=%f",a,b,c);
}
```

（1）执行并输入 "12345678987654321（回车）" 后，请写出程序的输出结果。

（2）再次执行并输入 "1234　　56 78987654321（回车）"，请写出程序的输出结果。

（3）再次执行并输入 "−56−123+98654321（回车）"，请写出程序的输出结果。

（4）再次执行并输入 "−3.4+56.7894321（回车）"，请写出程序的输出结果。

18. 已知 C 程序如下：

```
void main()
{ short a;char b;float c;
  scanf("%d%c%f",&a,&b,&c);
  printf("a=%d,b=%c,c=%.1f\n",a,b,c);
}
```

若要求运行显示："a=5678,b=x,c=345.5"，请写出正确的输入方法。

19. 已知 C 程序如下：

```
void main()
{ int a;float b,c;
  scanf("%d%f%f",&a,&b,&c);
  printf("a=%d,b=%f,c=%f",a,b,c);
}
```

若要求运行显示："a=587,b=3.000000,c=89.540000"，请写出正确的输入方法。

20. 已知 C 程序如下：

```
void main()
{ char c1,c2,c3;
  scanf("%c%c%c",&c1,&c2,&c3);
  printf("c1=%c,c2=%c,c3=%c",c1,c2,c3);
}
```

（1）执行并输入 "a b c（回车）" 后，请写出程序的输出结果。

（2）若要求运行显示："c1=x,c2=y,c3=z"，请写出正确的输入方法。

21. 已知 C 程序如下：

```
void main()
{ int a;float b,c;
  printf("input a b c:");
  scanf("a=%d,b=%f,c=%f",&a,&b,&c);
  printf("a=%d,b=%f,c=%f\n",a,b,c);
}
```

若要求运行显示："a=345,b=678.230000,c=3.148000"，请写出正确的输入方法。

22. 已知 C 程序如下：

```
void main()
{ int a;float c;
  scanf("%5d%*3d%f",&a,&c);
  printf("a=%d,c=%f\n",a,c);
}
```

执行并输入 "12345678765.43（回车）" 后，请写出程序的输出结果。

23. 已知 C 程序如下：

```
void main()
{ int a,b,c;
  scanf("%d%*d%d%d",&a,&b,&c);
```

```
   printf("a=%d,b=%d,c=%d",a,b,c);
  }
```

执行并输入 "1234 567 87 65.43（回车）" 后，请写出程序的输出结果。

24. 已知 C 程序如下：

```
void main()
{ int a,b,c;s
  printf("input a b c:");
  printf("%d\n",scanf("%3d-%2d-%4d",&a,&b,&c));
  printf("a=%d,b=%d,c=%d\n",a,b,c);
}
```

（1）执行并输入 "358-57-1234（回车）" 后，请写出程序的输出结果。

（2）若再次执行并输入 "345-4545-6789（回车）" 后，请写出程序的输出结果。

25. 已知 C 程序如下：

```
void main()
{ int a,b,c,d,e,f;
  scanf("%d %d",&a,&b);
  scanf("%d %d",&c,&d);
  scanf("%d",&e);
  scanf("%d",&f);
  printf("a=%d,b=%d,c=%d,d=%d,e=%d,f=%d",a,b,c,d,e,f);
}
```

执行并输入：123 4567 890（回车）
　　　　　　　11 55 33 77（回车）

请写出程序的输出结果。

26. 使用 getchar() 和 putchar() 函数编写程序，将从键盘输入的字符数据'1'、'2'转换为大写字母'A' 'B'输出。

27. 设圆半径 r=1.45，圆柱高 h=2.45，编写程序求圆周长、圆面积、圆柱体表面积、圆柱体积。要求用 scanf() 输入数据，运行输出计算结果，输入时要有文字说明，取小数点后 2 位数字。

28. 编写程序，要求输入三角形的三边长，求三角形的面积。

29. 编写程序，通过键盘输入 11 时 13 分，然后把它转化成分钟后输出（从零点整开始计算）。

第4章
选择型程序设计

结构化程序的三种基本结构是顺序结构、选择结构和循环结构。准确地说，基本的控制结构是后两种，因为顺序型是自然形成的，无须在程序中加以专门的控制。

选择型程序设计就是把 C 语言中提供的选择结构具体化。它所解决的问题称为判断问题，即通过判断从两种或两种以上的可能中确定问题的解。因此，在进行选择型程序设计之前应该首先确定要判断的是什么条件，以及当判断结果为不同的情况时应该执行什么样的操作等。

选择型程序结构一般可分为单分支结构、双分支结构和多分支结构。

4.1 算法和算法的表示

4.1.1 算法的概念

1. 算法的基本概念

什么是算法？当代著名计算机科学家 D.E.Knuth 在他撰写的 *The Art of Computer Programming* 一书中写到："一个算法，就是一个有穷规则的集合，其中的规则规定了一个解决某一特定类型的问题的运算序列。"简单地说，任何解决问题的过程都是由一定的步骤组成的，把解决问题确定的方法和有限的步骤称作为算法。需要说明的是，不是只有计算问题才有算法，例如，加工一张写字台，若加工顺序是：桌腿、桌面、抽屉、组装，这就是加工这张写字台的算法；当然，如果是按"抽屉、桌面、桌腿、组装"这样的顺序加工，那就是加工这张写字台的另一种算法，这其中没有计算问题。

通常，计算机算法分为两大类：数值运算算法和非数值运算算法。数值运算是指对问题求数值解，例如对微分方程求解、对函数的定积分求解、对高次方程求解等，都属于数值运算范围。非数值运算包括非常广泛的领域，例如资料检索、事务管理、数据处理等。数值运算有确定的数学模型，一般都有比较成熟的算法。许多常用算法通常还会被编写成通用程序并汇编成各种程序库的形式，用户需要时可直接调用。例如数学程序库、数学软件包等。而非数值运算的种类繁多，要求不一，很难提供统一规范的算法。在一些关于算法分析的著作中，一般也只是对典型算法作详细讨论，其他的非数值运算是需要用户设计其算法的。

下面通过三个简单的问题说明设计算法的思维方法。

 例 4-1 有黑和蓝两个墨水瓶，但却错把黑墨水装在了蓝墨水瓶子里，而蓝墨水错装在了黑墨水瓶子里，要求将其互换。

这是一个非数值运算问题。因为两个瓶子的墨水不能直接交换，所以，解决这一问题的关键是需要引入第三个墨水瓶。设第三个墨水瓶为白色，其交换步骤如下：

（1）将黑瓶中的蓝墨水装入白瓶中。

（2）将蓝瓶中的黑墨水装入黑瓶中。

（3）将白瓶中的蓝墨水装入蓝瓶中。

（4）交换结束。

例4-2 计算函数 $M(x)$ 的值。函数 $M(x)$ 为：

$$M(x)=\begin{cases} bx+a^2 & x \leqslant a \\ a(c-x)+c^2 & x > a \end{cases}$$

其中，a、b、c 为常数。

本题是一个数值运算问题。其中 M 代表要计算的函数值，有两个不同的表达式，根据 x 的取值决定采用哪一个算式。根据计算机具有逻辑判断的基本功能，用计算机解题的算法如下：

（1）将 a、b、c 和 x 的值输入到计算机。

（2）判断 $x \leqslant a$?如果条件成立，执行第（3）步，否则执行第（4）步。

（3）按表达式 $bx+a^2$ 计算出结果存放到 M 中，然后执行第（5）步。

（4）按表达式 $a(c-x)+c^3$ 计算出结果存放到 M 中，然后执行第（5）步。

（5）输出 M 的值。

（6）算法结束。

例4-3 给定两个正整数 m 和 n（$m \geqslant n$），求它们的最大公约数。

这也是一个数值运算问题，它有成熟的算法，我国数学家秦九韶在《算书九章》一书中曾记载了这个算法。求最大公约数的问题一般用辗转相除法（也称欧几里德算法）求解，其算法可以描述如下：

（1）将两个正整数存放到变量 m 和 n 中。

（2）求余数。计算 m 除以 n，将所得余数存放到变量 r 中。

（3）判断余数是否为 0。若余数为 0 则执行第（5）步，否则执行第（4）步。

（4）更新被除数和余数。将 n 的值存放到 m 中，将 r 的值存放到 n 中，并转向第（2）步继续循环执行。

（5）输出 n 的当前值，算法结束。

如此循环，直到得到结果。

例如，求 35（m）与 15（n）的最大公约数。

35/15，商为 2，余数为 5（r）。以 n 作 m，以 r 作 n，继续相除；15/5，商为 3，余数为 0。当余数为零时，所得 n 即为两数的最大公约数。

所以 35 和 15 两数的最大公约数为 5。

由上述 3 个简单的例子可以看出，一个算法由若干操作步骤构成，并且这些操作是按一定的控制结构所规定的次序执行。如例 4-1 中的 4 个操作步骤是顺序执行的，称之为顺序结构。而在例 4-2 中，则不是按操作步骤顺序执行，也不是所有步骤都执行，如第（3）步和第（4）步的两个操作就不能同时被执行，它们需要根据条件判断决定执行哪个操作，这种结构称之为选择结构。在例 4-3 中不仅包含了判断，而且需要重复执行，如第（2）步~第（5）步之间的步骤就需要根据条件判断是否重复执行，并且一直延续到条件"余数为 0"为止，这种具有重复执行功能的结构称之为循环结构。

2. 算法的两要素

由上述 3 个例子可以看出，任何简单或复杂的算法都是由基本功能操作和控制结构这两个要

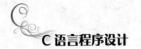

素组成。不论计算机的种类如何之多，但它们最基本的功能操作是一致的。计算机的基本功能操作包括以下 4 个方面。

（1）逻辑运算：与、或、非。

（2）算术运算：加、减、乘、除。

（3）数据比较：大于、小于、等于、不等于、大于等于、小于等于。

（4）数据传送：输入、输出、赋值。

算法的控制结构决定了算法的执行顺序。如以上例题所示，算法的基本控制结构通常包括顺序结构、选择结构和循环结构。不论是简单的还是复杂的算法，都是由这三种基本控制结构组合而成的。

算法是对程序控制结构的描述，而数据结构是对程序中数据的描述。因为算法的处理对象必然是问题中所涉及的相关数据，所以不能离开数据结构去抽象地分析程序的算法，也不能脱离算法去孤立地研究程序的数据结构，而只能从算法和数据结构的统一上去认识程序。

需要强调的是，设计算法与演绎数学有明显区别，演绎数学是以公理系统为基础，通过有限次推演完成对问题的求解。每次推演都是对问题的进一步求解，如此不断推演，直到能将问题的解完全描述出来为止。而设计算法则是充分利用解题环境所提供的基本操作，对输入数据进行逐步加工、变换和处理，从而达到解决问题的目的。

4.1.2　算法的基本特征

算法是一个有穷规则的集合，这些规则确定了解决某类问题的一个运算序列。对于该类问题的任何初始输入值，它都能机械地一步一步地执行计算，经过有限步骤后终止计算并产生输出结果。归纳起来，算法具有以下基本特征。

（1）有穷性：一个算法必须在执行有限个操作步骤后终止。

（2）确定性：算法中每一步的含义必须是确切的，不可出现任何二义性。

（3）有效性：算法中的每一步操作都应该能有效执行，一个不可执行的操作是无效的。例如，一个数被 0 除的操作就是无效的，应当避免这种操作。

（4）有零个或多个输入：这里的输入是指在算法开始之前所需要的初始数据。这些输入的多少取决于特定的问题。例如，例 4-1 的算法中需要输入 2 个数据，即需要输入 a 和 b 两个初始数据，而例 4-2 的算法中则需要输入 4 个初始数据。有些特殊算法也可以没有输入。

（5）有一个或多个输出：所谓输出是指与输入有某种特定关系的量，在一个完整的算法中至少会有一个输出。如上述关于算法的 3 个例子中，每个都有输出。试想，如果例 4-3 中没有"输出 n 的当前值"这一步，这个算法将毫无意义。

通常算法都必须满足以上 5 个特征。需要说明的是，有穷性的限制是不充分的。一个实用的算法，不仅要求有穷的操作步骤，而且应该是尽可能有限的步骤。例如，对线性方程组求解，理论上可以用行列式的方法。但是，要对 n 阶方程组求解，需要计算 $n+1$ 个 n 阶行列式的值，要做的乘法运算是 $(n!)(n-1)(n+1)$ 次。假如 n 取值为 20，用每秒千万次的计算机运算，完成这个计算需要上千万年的时间。可见，尽管这种算法是正确的，但它没有实际意义。由此可知，在设计算法时，要对算法的执行效率作一定的分析。

4.1.3　算法的表示

原则上说，算法可以用任何形式的语言和符号来描述，通常有自然语言、程序语言、流程图、

N-S 图、PAD 图、伪代码等。前面的 3 个例子就是用自然语言来表示算法，而所有的程序是直接用程序设计语言表示算法。流程图、N-S 图和 PAD 图是表示算法的图形工具，其中，流程图是最早提出的用图形表示算法的工具，所以也称为传统流程图。它具有直观性强、便于阅读等特点，具有程序无法取代的作用。N-S 图和 PAD 图符合结构化程序设计要求，是软件工程中强调使用的图形工具。

因为流程图便于交流，又特别适合于初学者使用，对于一个程序设计工作者来说，会看会用传统流程图是必要的。本书主要介绍和使用传统流程图表示算法。

1. 流程图符号

所谓流程图，就是对给定算法的一种图形解法。流程图又称为框图，它用规定的一系列图形、流程线及文字说明来表示算法中的基本操作和控制流程，其优点是形象直观、简单易懂、便于修改和交流。美国国家标准学会（American National Standard Institute，ANSI）规定了一些常用的符号，表 4-1 中分别列出了标准的流程图符号的名称、表示和功能。这些符号已被世界各国的广大程序设计工作者普遍接受和采用。

表 4-1　标准流程图符号

符 号 名 称	符 号	功 能
起止框		表示算法的开始和结束
输入/输出框		表示算法的输入/输出操作，框内填写需输入或输出的各项
处理框		表示算法中的各种处理操作，框内填写处理说明或算式
判断框		表示算法中某操作的说明信息，框内填写文字说明
注释框		表示算法中某操作的说明信息，框内填写文字说明
流程线		表示算法的执行方向
连接点		表示流程图的延续

（1）开始框和结束框：用以表示算法的开始或结束。每个算法流程图中必须有且仅有一个开始框和一个结束框，开始框只能有一个出口，没有入口，结束框只有一个入口，没有出口。开始框的用法如图 4-1（d）所示，框内可写上程序起始标号或地址，也可简单写为"开始"。结束框其用法如图 4-1（e）所示，框内可写入"暂停""结束""返回"等。

（2）输入/输出框：表示算法的输入和输出操作。输入操作是指从输入设备上将算法所需要的数据传递给指定的内存变量；输出操作则是将常量或变量的值由内存储器传递到输出设备上。输入/输出框中填写需输入或输出的各项列表，它们可以是一项或多项，多项之间用逗号分隔。输入/输出框只能有一个入口，一个出口，其用法如图 4-1（c）所示。

（3）处理框：算法中各种计算和赋值的操作均以处理框来表示。处理框内填写处理说明或具体的算式。也可在一个处理框内描述多个相关的处理。但是一个处理框只能有一个入口、一个出口，其用法如图 4-1（a）所示。

（4）判断框：表示算法中的条件判断操作。判断框说明算法中产生了分支，需要根据某个关系或条件的成立与否来确定下一步的执行路线。判断框内应当填写判断条件，一般用关系比较运算或逻辑运算来表示。判断框一般均具有两个出口，但只能有一个入口，其用法如图 4-1（b）所示。

（5）注释框：表示对算法中的某一操作或某一部分操作所作的必要的备注说明。这种说明不是给计算机的，而是给作者或读者的。因为它不反映流程和操作，所以不是流程图中必要的部分。注释框没有入口和出口，框内一般是用简明扼要的文字进行填写。其用法如图 4-1（h）所示。

（6）流程线：表示算法的走向，流程线箭头的方向就是算法执行的方向。事实上，这条简单的流程线是很灵活的，它可以到达流程的任意处，灵活的另一面是很随意。程序设计的随意性是软件工程方法中要杜绝的，因为它容易使软件的可读性、可维护性降低。所以，在结构化的程序设计方法中，常用 N-S 图、PAD 图等适合于结构化程序设计的图形工具来表示算法，在这些图形工具中都取消了流程线。但是，对于程序设计的初学者来说，传统流程图有其显著的优点，流程线非常明确地表示了算法的执行方向，便于读者对程序控制结构的学习和理解。其用法如图 4-1（f）所示。

（7）连接点：表示不同地方的流程图的连接。其用法如图 4-1（g）所示。

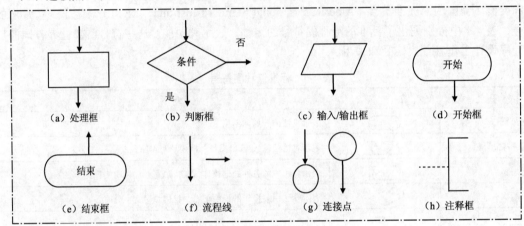

图 4-1　规范流程图符号

2. 用流程图表示算法

下面将例 4-1、例 4-2 和例 4-3 的解题算法用流程图表示。

在例 4-1 中，将黑、蓝、白三个墨水瓶分别用 a、b、c 三个变量表示，其算法就是用计算机进行任意两数交换的典型算法，流程图如图 4-2 所示。图中有开始框、结束框、输入框、输出框和流程线。其控制流程是顺序结构。

对例 4-2 和例 4-3，我们使用与原题完全一致的变量名，图中的 Y 表示条件为真，N 表示条件为假。图 4-3 中计算函数值的控制流程是选择结构，图 4-4 的控制流程是循环结构。在图 4-4 中使用了注释框，用此说明本操作完成"求余数"。

通过以上三个实例可以看出，算法就是将需要解决的问题用计算机可以接受的方法表示出来。例如：2+8-7 可以直接表示，而求定积分解、求方程的根等问题，就必须找到数值解法，不能直接表达给计算机。所以算法设计是程序设计中非常重要的一个环节，而流程图是直观地表示算法的图形工具。作为一个程序设计者，在学习具体的程序设计语言之前，必须学会针对问题进行算法设计，并且会用流程图把算法表示出来。

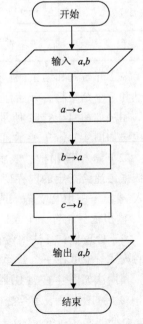

图 4-2　两数交换算法流程图

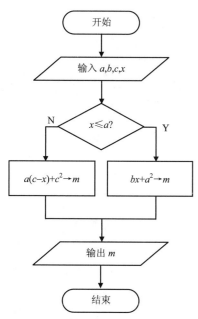

图 4-3 计算函数值算法流程图

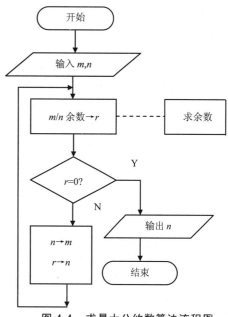

图 4-4 求最大公约数算法流程图

4.1.4 结构化程序的三种基本结构

任何简单或复杂的算法都可以由顺序结构、选择结构和循环结构这三种基本结构组合而成。所以，这三种结构就被称为程序设计的三种基本结构，也是结构化程序设计必须采用的结构。

1. 顺序结构

顺序结构表示程序中的各操作是按照它们出现的先后顺序执行的，其流程如图 4-5 所示。图中的 s1 和 s2 表示两个处理步骤，这些处理步骤可以是一个非转移操作或多个非转移操作序列，甚至可以是空操作，也可以是三种基本结构中的任一种结构。整个顺序结构只有一个入口点 a 和一个出口点 b。这种结构的特点是：程序从入口点 a 开始，按顺序执行所有操作，直到出口点 b 处，所以称为顺序结构。事实上，不论程序中包含了什么样的结构，而程序的总流程都是顺序结构。例如，在图 4-2、图 4-3 和图 4-4 所表示的流程图中，其总体结构流程都是自上而下顺序执行的。

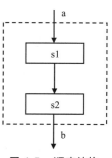

图 4-5 顺序结构

2. 选择结构

选择结构表示程序的处理步骤出现了分支，它需要根据某一特定的条件选择其中的一个分支执行。选择结构有单选、双选和多选三种形式。

双选是典型的选择结构形式，其流程如图 4-6 所示，图中的 s1 和 s2 与顺序结构中的说明相同。由图中可见，在结构的入口点 a 处是一个判断框，表示程序流程出现了两个可供选择的分支，如果条件满足执行 s1，否则执行 s2。值得注意的是，在这两个分支中只能选择一条且必须选择一条执行，但不论选择了哪一条分支执行，最后流程都一定到达结构的出口点 b 处。前面的图 4-3 中就采用了双选结构流程图。

当 s1 和 s2 中的任意一个处理程序为空时，说明结构中只有一个可供选择的分支，如果条件满足执行 s1，否则顺序向下流程出口 b 处。也就是说，当条件不满足时，什么也没执行，所以称为单选择结构，如图 4-7 所示。

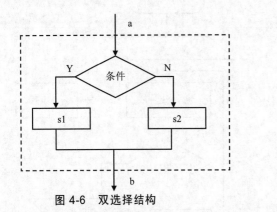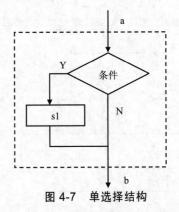

图 4-6　双选择结构　　　　　　　　　　图 4-7　单选择结构

多选择结构是指程序流程中遇到图 4-8 所示的 s1，s2，…，sn 等多个分支，程序执行方向将根据条件确定。如果满足条件 1 则执行 s1 处理，如果满足条件 n 则执行 sn 处理，总之要根据判断条件选择多个分支的其中之一执行。不论选择了哪一条分支，最后流程要到达同一个出口处。如果所有分支的条件都不满足，则直接到达出口。有些程序语言不支持多选择结构，但所有的结构化程序设计语言都是支持的，C 语言是面向过程的结构化程序设计语言，它可以非常简便地实现这一功能。

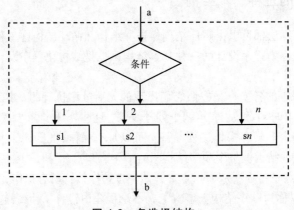

图 4-8　多选择结构

3. 循环结构

循环结构表示程序反复执行某个或某些操作，直到某条件为假（或为真）时才可终止循环。在循环结构中最主要的是：什么情况下执行循环？哪些操作需要循环执行？循环结构的基本形式有两种：当型循环和直到型循环，其结构如图 4-9 所示。图中虚线框内的操作称为循环体，是指从循环入口点 a 到循环出口点 b 之间的处理步骤，这就是需要循环执行的部分。而什么情况下执行循环则要根据条件判断。

（1）当型循环结构：表示先判断条件，当满足给定的条件时执行循环体，并且在循环终端处流程自动返回到循环入口；如果条件不满足，则退出循环体直接到达流程出口处。因为是"当条件满足时执行循环"，即先判断后执行，所以称为当型循环。其流程如图 4-9（a）所示。

（2）直到型循环结构：表示从结构入口处直接执行循环体，在循环终端处判断条件，如果条件满足（或不满足），返回入口处继续执行循环体，直到条件为假（或真）时再退出循环到达流程出口处，即先执行后判断。因为是"直到条件为假（或真）时为止"，所以称为直到型循环。其流程如图4-9（b）所示。

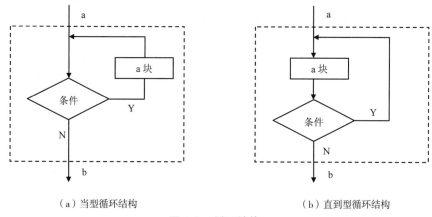

（a）当型循环结构　　　　　　　　　　　　（b）直到型循环结构

图 4-9　循环结构

4．结构化程序设计的特征

结构化程序设计的特征主要有以下几点：

（1）以三种基本结构的组合来描述程序。

（2）整个程序采用模块化结构。

（3）有限制地使用转移语句，在非用不可的情况下，也要十分谨慎，并且只限于在一个结构内部跳转，不允许从一个结构跳到另一个结构，这样可缩小程序的静态结构与动态执行过程之间的差异，使人们能正确理解程序的功能。

（4）以控制结构为单位，每个结构只有一个入口和一个出口，各单位之间接口简单，逻辑清晰。

（5）采用结构化程序设计语言书写程序，并采用一定的书写格式使程序结构清晰，易于阅读。

（6）注意程序设计风格。

4.2　C语言的语句

4.2.1　C语言语句的基本概念

组成C语言源程序的基本单位是语句。一个实际的程序应包含若干条语句，每条语句完成一定的操作任务。C语言的语句主要分为指令语句和非指令语句。

1．指令语句

每一条指令语句经编译后产生若干条机器指令，用来向计算机系统发出操作命令。C指令语句按功能可以分为以下两类：

（1）表达式语句。C语言是一种表达式语言，C语言程序中所有的操作运算都是通过表达式来实现的，把由表达式组成的语句称为表达式语句，例如赋值语句。

（2）流程控制语句。它用来控制操作运算语句的执行顺序，例如循环控制语句。

2．非指令语句

非指令语句不产生机器操作，只在编译器对源程序编译阶段辅助编译器对源程序进行编译。

它包含以下几类：

1）数据定义语句

数据定义语句用于定义变量，按指定格式和要求为变量分配内存空间。C语言主要的数据定义语句类型有：整型、实型（浮点型）、字符型、枚举型、结构体类型、共用体类型、数组类型、指针类型、文件类型、空类型、自定义类型、存储类型等。

2）编译预处理

C语言编译器在编译之前，先对编译预处理命令进行预处理，经过预处理后的源程序不再包括预处理命令，然后再将预处理后的源程序编译、处理得到目标代码。C提供的预处理功能主要有以下3种。

（1）宏定义。

定义宏语句：#define

解除宏定义：#undef

（2）文件包含处理：#include

（3）条件编译：

```
#ifdef          #else          #endif
#ifndef         #else          #endif
#if             #else          #endif
```

4.2.2　表达式语句

1. 表达式语句的组成

一般表达式语句是由一个表达式后接一个分号组成的。分号是语句中不可缺少的一部分，而任何表达式均可以加上分号成为语句。例如：

```
i=i+1      （是表达式，没有构成语句）
i=i+1;     （是语句）
x+y;       （是合法语句，但没有实际意义）
```

2. 表达式语句的分类

表达式语句通常有以下4种基本类型：

（1）赋值语句。赋值语句由赋值表达式加一个分号组成。例如：

```
i=1;
c=getchar();
```

（2）函数调用语句。函数调用语句由函数调用表达式后跟一个分号组成。例如：

```
printf("hello,world\n");
```

（3）空语句。空语句是只有一个分号而没有表达式的语句。其形式为：

```
;
```

它不产生任何操作运算，只作为形式上的语句被填充在控制结构之中。

（4）逗号表达式语句。在C语言中，几个表达式组合在一起，形成一个复合表达式语句。其中，用逗号作为表达式之间的分隔符，最后用分号结尾。例如：

```
++a,--b;
```

4.2.3　流程控制语句

流程控制语句用于完成一定的控制功能。C语言有9种控制语句，它们是：

（1）判断语句：

- 条件判断语句：if…else
- 多分支选择语句：switch

（2）循环语句：

- 循环次数控制语句：for
- 先判断后执行循环控制语句：while
- 先执行后判断循环控制语句：do…while

（3）转移控制语句：

- 直接转移语句：goto
- 终止语句：break
- 跳转语句：continue
- 返回语句：return

4.2.4 复合语句

C 语言允许把一组语句括在一对花括号之中，称为复合语句。例如：

```
{ c=getchar();
  putchar(c);
}
```

注意：

一个复合语句的后花括号之后不应再写分号。

复合语句在语法上是一个整体，相当于一个语句。凡是能够使用简单语句的地方，都可以使用复合语句。一个复合语句中又可以包含另一个或多个复合语句。

复合语句中也可以定义变量，例如：

```
void main()
{ int a;
    …
  { int  b;
    b=3;printf("%d\n",a+b);
  }
    …
}
```

复合语句

在复合语句中定义的变量（如上面定义的 b）只在本复合语句中有效。

 # 4.3 选择型程序结构

4.3.1 条件判断语句

1. 单分支判断执行语句 if

格式：

if (条件表达式) 语句 0

功能：若"条件表达式"的结果为真，执行其后的"语句 0"。

例 **4-4** 求一个数的绝对值（采用单分支形式）。

设有任意单精度浮点数 x，它的绝对值为：

$$|x| = \begin{cases} x & (x \geq 0) \\ -x & (x < 0) \end{cases}$$

程序流程图如图 4-10 所示，其源程序如下：

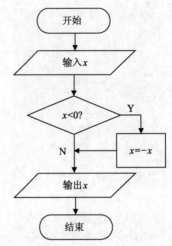

图 4-10　求一个数的绝对值（采用单分支形式）流程图

```
void main()
{ float x;
  scanf("%f",&x);
  if(x<0.0) x=-x;
  printf("%f",x);
}
```

2. 双分支判断执行语句 if...else

格式：

```
if（条件表达式）语句 1
else   语句 2
```

功能：若"条件表达式"的结果为真，执行"语句 1"；否则，执行"语句 2"。

例 **4-5** 求一个数的绝对值（采用双分支形式）。

采用双分支形式时，获取绝对值的两种情况（$x \geq 0$ 及 $x < 0$ 都应包含在 if...else 语句中），源程序如下：

```
void main()
{ float x;
  scanf("%f",&x);
  if(x<0.0)  x=-x;
  else       x=x;
  printf("%f",x);
}
```

🔔 **注意：**

C 语言编译器在编译时完全不考虑程序的书写格式，只是凭语法规则来确定程序中的逻辑关系。当程序中存在嵌套的 if…else 结构时，由后向前使每一个 else 都与其前面的最靠近它的 if 配对，如果一个 else 的上面又有一个未经配对的 else，则先处理上面的（内层的）else 的配对。这样反复配对，直到把全部 else 用完为止。

例 4-6 从三个数中取出最大的数。

可以这样考虑：设有三个数 x、y、z，若 x>y，再将 x 和 z 比较，若 x>z，则最大数为 x，否则最大数为 z。同理，若 x≤y，将 y 和 z 比较，若 y>z，则最大数为 y，否则最大数为 z。其程序流程图如图 4-11 所示，源程序如下：

视 频

三个数中取最
大数 i

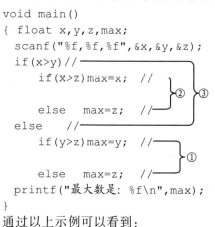

```c
void main()
{ float x,y,z,max;
  scanf("%f,%f,%f",&x,&y,&z);
  if(x>y)//
      if(x>z)max=x;  //
      else   max=z;  //
  else   //
      if(y>z)max=y;  //
      else   max=z;  //
  printf("最大数是: %f\n",max);
}
```

通过以上示例可以看到：

① 单分支的 if 结构会增加阅读和理解程序的困难。

② 正确的缩进格式（即锯齿形书写格式）可以帮助人们理解程序，错误的缩进格式反而会使人迷惑。

③ 要严格按语法关系检查程序。在不易弄清的地方可以加括号来保证自己构思的逻辑关系的正确性。

④ 在设计上，应尽可能选择最好的算法，且使程序有较强的可读性。如果上述程序改写为：

视 频

三个数中取最
大数 ii

```c
void main()
{ float x,y,z,max;
  scanf("%f,%f,%f",&x,&y,&z);
  max=x;
  if(z>y){if(z>x) max=z;}
  else   {if(y>x) max=y;}
  printf("最大数是: %f\n",max);
}
```

这样的处理使程序结构清楚多了。程序流程图如图 4-12 所示。其设计思想请自己考虑。

3. 多分支判断执行语句 else…if

格式：

if（条件表达式 1）语句 1

else   if（条件表达式 2）语句 2

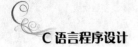

```
else   if（条件表达式 3）语句 3
              …
           [else    语句 n]
```

功能：若"条件表达式 1"结果为真，执行"语句 1"；若"条件表达式 2"结果为真，执行"语句 2"……若"else   语句 n"存在，则所有"条件表达式"结果为假时执行"语句 n"。若最后一个"else   语句 n"不存在，并且所有条件的测试均不成功，则该结构将不执行任何操作。

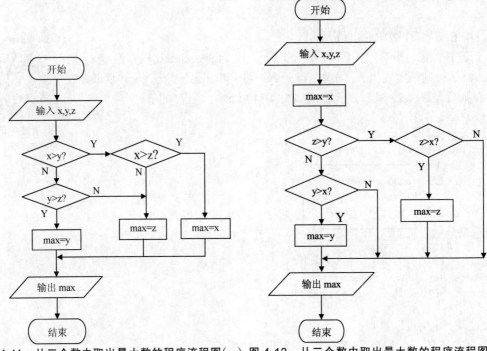

图 4-11　从三个数中取出最大数的程序流程图（a）图 4-12　从三个数中取出最大数的程序流程图（b）

例 4-7　输入一个字符，如果是数字则输出 1，如果是大写字母则输出 2，如果是小写字母则输出 3，如果是空格则输出 4，如果是回车符则输出 5，如果是其他字符则输出 6。

据题意解决问题时，依序重点考虑以下几个步骤：一是数据的输入（从键盘接收一个字符）；二是对输入数据的判断（采用多分支选择语句分段判断）；三是数据的输出（对判断结果输出显示）。

```
#include <stdio.h>
void main()
{ char c;
  int x;
  c=getchar();
  if(c>='0'&&c<='9') x=1;
  else if(c>='A' && c<='Z') x=2;
      else if(c>='a' && c<='z')x=3;
          else if(c==' ') x=4;
              else if(c=='\n') x=5;
                  else x=6;
  printf("%d",x);
}
```

视频
else…if 语句
使用实例

4.3.2 多分支选择语句

格式：
```
switch（表达式）
{ case  常量表达式 1: 语句序列 1;[break;]
  case  常量表达式 2: 语句序列 2;[break;]
  ……
  case  常量表达式 n: 语句序列 n;[break;]
  [default: 语句序列 n+1;]
}
```

功能：根据"表达式"的值从上至下去寻找与表达式的值相匹配的"case 常量表达式"，以此作为入口执行下去，直到执行完 switch 语句体，或执行到 break 语句而终止 switch 语句。若"default：语句序列 n+1"存在，则当程序找不到匹配的入口标号时，执行"语句序列 n+1"。

例 4-8 使用 switch 语句测试从键盘输入的字符是数字、空白（含回车、制表符）还是其他字符。

程序设计思路基本与上例相同，但在对输入数据进行判断时，要求使用 switch 语句。程序流程图如图 4-13 所示，其源程序如下：

```
void main()
{ char c;
  scanf("%c",&c);
  switch(c)
    { case '0':
      case '1':
      case '2':
      case '3':
      case '4':
      case '5':
      case '6':
      case '7':
      case '8':
      case '9': printf("这是数字\n"); break;
      case ' ':
      case '\n':
      case '\t': printf("这是空白\n"); break;
      default: printf("这是其他字符\n");
    }
}
```

视 频
switch 语句使用实例

使用 switch 结构时须注意以下几点：

（1）一个 switch 结构的执行部分是由一些 case 子结构与一个可省略的 default 子结构组成的复合语句。要特别注意写上一对花括号。

（2）switch 后面的表达式一般是一个整数表达式（或字符表达式），与之相应，case 后面应是一个整数或字符常量，也可以是不含变量与子函数的常数表达式。例如：

```
case 3+4:  （合法）
case x+y:  （不合法，即使变量 x,y 在前面已经赋值）
```

（3）一个 switch 结构中不允许任意两个 case 后的"常量表达式"具有相同的常量值。例如：

```
case 1+2:
   ...
case 6-3:   （不合法）
```

（4）switch 结构允许嵌套。

（5）各个 case 和 default 的出现次序一般不影响执行结果。

（6）多个 case 可以共用一组执行语句。

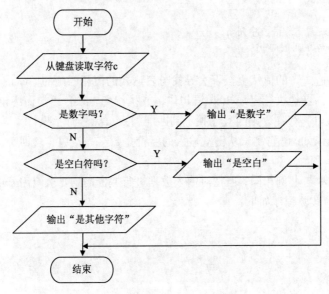

图 4-13　测试从键盘输入字符的程序流程图

例 4-9　使用 switch 语句编写一个成绩等级判定程序。从键盘输入某一成绩（经判断控制在 0～100），若大于等于 90 输出优秀，若在 70～89 之间输出良好，若在 60～69 之间输出及格，否则输出不及格。

程序采用多分支选择判断时，若直接采用实际的成绩数据，将使程序非常冗长。所以，将实际成绩同 10 整除作判断选择条件，是该类别程序设计的最基本技巧。其次，使用 switch 结构判断某一数据范围时，同一范围内的条件要邻近罗列，且都应在共同结果的上面。具体程序如下：

```
void main()
{ int    y;
  float  x;
  printf("请输入成绩:");
  scanf("%f", &x);
  if(x<0||x>100.0) printf("\007 错误: 分数超过范围!\n");
  else{ y=x;y=y/10;
     switch(y)
     { case 10:
       case  9: printf("优秀\n");break;
       case  8:
       case  7: printf("良好\n");break;
       case  6: printf("及格\n");break;
       default: printf("不及格\n");
     }
  }
}
```

视频

成绩等级判定程序

4.4 选择型程序设计举例

例4-10 编写程序，输入 x 的值，按下列公式计算并输出 y 的值。

$$y = \begin{cases} x & (x \leqslant 1) \\ 2x-1 & (1 < x < 10) \\ 3x-11 & (10 \leqslant x) \end{cases}$$

这是一个多分支程序，若 x，y 都为基本整型数据，依题意，源程序实现如下：

```c
#include <stdio.h>
void main()
{ int x,y;
  scanf("%d",&x);
  if(x<=1) y=x;
  else if(x<10) y=2*x-1;
      else y=3*x-11;
  printf("%d",y);
}
```

视频

依 x 按公式计算 y

例4-11 编写程序，判断某一年是否是闰年。

闰年的条件是：①能被 4 整除，但不能被 100 整除的年份都是闰年；②能被 400 整除的年份是闰年。不符合上述两个条件的年份不是闰年。

依题意，可以采用双分支结构，源程序实现如下：

```c
#include <stdio.h>
void main()
{ short x;
  printf("请输入年份:");
  scanf("%hd",&x);
  if((x%4==0&&x%100!=0)||(x%400==0)) printf("%d 是闰年",x);
  else printf("%d 不是闰年",x);
}
```

视频

按输入年份判断闰年

例4-12 给出一个不多于 4 位的正整数（可判断控制），要求：①求出它是几位数；②按逆序分别打印出各位数字。

依题意，程序主要由 4 部分组成：

（1）输入一个不多于 4 位的正整数到 x。

（2）求 x 是几位数 i（应在 1~4 之间）。

（3）将 x 的各位数字予以分解。

（4）根据 x 的位数 i，对分解后的各位数字按逆序显示。

源程序实现如下：

```c
#include <stdio.h>
void main()
{ short x;
  short i,w4=0,w3=0,w2=0,w1=0;
  /*1.输入 x 的值*/
  printf("请在 0~9999 范围内输入一个整数: ");
  scanf("%d",&x);
  if(x>9999) printf("\n 数据输入错误! ");
```

视频

逆序打印整数位数

```
else{ /*2.求 x 是几位数*/
    if(x>999) i=4;
    else if(x>99) i=3;
        else if(x>9) i=2;
            else i=1;
    printf("你输入的数是%d位数\n",i);
    /*3.求 x 的各位数字*/
    w4=x/1000;                          /*求最高位*/
    w3=(x-w4*1000)/100;                 /*求次高位 w3=x%1000/100*/
    w2=(x-w4*1000-w3*100)/10;           /*求次低位 w2=x%100/10*/
    w1=x%10;                            /*求最低位*/
    /*4.按逆序显示 x 的各位数字*/
    switch(i)
    { case 1:printf("反序数为:%d\n",w1);break;
      case 2:printf("反序数为:%d,%d\n",w1,w2);break;
      case 3:printf("反序数为:%d,%d,%d\n",w1,w2,w3);break;
      case 4:printf("反序数为:%d,%d,%d,%d\n",w1,w2,w3,w4);break;
    }
  }
}
```

课后练习

1. 选择型程序结构可分为哪几种？

2. C 语言的源程序的基本单位是什么？有几种分类？

3. 指令语句和非指令语句在作用上有什么区别？

4. 什么是空语句？它主要有哪些作用？

5. 什么是复合语句？在使用复合语句时应注意哪些问题？

6. 从键盘输入 5 个数，编程求 5 个数中的偶数之和。

7. 编程判断某数 N 是否能被 k 整除。

8. 输入三个数 a，b，c，要求按从小到大的顺序输出。

9. 请编制一个计算 $y=f(x)$ 的程序，其中：

$$y = \begin{cases} -x + 2.5 & (0 \leqslant x < 2) \\ 2 - 1.5(x-3)^2 & (2 \leqslant x < 4) \\ x/2 - 1.5 & (4 \leqslant x < 6) \end{cases}$$

10. 编程输入某学生的成绩，输出该学生的成绩和等级（A 级：90~100；B 级：80~89；C 级：60~79；D 级：0~59）。

11. 编写程序，输入 3 个整数，判断它们是否能够构成三角形，若能构成三角形，则输出三角形的类型（等边、等腰或一般三角形）。

12. 已知银行整存整取不同期限的月利息分别为：

$$月利息率 = \begin{cases} 0.63\% & （期限 1 年） \\ 0.66\% & （期限 2 年） \\ 0.69\% & （期限 3 年） \\ 0.75\% & （期限 5 年） \\ 0.84\% & （期限 8 年） \end{cases}$$

要求输入存钱的本金和期限，求到期能从银行得到的利息与本金的合计。

13. 输入两个整数，若它们的平方和大于 100，则输出该平方和的百位数以上（包括百位数字）的各位数字，否则输出两个整数的和。

14. 编写程序，输入一个不超过 5 位数的正整数，输出它的个位数，并指出它是几位数。

15. 编写程序，加密数据。方法：对给定 4 位正整数值，每一位数字均加 2，且在[0,9]范围内，若加密后某位数字大于 9，则取其被 10 除的余数。如 6987 加密后为 8109。

16. 输入年份 year 和月 month，求该月有多少天。

17. 编写程序，输入一位学生的生日（年 y0、月 m0、日 d0）；并输入当前的日期（年 y1、月 m1、日 d1）；输出该生的实际年龄。

18. 编写一个简单计算器程序，输入格式为 data1 op data2 其中，data1 和 data2 是参加运算的两个数，op 为运算符，它的取值只能是+、−、*、/。

第5章
循 环 控 制

作为结构化程序设计的三种基本结构之一，循环控制结构一般由进入（或退出）条件、步长、循环体和初始化值四部分组成。根据进入（或退出）条件，循环控制结构又可以分为 while 结构、do…while 结构、for 结构三种形式。此外，利用 goto 语句也可以构成循环结构。

5.1 先判断后执行循环控制语句 while

while 语句用来实现先判断后执行循环结构，其一般形式如下：

while(条件表达式) 循环体

功能：当条件表达式的值为真时，循环执行指定的"循环体"。

其执行过程为：先对 while 后的条件表达式进行计算，若条件表达式的值为真（非 0），执行循环体。每执行完一次循环体，便对条件表达式进行一次计算和判断，当发现条件表达式的值为假（0），便立即退出循环。

如果循环体中包含一个以上的语句，则应该用花括弧将循环体括起来，以复合语句的形式出现。如果不加花括弧，则 while 语句的范围只到 while 后面的第一个分号处。

例5-1 一个简单的数据输出程序。

```
void main()
{   int i=0;
    while(i<=1){i++;printf("%d,",i);}
}
```

程序流程图如图 5-1 所示，运行输出结果为：

1,2,

若将条件表达式改为：while(i<1)，程序的运行结果又会如何？请分析。

例5-2 第二个数据输出程序。

```
void main()
{ int i=0;
    while(i++<=1) printf("*%d,",i);
    printf("**%d\n",i);
}
```

视 频

数据输出
程序 i

视 频

数据输出
程序 ii

图 5-1　while 循环流程图

运行输出结果为:

```
*1,*2,**3
```

这个程序中有两个打印函数。第一个打印函数属于 while 结构内部,后一个打印函数属于 while 结构外部。出现上面运行结果的原因是:在第二次决定是否进入 while 前,都要对条件表达式进行一次计算。但是 i++与++i 不同,前者是"先使用后加 1",后者是"先加 1 后使用"。因此在这里是先判断完 i<=1 是否为真后,再加 1,于是出现了上面所示的运行情况。

以上例子说明,在 while 结构中,对条件表达式的计算要比循环体多执行一次。因为必有一次(最后一次)当条件表达式为假时不执行循环体。

上面两个例子都是使用计数器来控制循环次数的典型。在使用计数器时要特别注意计数器处于控制临界值时的情形。这个问题看似很简单,但若不注意,往往会导致循环体多执行(或少执行)一次,而且这一错误还不易被发现。

例 5-3 将键盘输入的字符原样输出。

```
#include <stdio.h>
void main()
{ char c;
  while((c=getchar())!=EOF)putchar(c);
}
```

```
#include <stdio.h>
void main()
{ char c;
  c=getchar();
  while(c!=EOF)
  {putchar(c);c=getchar();}
}
```

视频 ●

将输入字符原样输出

为说明这一程序的功能,右边的程序是对左边程序的改写。

程序中的"EOF"是一个符号常数,称为文件结束标志,它在文件 stdio.h 中是这样定义的:"#define EOF −1",当从键盘输入<Ctrl-Z>(或遇文件结束标记)时,c 的值得到−1,等于 EOF。

程序执行情况如下:

输入:e(回车)

显示:e

输入:h(回车)

显示:h

输入:<Ctrl-Z>(回车)

例 5-4 使用 while 结构按下列公式计算 e 的值(精度为 1e−6):

$$e=1+1/(1!)+1/(2!)+1/(3!)+\cdots+1/(n!)$$

计算 e 的近似值实际上是求一个数列的前 n 项和,可用各类循环结构实现。首先应找出此数列中各项的变化规律:各项分子都是 1,从第二项开始分母依次是 1!, 2!, 3!, $\cdots$, n!,其中 i!=(i−1)!*i;其次可根据 1/i!数据的精度作为循环的进入条件。采用 while 循环结构设计的程序流程图如图 5-2 所示,源程序实现如下:

视频 ●

用 while 结构计算 e 值

```
void main()
{ long   i=1,f=1;        /*i是计数值,f是i的阶乘值*/
  double e=0,x=1.0;      /*x为1/i! 的值,e是总值*/
  while(x>=1e-6){e=e+x;f=f*i++;x=1.0/f;}
  printf("\ne=%f",e);
}
```

此外,根据此数列中各项的变化规律,第 n 项为第 n−1 项的值除以 n,还有一种方法,请大

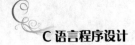

家考虑程序的设计方法。

由上面的几个例子可以看出：要使一个循环最终能结束，应当在条件表达式中或在循环体中存在着改变条件表达式的值的操作，使流程经过有限次的重复后能够跳出循环结构，否则将导致死循环。

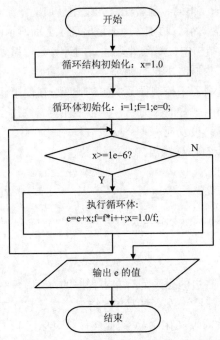

图 5-2　用 while 结构计算 e 值的程序流程图

例 5-5　父子年龄之和是 50 岁，再过 5 年父亲的年龄是儿子的 4 倍，父亲和儿子现在各是多少岁？

本题可采用顺序法求解。设儿子的年龄为 A，父亲的年龄为 B，则依据 A+B=50；(A+5)*4=B+5 可求出 A、B 的值。程序如下：

```
void main()
{ int a=1,b=50-a;
  while((a+5)*4!=b+5){a=a+1;b=50-a;}
  printf("儿子为:%d, 父亲为:%d",a,b);
}
```

视 频

父子年龄问题

运行输出：

儿子为: 7, 父亲为: 43

 ## 5.2　先执行后判断循环控制语句 do…while

do…while 语句用来实现先执行后判断循环结构。其一般形式如下：

do　循环体　while（条件表达式）;

功能：先执行一次指定的"循环体"，当条件表达式的值为真时继续执行指定的循环体。

其执行过程为：当流程到达 do 后，就立即执行一次循环体部分，然后才进行对条件表达式的计算和测试。若条件表达式的值为真（非 0），则重复执行一次循环体；否则退出循环结构。

与 while 结构相比，do...while 结构至少要执行一次循环。

例 5-6 使用 do...while 结构将输入的字符原样输出。

```
#include <stdio.h>
void main()
{ char c;
  do{c=getchar();putchar(c);}while(c!=EOF);
}
```

用 do...while
将字符输出

> **注意：**
> 该例与例 5.3 相比，把结束标记<Ctrl-Z>进行了输出。

例 5-7 使用 do...while 结构按下列公式计算 e 的值（精度为 1e-6）：

e=1+1/(1!)+1/(2!)+1/(3!)+...+1/(n!)

思路同例 5-4，使用 do...while 结构的程序流程图如图 5-3 所示，源程序实现如下：

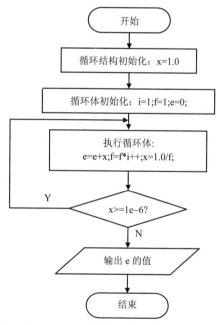

图 5-3　用 do...while 结构计算 e 值的程序流程图

```
void main()
{ int i=1,f=1;                /*i是计数值，f是i的阶乘值*/
  double e=0,x=1.0;           /*x为1/i!的值，e是总值*/
  do{e=e+x;f=f*i++;x=1.0/f;}while(x>=1e-6);
  printf("e=%f",e);
}
```

用 do...while
计算 e 值

在一般情况下，用 while 和 do...while 语句处理同一问题时，若二者的循环体及条件表达式部分是一样的，它们的结果也是一样。如例 5-7 和例 5-4 程序中的循环体和条件表达式是相同的，得到的结果也相同。但是，如果 while 后面的

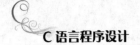

表达式一开始就为假时，两种循环的结果是不同的。请读者自行分析其原因。

例5-8 设计一个程序，把一个真分数表示为埃及分数之和的形式。

所谓埃及分数，是指分子为 1 的形式。古代埃及有一个非常奇怪的习惯，他们喜欢把一个分数表示为若干个分子为 1 的分数之和的形式。如：7/8=1/2+1/3+1/24。

下面介绍其中一种算法——贪心算法。贪心算法是由数学家斐波纳契提出的，基本思想是：

（1）设某个真分数的分子为 A，分母为 B。

（2）把 B 除以 A 的商的整数部分加 1 后的值作为埃及分数的下一个分母 C（B/A+1）。

（3）将 A 乘以 C 减去 B 作为新的 A（A*C-B），将 B 乘以 C 作为新的 B（B*C）。

（4）如果目前的 A 大于 1 且能整除目前的 B（A>1,B%A=0），则最后一个分母为 B/A；如果目前的 A=1，则最后一个分母为目前的 B。（或如果目前的 A 大于等于 1 且能整除目前的 B（A>=1&&B%A==0），则最后一个分母为 B/A。）

（5）否则转步骤（2）。

可见贪心算法的基本思路是：从问题的某一个初始解出发逐步逼近给定的目标，以尽可能快地求得更好的解。当达到某算法中的某一步不能再继续前进时，算法停止。

例如：7/8=1/2+1/3+1/24（见表 5-1）。

表 5-1　算法步骤 1

步　骤	A	B	C=B/A+1	新 A=A*C-B	新 B=B*C
1	7	8	2	6	16
2	6	16	3	2	48
3	2	48	24		

例如：8/11=1/2+1/5+1/37+1/4070（见表 5-2）。

表 5-2　算法步骤 2

步　骤	A	B	C=B/A+1	新 A=A*C-B	新 B=B*C
1	8	11	2	5	22
2	5	22	5	3	110
3	3	110	37	1	4 070
4	1	4 070	4 070		

解题步骤：

（1）用变量 A 表示分子，变量 B 表示分母。

（2）C=B/A 取整加 1。

（3）A=A*C-B，B=B*C。

（4）打印 1/C。

（5）第一种情况：若 A>1 且 B/A 能整除，则 C=B/A，打印 1/C，程序结束。

　　　第二种情况：若 A=1，则 C=B，打印 1/C，程序结束。

（6）转步骤（2）。

使用 do...while 循环结构设计的程序如下：

```
void main()
{  int a,b,c,Z=1;              /*Z 是循环标记，初值为真（1）*/
```

```
    printf("A,B是: ");scanf("%d,%d",&a,&b);
    printf("%d/%d=",a,b);
    do{  c=b/a+1;a=a*c-b;b=b*c;
        printf("1/%d+",c);
        if((a>1)&&(b%a==0))  {printf("1/%d",b/a);Z=0;}
        else if(a==1) {printf("1/%d",b);   Z=0;}
    }while(Z);
}
```

若将第五步改为："（5）若 A>=1 且 B/A 能整除，打印 1/C，程序结束。"则优化后的程序为：

```
void main()
{  int a,b,c,Z=1;
    printf("A,B是: ");scanf("%d,%d",&a,&b);
    printf("%d/%d=",a,b);
    do{  c=b/a+1;a=a*c-b;b=b*c;
        printf("1/%d+",c);
        if(b%a==0){printf("1/%d",b/a);Z=0;}
    }while(Z);
}
```

视 频

真分数为埃及
分数之和

5.3　循环次数控制语句 for

for 语句是将初始化、条件判断、循环变量值变化三者组织在一起的循环控制结构。它的使用最为灵活，不仅可以用于循环次数已确定的情况，而且还可以用于循环次数不确定而只给出循环结束条件的情况。它可以完全替代 while 结构。这种结构的格式可以表示为：

for（循环变量赋初值；循环条件表达式；循环变量增值）循环体

功能：以循环变量赋初值、循环条件表达式（终值）、循环变量增值（步长）为条件，循环执行指定的"循环体"。

其执行过程如下：

（1）先执行"循环变量赋初值"（注意在整个循环中它只执行一次）。

（2）执行"循环条件表达式"，若其值为真就执行一次循环体，然后执行第（3）步，否则转第（5）步，结束循环。

（3）执行"循环变量增值"。

（4）转回第（2）步继续执行。

（5）循环结束，执行 for 后面的语句。

例 5-9　使用 for 结构按下列公式计算 e 的值（精度为 1e-6）：

$e=1+1/(1!)+1/(2!)+1/(3!)+\cdots+1/(n!)$

思路同例 5-4，使用 for 结构的程序流程图见图 5-4，源程序实现如下：

```
void main()
{ int i,f=1;
  double e=0,x=1.0;
  for(i=1;x>=1e-6;i++){e=e+x;f=f*i;x=1.0/f;}
  printf("e=%f",e);
}
```

视 频

用 for 结构计
算 e 值

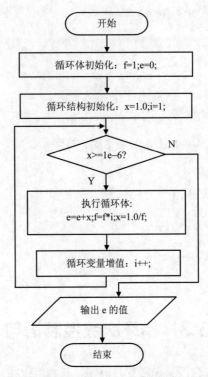

图 5-4　用 for 结构计算 e 值的程序流程图

在使用 for 结构时应注意以下问题：

（1）for 语句中初始化表达式是可以省略的，但应在 for 语句之前给循环变量赋初值，同时初始化表达式后面的分号不可省略。比如上面的例子可以改写为：

```
e=1;f=1;i=1;for(;1.0/f>=1e-6;i++){f=f*i;e=e+1.0/f;}
```

（2）for 语句中条件表达式也可以省略，此时认为条件表达式为真，循环将无终止地进行下去。同样，其后的分号不可省略。

（3）for 语句中增值表达式也可以省略，但应保证程序能够正常结束。比如上面的例子可以改写为：

```
e=1;f=1;for(i=1;1.0/f>=1e-6;){f=f*i++;e=e+1.0/f;}
```

（4）for 语句允许同时省略初始化表达式和增值表达式，只保留条件表达式。此时它完全等同于 while 结构。比如上面的例子可以改写为：

```
e=1;f=1;i=1;for(;1.0/f>=1e-6;){f=f*i++;e=e+1.0/f;}
```

（5）for 语句还允许三个表达式均省略，此时，循环将无休止地进行下去。

例 5-10　猴子第一天摘下若干桃子，当即吃了一半，还不过瘾，又多吃了一个。第二天早上又将剩下的桃子吃掉一半，又多吃了一个。第三天早上又将剩下的桃子吃掉一半，又多吃了一个。以后每天早上都吃前一天剩下的一半零一个。到第十天想再吃时，就只剩一个桃子了，求第一天共摘多少桃子。

本题可采用逆算法求解。若某一天剩余的桃子数是 x，则前一天的桃子数应是 2(x+1)。由于第十天仅剩下一个，则依题意，第九天的桃子数是 2*(1+1)=4，第八天的桃子数是 2*(4+1)=10，采用循环的办法依次类推，可得出第一天的桃子数。使用 for 循环结构设计的程序如下：

视 频

猴子吃桃

```
void main()
{ int x=1,i;
  for(i=9;i>=1;i--) x=2*(x+1);
  printf("%d",x);
}
```

运行结果：1534

 5.4　goto 语句以及用 goto 语句构成的循环结构

goto 语句为无条件转向语句，它的作用是从其所在处转向本函数内的某一位置。所在函数的程序段必须用标号指明目的地位置。标号应该是合法的标识符，在作为转向目标的语句前面要用同一标识符作为标号。其语法形式为：

```
goto      标号;
...
标号:
```

goto 语句的无条件转向功能，无限制地滥用会导致程序的混乱，它的使用不符合结构化程序设计的思想。一般来说，它有如下两种用途：

（1）与 if 语句一起构成循环结构。

（2）从循环体中跳到循环体外。

例 5-11　使用 goto 语句按下列公式计算 e 的值（精度为 1e-6）：

$e=1+1/(1!)+1/(2!)+1/(3!)+...+1/(n!)$

思路同例 5-4，使用 goto 结构并结合 if 语句，其实现的源程序如下：

```
void main()
{ int i=1,f=1;
  double e=0,x=1.0;
  loop:
    if(x>=1e-6){e=e+x;f=f*i++;x=1.0/f;goto loop;}
  printf("e=%f",e);
}
```

此源程序的流程图同图 5-2（用 while 结构计算 e 值的程序流程图）。

视 频

用 goto 结构
计算 e 值

 5.5　循环的嵌套

如果一个循环体内又包含了另一个完整的循环结构，则称为循环的嵌套。内嵌的循环体中又嵌套循环，就是多层循环。while 循环、do...while 循环、for 循环可以互相嵌套。

例 5-12　打印图 5-5 所示的九九乘法表。

首先，把上述九九表分为三部分，表头（即 1 ~ 9 九个数字）、隔线和表体。相应的，程序也可以分为如下三部分：

S1：打印表头。

S2：打印隔线。

S3：打印表体。

```
1   2   3   4   5   6   7   8   9
-------------------------------------------------
1   2   3   4   5   6   7   8   9
2   4   6   8  10  12  14  16  18
3   6   9  12  15  18  21  24  27
4   8  12  16  20  24  28  32  36
5  10  15  20  25  30  35  40  45
6  12  18  24  30  36  42  48  54
7  14  21  28  35  42  49  56  63
8  16  24  32  40  48  56  64  72
9  18  27  36  45  54  63  72  81
```

图 5-5   九九乘法表

1. 打印表头

表头就是九个数字 1，2，…，8，9。可以看成打印一个变量 i 的值，其初值为 1，每次加 1，直到 9 为止。这里使用 for 结构最合适。设每个数字区占 4 个字符空间，则很容易写出实现 S1 的程序：

```
for(i=1;i<=9;i++)printf("%4d",i);
```

2. 打印隔线

考虑隔线的总宽度与表头同宽，则可以用同样结构写出实现 S2 的程序：

```
for(i=1;i<=9*4;i++)printf("%c",'-');
```

在上述两个程序段中，都使用 i 作循环体变量。在 S2 中，i 只用于控制循环过程，称单纯循环变量。在 S1 中，i 除用于控制循环过程外，还作操作变量使用，即在循环体内还要用到它，对其进行操作，称为操作型循环变量。

在使用单纯循环变量时，循环变量本身的具体值并不重要，重要的是通过循环变量控制循环执行的次数。例如，打印一行隔线也可以写为：

```
for(i=100;i<=136;i++)printf("%c",'-');
```

或

```
for(i=36;i>=1;i--)printf("%c",'-');
```

3. 打印表体

（1）表体共 9 行，所以首先考虑一个打印 9 行的算法 S3：

```
for(i=1;i<=9;i++)
{
    打印第 i 行
}
```

（2）进一步考虑如何进行"第 i 行的打印"。每行都有 9 个数字，故对"第 i 行的打印"可以写为：

```
for(j=1;j<=9;j++) 打印第 j 列的数
```

（3）"打印第 j 列的数"即在第 i 行的第 j 列上打印一个数，大小为 i*j，占 4 个字宽。故可写为：

```
printf("%4d", i*j);
```

（4）此外，打印完一行后，应写一个语句实现换行：

```
printf("\n");
```

于是，打印九九表的程序可写为：

```
void main()
{ int i,j;
  for(i=1;i<=9;i++)printf("%4d",i);
  printf("\n");
  for(i=1;i<=36;i++)printf("%c",'-');
  printf("\n");
  for(i=1;i<=9;i++)
  {  for(j=1;j<=9;j++)printf("%4d",i*j);
     printf("\n");
  }
}
```

视　频

打印九九表

例5-13　蜘蛛有 8 条腿，蜻蜓有 6 条腿和 2 对翅，蝉有 6 条腿和 1 对翅。三种虫子共 18 只，共有 118 条腿和 20 对翅。每种虫子各几只？

问题分析：本题采用穷举法。穷举法也叫枚举法，它的基本思想是依题目的部分条件确定答案的大致范围，在此范围内对所有可能的情况逐一验证，直到全部情况验证完。若某个情况经验证符合题目的全部条件，则为本题的一个答案。若全部情况经验证后都不符合题目的全部条件，则本题无答案。

用穷举法解题时，答案所在的范围总是要求有限的，怎样的"列举方法"才能使我们不重复的、一个不漏、一个不增的逐个列举答案所在范围的所有情况，是穷举法解题的关键。

针对本题，可设蜘蛛为 a，蜻蜓 b，蝉为 c，若每种虫子最少有一只的话，则每种虫子的总个数不会超过 16 只，共有（118 /每只腿数）条腿数，依此可进行循环穷举。程序清单如下：

```
void main()
{ int a,b,c;
  for(a=1;a<=118/8;a++)
  for(b=1;b<=20/2-1;b++)
   { c=18-a-b;
     if(8*a+6*b+6*c==118&&2*b+c==20)
        printf("\n蜘蛛%d,蜻蜓%d,蝉%d",a,b,c);
   }
}
```

视　频

蜘蛛、蜻蜓和
蝉问题

运行结果：

蜘蛛 5，蜻蜓 7，蝉 6

 ## 5.6　break 语句和 continue 语句

1. 终止语句 break

格式：`break;`

功能：跳出循环体（接着执行循环体外的语句）或终止 switch 语句的执行。

例5-14　使用 break 语句按下列公式计算 e 的值（精度为 1e-6）：

```
e=1+1/(1!)+1/(2!)+1/(3!)+...+1/(n!)
```

解题思路同例 5-4，利用 break 功能并结合 for 及 if 语句，其实现的源程序如下：

```
void main()
{ int i=1,f=1;
  double e=0,x=1.0;
  for(;;)
    { if(x<1e-6)break;
      e=e+x;f=f*i++;x=1.0/f;
    }
  printf("e=%f",e);
}
```

视频

用 break 语句
计算 e 值

break 语句不能用于循环语句和 switch 语句以外的任何其他语句中。

例 5-15 有一个自然数被 3、4、5 除都余 1，被 7 除余 2，此数最小是几？（要求使用 break 编程。）

本题可采用顺序法求解。由于该数"被 7 除余 2"，故这个数从 2 开始，每次加 7 变化，然后判断出第一个使其"被 3、4、5 除都余 1"的值。依此设计的程序清单如下：

```
void main()
{ int x=2,i;
  do{ x=x+7;
    for(i=3;i<=5;i++)if(x%i!=1) break;
  }while(i<=5);
  printf("x=%d",x);
}
```

视频

break 应用
示例

运行结果：x=121

2. 跳转语句 continue

格式：`continue;`

功能：跳过循环体内尚未执行的语句，接着执行下次循环。

例 5-16 编程输出 100～200 之间能被 3 整除的数据。

```
void main()
{ int i;
  for(i=100;i<=200;i++)
  { if(i%3!=0)continue;
    printf("%d ,",i);
  }
}
```

视频

100～200 间
被 3 整除的数

程序中，当 100～200 间的某一值不能被 3 整除时，利用 continue 功能跳过循环体内的 printf 语句，接着执行下次循环。

例 5-17 某老者和他的孙子同生于 20 世纪，他们年龄相差 60 岁，若把他们出生年份被 3、4、5、6 除，余数分别是 1、2、3、4。编程求出老者和他的孙子各自出生的年份（要求使用 continue 语句编程）。

由于他们都生于 20 世纪，且年龄相差 60 岁，故爷爷的出生年份约在 1900～1939 之间。设爷爷的出生年份为 x，孙子的出生年份为 y，则 y=x+60。依此使用 continue 语句设计的程序清单如下：

```
void main()
{ int x=1899,y,i,b;
```

```
do{ x++;y=x+60;b=0;
    for(i=3;i<=6;i++) if(x%i!=i-2||y%i!=i-2){b=1;break;}
    if(b==1)continue;
    printf("\nX=%d,Y=%d",x,y);
    break;
}while(1);
}
```

视频

爷孙问题

运行显示：

X=1918,Y=1978

5.7 程序举例

例 5-18 用 $\pi/4 \approx 1-1/3+1/5-1/7+\cdots$ 公式求 π 的近似值，直到最后一项的绝对值小于 10^{-6} 为止。

结合前面示例，解决该题的关键是正负号的有规律变化。我们可以专门设计一个符号变量 f，开始使 f 为–1，每次循环使 f=–f，然后使 f 乘后面某项数据的值即可。依题意，程序设计如下：

```
void main()
{ int i=3,f=-1;
  float s=1.0/i,m=1;
  while(s>=1e-6)
{ m=m+f*s;          //m 累加器
    f=-f;i=i+2;       //f, i 为下次使用变化
    s=1.0/i;          //计算新的 s
  }
  printf("pi=%f",m*4);
}
```

视频

求 pi 的近似值

例 5-19 求 $Sn=a+aa+aaa+\cdots+aa\cdots a$ 之值，其中 a 是一个单一数字。例如：2+22+222+2222+22222（此时 n=5），a 和 n 由键盘输入。

求解该题应主要考虑以下几个问题：

（1）数据的输入：如何输入单一数字 a 及数字的个数 n。

（2）数据的组合：如何将 n 个单一数字 a 组合成一个含有 n 个 a 的十进制数。

方法：初值 s=0，对 s=s*10+a 循环 n 次即为 n 个 a 的十进制数。

（3）累加：结合第（2）步数据组合方法，求 a+aa+aaa+···+aa···a 之和（m=m+s）。

（4）输出和值。

依题意，程序设计如下：

```
void main()
{ int i,n,a,s,m;
  printf("请输入 n 的值和 a 的值: ");
  scanf("%d,%d",&n,&a);
  s=0;m=0;
  for(i=1;i<=n;i++){s=s*10+a; m=m+s;}
  printf("S=%d",m);
}
```

视频

求 sn=a+aa+···值

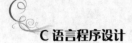

例 5-20 编写一个程序，将一个正整数分解质因数。

分解质因数也就是把这个正整数分成几个不能再分解的几个数的积，注意这些数必须为质数。例如：输入 90，输出 90 = 2*3*3*5。

对 n 进行分解质因数，应先找到一个最小的质数 k，然后：

（1）如果这个质数恰等于 k，则说明分解质因数的过程已经结束，输出即可。

（2）如果 n 不等 k，但 n 能被 k 整除，则应打印出 k 的值，并用 n 除以 k 的商，作为新的正整数 n，重复执行第（1）步。

（3）如果 n 不能被 k 整除，则用 k + 1 作为 k 的值，重复执行第（1）步。

程序如下：

视 频

求正整数分解
质因数

```c
#include <stdio.h>
void main()
{ int n,k;
  printf("请输入一个正整数:");
  scanf("%d",&n);
  printf("%d=",n);
  for(k=2;k<=n/2;k++)
  { while(n!=k)
      if(n%k==0){printf("%d*",k);n=n/k;}
      else break;
  }
  printf("%d\n",n);
}
```

例 5-21 有一对兔子，从出生后第三个月起每个月都生一对兔子。小兔子长到第三个月后每个月又生一对兔子。现有一对不满 1 个月的小兔子，假设所有兔子都不死，问每个月的兔子总数为多少？（只要求给出前 20 个月情况）

若不满 1 个月的为小兔子，满 1 个月不满 2 个月的为中兔子，满 3 个月以上的为老兔子。则可以从表 5-3 中看出兔子繁殖的规律。

表 5-3 兔子繁殖的规律

第几个月	小兔子对数	中兔子对数	老兔子对数	兔子总对数
1	1	0	0	1
2	0	1	0	1
3	1	0	1	2
4	1	1	1	3
5	2	1	2	5
6	3	2	3	8
7	5	3	5	13
...	...	...	...	...

可以看出每个月的兔子总数依次为：1，1，2，3，5，8，13……这就是斐波纳契（Fibonacci）数列。其规律是从第三个数开始，该数是其前面两个数之和。

依题意，程序设计如下：

```
#define  YUE  20
void main()
{  long x1=1,x2=1;
   int  i;
   for(i=1;i<=(YUE+1)/2;i++)
   {  printf("\n%ld\n%ld",x1,x2);
      x1=x1+x2;
      x2=x1+x2;
   }
}
```

视 频

斐波纳契数列

由于程序一次输出两个月的情况,所以循环判断表达式为 i<=(YUE+1)/2。若 YUE 不加 1,则当 YUE 为奇数时,会少输出一个月的情况。

例 5-22 游泳选手比赛名次之谜。

五个游泳选手去参加比赛,回来时有一好事者询问他们比赛的结果,这些选手幽默地说:"我们每个人告诉你两个结果,其中一对一错,名次究竟如何,请你自己去猜。"

甲说:"乙第二,我第三。"

乙说:"我第二,戊第四。"

丙说:"我第一,丁第四。"

丁说:"丙最后,我第三。"

戊说:"我第四,甲第一。"

他们的名次究竟如何?请编程回答。

解决这个问题的最好方法是用逻辑值进行判断。在 C 语言中,当某一个命题为真时,它的逻辑值为 1;当一个命题为假时,它的逻辑值为 0。

首先,令 a、b、c、d、e 分别代表甲、乙、丙、丁、戊。由于他们都有可能在 1~5 名之间,所以 a、b、c、d、e 可以都从 1~5 进行循环穷举。

其中,甲说的"乙第二,我第三"可以表示成为 b=2,a=3。由于这两句话一真一假,所以,二者之中只能有一句话是真的。这样就有:(b==2)+(a==3)=1。用同样的方法分析乙、丙、丁、戊的话,可以得到相关的表达式,去除那些不符合条件的,即可得到最后的名次。

为了避免名次重复,最后可以用 a*b*c*d*e=1*2*3*4*5=120 加以限制。

此外,由于甲、乙、丙、丁、戊没有重名情况,依此可减少循环次数。另外,为减少运算次数,当最内层循环体中某一条件判断语句不符合条件时,可直接跳转到最接近其判断值的外层循环体中进行循环。

程序如下:

```
#include <stdio.h>
void main( )
{ int a,b,c,d,e;
  for(a=1;a<=5;a++)                      /*a*/
  { for(b=1;b<=5;b++)                    /*b*/
   { if(a!=b)for(c=1;c<=5;c++)           /*c*/
    { if(a!=c&&b!=c)for(d=1;d<=5;d++)    /*d*/
     {  e=1+2+3+4+5-a-b-c-d;
         if((b==2)+(a==3)!=1) goto L30;  /*a*/
         if((b==2)+(e==4)!=1) goto L10;  /*b*/
         if((c==1)+(d==4)!=1) goto L10;  /*c*/
```

视 频

游泳选手比赛
名次

```
            if((c==5)+(d==3)!=1) goto L10;    /*d*/
            if((e==4)+(a==1)!=1) goto L10;    /*e*/
            if(a*b*c*d*e==120)
                printf("\na%d,b%d,c%d,d%d,e%d",a,b,c,d,e);
L10:;  }        /*d*/
       }        /*c*/
L30:;}          /*b*/
   }            /*a*/
}
```

运行结果：a1,b2,c5,d4,e3

 课 后 练 习

1. 在使用 while 和 do...while 语句时有什么区别？

2. 循环控制的 3 种结构之间可以互换吗？

3. break 语句和 continue 语句的作用分别是什么？

4. goto 语句的作用是什么？在使用 goto 语句时应注意什么问题？

5. 从键盘输入任意整数 n，编程求 n!。

6. 输出 2 位数中所有能同时被 3 和 5 整除的数。

7. 输出所有大于 1010 的 4 位偶数，且该偶数的各位数字互不相同。

8. 编写程序计算下列算式的值：

$$C = 1 + \frac{1}{x^1} + \frac{1}{x^2} + \frac{1}{x^3} + \frac{1}{x^4} \cdots \quad (x > 1)$$

直到某一项小于或等于 0.000001 时为止。输出最后 C 的值。

9. 打印出 100~999 之间所有的"水仙花数"。所谓"水仙花数"，是指一个 3 位数，其各位数字立方和等于该数本身。例如 153 是一个水仙花数，因为 $153=1^3+5^3+3^3$。

10. 编写程序，从键盘输入任意整数 N，判断 N 是否为素数。

11. 分别用辗转相除法和相减法求两个整数的最大公约数和最小公倍数。

12. 用迭代法求正数 a 的算术平方根（小数点后保留 6 位）。求 a 的算术平方根的迭代公式为：$x_n = 0.5(x_{n-1}+a/x_{n-1})$。

13. 对从键盘上输入的行、单词和字符进行计数。将单词的定义进行化简，认为单词是不包含空格、制表符（\t）及换行符的字符序列。例如："a+b+c"，认为是 1 个单词，它由 5 个字符组成。又如："xy abc"，为 2 个单词，6 个字符组成。一般用【Ctrl+Z】作为文件结束标记，其字符码值为−1，当输入【Ctrl+Z】时表示文件输入结束，停止计数。

14. 将一张面值为 100 元的人民币等值换成 5 元、1 元和 0.5 元的零钞，要求每种零钞不少于 1 张，有哪几种组合？

15. 求解爱因斯坦数学题。有一条长阶梯，若每步跨 2 阶，则最后剩余 1 阶，若每步跨 3 阶，则最后剩 2 阶，若每步跨 5 阶，则最后剩 4 阶，若每步跨 6 阶，则最后剩 5 阶，若每步跨 7 阶，最后才正好一阶不剩。请问，这条阶梯共有多少阶？

16. 编程验证哥德巴赫猜想（任意一个大于或等于 6 的偶数都可以分解为两个素数之和）。验证范围限定为大于 6 且小于或等于 2 000 的偶数。

17. 已知一正整数递增等差数列，前5项之和为25，前5项之积为945，根据以上条件，请编写一个程序，输出该数列的前10项。

18. A、B、C、D、E 五人在某天夜里合伙去捕鱼，到第二天凌晨时都疲惫不堪，于是各自找地方睡觉。日上三竿，A 第一个醒来，他将鱼分为五份，把多余的一条鱼扔掉，拿走自己的一份。B 第二个醒来，也将鱼分为五份，把多余的一条鱼扔掉，拿走自己的一份。C、D、E 依次醒来，也按同样的方法拿鱼。编写程序求出他们合伙至少捕了多少条鱼。

19. 一辆卡车违犯交通规则，撞人逃跑。现场有三人目击该事件，但都没记住车号，只记下车号的一些特征。甲说：牌照的前两位数字是相同的；乙说：牌照的后两位数字是相同的；丙是位数学家，他说：四位的车号刚好是一个整数的平方。请根据以上线索求出车号。

20. 4 大湖问题。

上地理课时，4 个学生回答我国关于 4 大淡水湖的大小。

甲说：洞庭湖最大，洪泽湖最小，鄱阳湖第三；

乙说：洪泽湖最大，洞庭湖最小，鄱阳湖第二，太湖第三；

丙说：洪泽湖最小，洞庭湖第三；

丁说：鄱阳湖最大，太湖最小，洪泽湖第二，洞庭湖第三。

他们每人仅答对了一个，请编程判断 4 个湖的大小。

21. 打印数字魔方。从键盘输入 m，输出下图所示的 m 行的数字方阵（如 m=5）。

```
1 2 3 4 5
2 3 4 5 1
3 4 5 1 2
4 5 1 2 3
5 1 2 3 4
```

22. 输入 n（如 n=6）值，输出如图所示平行四边形。

```
     * * * * * *
    * * * * * *
   * * * * * *
  * * * * * *
 * * * * * *
* * * * * *
```

23. 输入 n（如 n=9）值，输出如图所示图形。

24. 输入 n（如 n=5）值，输出如图所示图形。

第6章
数　组

数组是指一组同类数据的有序集合。数组用一个统一的数组名来标识，而用下标来指示数组中元素的序号。数组也可看作一个个包含下标的简单变量，通过下标就可访问数组中各个元素。

既然数组是同类数据的集合，那么同一数组中的所有元素必须属于同一数据类型。例如，整型数组中的所有元素都是整型数据，浮点型数组中的所有元素都为浮点型数据等。

 ## 6.1　一　维　数　组

6.1.1　一维数组的定义

定义一个一维数组的一般格式为：

类型标识符　　数组名[常量表达式];

说明：

（1）类型标识符可以是各个基本数据类型或结构体、共用体、指针等类型。例如：

```
char c[10];              /*定义一个字符型数组*/
long x[5];               /*定义一个长整型数组*/
double d[1000];          /*定义一个双精度数组*/
unsigned u[20];          /*定义一个无符号整型数组*/
```

（2）数组名的组成规则和变量名相同，必须按照标识符的命名规则。

（3）数组名后面是用方括号将常量表达式括起来，不能使用圆括号。

（4）方括号内的常量表达式表示数组元素的总个数，也就是数组的长度。在使用中，数组元素的序号（即下标）从 0 开始，最大值为"常量表达式-1"。

例如，定义一个有 5 个元素组成的整型数组如下：

```
int a[5];
```

上面表示定义了一个数组名是 a 的数组，它包含 5 个元素，每个元素都是整型的。a 数组所包含的 5 个元素是 a[0]，a[1]，a[2]，a[3]，a[4]。注意不是 a[1]，a[2]，a[3]，a[4]，a[5]。

（5）方括号内的常量表达式中可以包括字面常量和符号常量，但不能包含变量。换句话说，C 语言中不允许对数组的长度作动态的定义。例如下面的数组定义过程都是错误的：

```
int n=10;       或        int n;
int a[n];                 scanf("%d",&n);
                              int a[n];
```

6.1.2　一维数组的初始化

1. 数组的初始化格式

C 语言允许在定义数组时对各元素指定初始值，这称为数组的初始化。常见的数组初始化格式如下所示：

```
int a[5]={1,2,3,4,5};
```

用花括弧把要赋给各元素的初始值括起来，各个数据间用逗号分隔。通过上面定义使：

```
a[0]=1, a[1]=2, a[2]=3, a[3]=4, a[4]=5
```

对字符数组初始化的格式也是类似的：

```
char c[7]={'B','e',' ','J','i','n','g'};
```

定义后，数组在内存中存储的情形及实际存储的数据如图 6-1 所示。

| B | e | | J | i | n | g | → | 066 | 010 | 032 | 074 | 010 | 011 | 010 |

图 6-1　数组在内存中的存储示例

2. 数组的初始化规则

（1）当对数组中全体元素赋初值时，可以不必指明数组中元素的个数。例如：

```
int a[]={1,2,3,4,5};
```

虽然在定义时没有指明 a 数组的长度，但在编译时会根据花括弧中的初值个数确定数组的实际长度，即 a 数组包含 5 个元素。

（2）在定义数组时也可以只对一部分元素赋值。例如：

```
int a[5]={1,2,3};
```

定义并初始化一个含有 5 元素的数组，但只给前 3 个元素赋了初值，因此，后 2 个元素（a[3],a[4]）的初值自动默认为零。当数组长度与初值数据个数不相等时，在定义数组时不能省略（不指定）数组长度。例如：

```
int a[]={1,3,5};
```

编译系统会认定 a 数组只有 3 个元素而不是 5 个元素。

（3）如果一个静态（static）或外部（extern）的数组不进行初始化，各元素隐含的初值就是零。对数值数组来说是 0，对字符数组来说是指 ASCII 码值为零的字符。

（4）自动数组（auto）如果不被初始化，各元素初始值不确定。

6.1.3　数组元素的引用

1. 数组元素的引用形式

数组经定义后即可引用。其引用形式为：

数组名[下标]

例如：

```
int a[5]={1,2,3};
a[0]=3;a[2]=a[1];
printf("%d",a[0]);
```

下标可以是任意的整型表达式。例如，a[2+1]，a[i+j]等（i 和 j 为整型变量）。

2. 引用数组元素时应注意的问题

在引用数组时应注意下标的值一定不要超过数组的范围。譬如，数组长度为 5，那么下标值就应该控制在 0 ~ 4 范围内。特别需要指出的是：C 编译不检查下标是否"出界"。例如，引用 a[5]，编译时不指出"下标出界"的错误，而把 a[4]下面一个单元中的内容作为 a[5]引用。而 a[4]后面的单元并不是我们所定义的数组元素区域。如果对元素 a[5]进行赋值，则会破坏数组以外其他变量的值，在运行时可能造成不可预测的后果，这种错误常常导致某些无关的变量的值被返回或被修改。由于这种错误在编程中不易察觉，所以应特别予以注意。

例6-1 求 5 个浮点数之和。

视频
求 5 个浮点数
之和

```
void main()
{ int i;
  double a[5],s=0;
  printf("请输入 5 个浮点数: \n");
  for(i=0;i<5;i++)
  {scanf("%lf",&a[i]);s+=a[i];}
  printf("5 个浮点数: ");
  for(i=0;i<5;i++)printf("%9.1f",a[i]);
  printf("\n 的和是: %f\n", s);
}
```

程序首先将 5 个浮点数依次存放在数组 a 的各个元素中，然后使用循环语句依次对数组 a 的各个元素相加，最后打印出相加的结果。

例6-2 已知在数组 a 中存放有 10 个整数，请用冒泡法对这 10 个数由小到大排序。

冒泡法排序的基本方法如下：

（1）从第一个数开始，依次与后续的每个数比较，若大于该数进行交换（10 个数共比较 9 次）。比较结果第一个数为最小数。

（2）从第二个数开始，依次与后续的每个数比较，若大于该数进行交换（共比较 8 次）。比较结果第二个数为次小数。

（3）依此类推，10 个数共比较 9 次。

视频
用冒泡法依序
排序

```
#define S 10
void main()
{ int i,j,x;
  int a[]={3,5,7,9,8,6,4,3,2,1};
  for(i=0;i<=S-2;i++)
    for(j=i+1;j<=S-1;j++)
      if(a[i]>a[j]){x=a[i];a[i]=a[j];a[j]=x;}
  for(i=0;i<=9;i++)printf("\n%d",a[i]);
}
```

例6-3 有 30 个人围成一圈，从 1 开始报数，报到 5 的人出列。后面的人继续从 1 开始报数，如此反复，直到所有的人都出列，编程给出出列的顺序。

问题分析：首先，设人数为 M 人，设数到 N 的人出列。用数组 a[M]存放 M 个人是否还在圈中的信息。其中，a[i] = 1 表示第 i 个人还在圈中，a[i] = 0 表示第 i 个人已出列。

开始时，数组 a 中所有的元素都是 1，表示每个人都站在圈中。用 k = k + a[i]来实现报数功能，因为只有还在圈中的人才能使 k 的值增加。

用变量 d 来记录出圈的人数，当 d = M 时，表示所有的人都出圈了。程序清单如下：

```
#define M 30
#define N 5
void main()
{ int a[M+1],i,k=0,d=0;
  for(i=1;i<=M;i++)a[i]=1;           /*设每个人都在圈中*/
  do{ for(i=1;i<=M;i++)             /*反复在数组a中循环报数（查找
                                        尚未出圈的人）*/
     { k=k+a[i];                     /*实现报数*/
       if(k!=N) continue;
       printf("d=%d 出圈%d;",d,i);    /*对报数到 N 时的处理*/
       a[i]=0;k=0;d=d+1;
     }
  }while(d!=M);
}
```

视频

30 人围圈
报数

6.2 二维数组

数组可以分为一维数组和多维数组。下面将以多维数组中最常见的二维数组为例，详细讨论
C 语言中二维数组的用法。

6.2.1 二维数组的定义

1. 二维数组的定义形式

一般来说，定义一个二维数组的一般形式如下：

类型标识符　数组名[行常量表达式][列常量表达式];

例如，int i[2][3];定义了一个二维数组 i，它有 2 行 3 列，每一个数组元素都是整型数据。因
此 i 数组中的元素如下：

```
i[0][0]  i[0][1]  i[0][2]
i[1][0]  i[1][1]  i[1][2]
```

定义二维数组时应注意以下几个问题：

（1）对于二维数组来说，每一维的下标都是从 0 算起。

（2）在 C 语言中，用两对方括号就可以得到一个二维数组。重复这个概念则可以得到多维数
组（即每用一对方括号就可以增加一维）。例如，定义一个数组名是 zj 的三维整型数组如下：

```
int zj[2][3][4];
```

（3）可以在一个定义行中定义多个同一类型的变量、一维数组和多维数组。例如：

```
int i,a[10],b[2][5],c[3][5][3];
```

上面同时定义了一个普通变量 i、一维数组 a、二维数组 b 和三维数组 c，这些变量和数组都
是整型的。

2. 二维数组的存储方式

C 语言中，二维数组在内存中的排列顺序是"按行存放"，即先存第一行，然后再存第二行。
譬如，对于上面定义的二维整型数组 i[2][3]，它在内存中的存储方式如图 6-2 所示。

i[0][0]
i[0][1]
i[0][2]
i[1][0]
i[1][1]
i[1][2]

图 6-2　二维数组在内存中的存储示例

在存放这个数组时，首先依次存放 i[0][0]，i[0][1]，i[0][2]；然后再依次存放 i[1][0]，i[1][1]，i[1][2]。从二维数组各元素在内存中的排列顺序可以计算出一个数组元素在数组中的顺序号。假设有一个二维数组 a[m][n]，其中第 i 行第 j 列元素 a[i][j] 在数组中相对于数组名首址位置的计算公式为：

排列位置（从 1 起始）= i × n + j + 1 = 顺序号（从 0 起始）+1

例如，有一个 3 × 4 的矩阵：

$$A = \begin{bmatrix} a00 & a01 & a02 & a03 \\ a10 & a11 & a12 & a13 \\ a20 & a21 & a22 & a23 \end{bmatrix}$$

元素 a21 在数组中的排列位置是 2×4+1+1=10，即它在数组中是第 10 个元素，其顺序号为 9。排列位置、数组元素下标、顺序号的关系如图 6-3 所示。

排列位置 （从 1 算起）	元素名	顺序号 （从 0 算起）
1	a[0][0]	0
2	a[0][1]	1
3	a[0][2]	2
4	a[0][3]	3
5	a[1][0]	4
6	a[1][1]	5
7	a[1][2]	6
8	a[1][3]	7
9	a[2][0]	8
10	a[2][1]	9
11	a[2][2]	10
12	a[2][3]	11

图 6-3　排列位置、数组元素下标、顺序号的关系

3. 多维数组的存储方式

对于多维数组来说，它的每一维都有一个长度。例如：

```
int c[3][5][3],d[2][4][5][6],a[2][3][2];
```

数组 c 计有 3×5×3=45 个元素，数组 d 计有 2×4×5×6=240 个元素，数组 a 有 12 个元素。

与二维数组相同，多维数组也是"按行存放"的。比如，数组 a[2][3][2]，其 12 个元素在内存中的排列顺序如图 6-4 所示。

a[0][0][0]
a[0][0][1]
a[0][1][0]
a[0][1][1]
a[0][2][0]
a[0][2][1]
a[1][0][0]
a[1][0][1]
a[1][1][0]
a[1][1][1]
a[1][2][0]
a[1][2][1]

图 6-4   三维数组在内存中的存储示例

从图 6-4 可以看到：先变化第三个下标，然后变化第二个下标，最后变化第一个下标。

6.2.2   二维数组元素的引用

数组必须"先定义，后引用"。二维数组定义后，引用二维数组元素的一般形式为：

数组名 [行下标] [列下标]

例如，a[0][2]表示引用二维数组 a 中第 0 行 2 列的元素。

引用二维数组元素时应注意以下几个问题：

（1）引用二维数组时，每个下标都分别用方括号括起来，不要写成 a[0,2]形式。

（2）下标可以是任何整型表达式。

（3）引用数组元素时务必注意，数组每一维的下标都不应超过定义时的范围（即不要超过上下界）。例如，对于已经定义为"int a[2][3];"的二维数组来说，要想引用元素 a[2][3]是错误的。虽然这种引用不会出现编译错误，但它代表的不再是数组 a 中的某一元素，而是代表数组 a 以外的某一个存储单元。

例 6-4 通过键盘向一个二维数组输入值并输出此数组全部元素。

```
void main()
{ int i,j,a[2][3];
  for(i=0;i<2;i++)
    for(j=0;j<3;j++)
      scanf("%d",&a[i][j]);
  for(i=0;i<2;i++)
    for(j=0;j<3;j++)
      printf("\na[%d][%d]=%d",i,j,a[i][j]);
}
```

视频

二维数组输入
输出

通过上例可以看出，对二维数组各元素操作时，一般采用双重循环。

6.2.3 二维数组的初始化

1. 二维数组的初始化规则

（1）对一个二维数组初始化时，可以分行对各元素赋值。例如：

```
int i[2][3]={{1,2,3},{4,5,6}};
```

通过上面的定义，将第一对花括弧内的 3 个初始值依次赋给数组第一行各元素，第二对花括号内的 3 个初始值依次赋给第二行各元素。

（2）可以将各初始值全部展开写在一个花括号内，在程序编译过程中会按数组在内存中排列的顺序将各初始值分别赋给数组各元素。例如：

```
int i[2][3]={1,2,3,4,5,6};
```

（3）可以只对部分元素赋值。例如：

```
int i[2][3]={1,2,3,4};
```

数组共有 6 个元素，但只列出了对前面 4 个元素赋的初值。后面两个未列出赋初值的元素，系统自动将其初始化为 0。经过上面的初始化过程，数组中各元素值为：

```
i[0][0]=1   i[0][1]=2   i[0][2]=3
i[1][0]=4   i[1][1]=0   i[1][2]=0
```

（4）可以在分行赋初值时，只对该行中一部分元素赋初值。例如：

```
int i[2][3]={{1,2},{1}};
```

对第一行中的第一、二列元素赋初值（第三个元素未列出赋的初值），第二行中只有第一列元素被赋以初值。经过上面的初始化过程，数组中各元素值为：

```
i[0][0]=1   i[0][1]=2   i[0][2]=0
i[1][0]=1   i[1][1]=0   i[1][2]=0
```

（5）如果在定义数组时，给出了全部数组元素的初值，则数组的第一维下标可以省略。例如，下面两种定义方式是等价的：

```
int i[2][3]={1,2,3,4,5,6};
int i[ ][3]={1,2,3,4,5,6};
```

但不能写成：

```
int i[2][ ]={1,2,3,4,5,6};
```

（6）在进行分行初始化时，由于给出的初值已清楚地表明了行数和各行中元素的值，尽管此时并没有给出全部数组元素的初值，数组的第一维下标仍允许省略。例如：

```
int i[][3]={{1},{5,2},{3,2,1}};
```

显然这是一个 3 行 3 列的数组，其各元素的值如下：

```
i[0][0]=1   i[0][1]=0   i[0][2]=0
i[1][0]=5   i[1][1]=2   i[1][2]=0
i[2][0]=3   i[2][1]=2   i[2][2]=1
```

（7）如果一个静态（static）或外部（extern）的数组不进行初始化，各元素隐含的初值就是零。自动数组（auto）如果不被初始化，各元素初始值不确定。

2. 二维数组程序举例

例 6-5 从键盘输入一个 3×2 矩阵，将其转置后形成 2×3 矩阵输出。

根据题意，通过 scanf()函数给一个 3×2 的矩阵置值，因此首先是定义一个二维数组 a[3][2]，然后通过双重循环从键盘给二维数组赋值。

矩阵转置的方法是行列对换。所以定义一个二维数组 b[2][3]后，利用双重循环，将 a 数组 i 行 j 列的元素依次送到 b 数组的 j 行 i 列中即可。

```
void main()
{ int i,j;
  float a[3][2],b[2][3];
  for(i=0;i<3;i++)          /*输入*/
    for(j=0;j<2;j++)
      scanf("%f",&a[i][j]);
  printf("\n 你输入的矩阵是: ");
  for(i=0;i<3;i++)          /*输出 1*/
  {   printf("\n");
      for(j=0;j<2;j++)
        printf("%8.3f ",a[i][j]);
  }
  for(i=0;i<3;i++)          /*转置*/
    for(j=0;j<2;j++)
    b[j][i]=a[i][j];
  printf("\n 转置后的矩阵是: ");
  for(i=0;i<2;i++)          /*输出 2*/
  {   printf("\n");
      for(j=0;j<3;j++)
        printf("%8.3f ",b[i][j]);
  }
}
```

视频
矩阵转置

例 6-6 计算两个矩阵 A、B 的乘积。

两个矩阵的乘积仍然是矩阵。若 A 矩阵有 m 行 p 列，B 矩阵有 p 行 n 列，则它们的乘积 C 矩阵有 m 行 n 列，则 C=A*B 的算法如下：

C[i,j]=A[i,0]*B[0,j]+A[i,1]*B[1,j]+…+A[i,p-1]*B[p-1,j]

其中：i=0,1,…,m-1；j=0,1,…,n-1。

设 A，B，C 矩阵用 3 个二维数组表示：a 数组有 3 行 2 列，b 数组有 2 行 3 列，则 c 数组有 3 行 3 列。则：

c[0][0]=a[0][0]*b[0][0]+a[0][1]*b[1][0];
c[1][0]=a[1][0]*b[0][1]+a[1][1]*b[1][1];
…
c[2][2]=a[2][0]*b[0][2]+a[2][1]*b[1][2];

从以上算法可以看出，两个矩阵相乘需要 3 重循环（i，j，k）才能计算出 C 矩阵的各元素。源程序如下：

```
#define M 3
#define P 2
#define N 3
#include <stdio.h>
main( )
{ int i,j,k,t,a[M][P],b[P][N],c[M][N];
  printf("请输入 A 矩阵元素（%d 行%d 列）:\n",M,P);
  for(i=0;i<M;i++)
    for(j=0;j<P;j++)
```

视频

两个矩阵的乘积

```
      scanf("%d",&a[i][j]);
    printf("请输入 B 矩阵元素（%d行%d列）:\n",P,N);
    for(i=0;i<P;i++)
      for(j=0;j<N;j++)
        scanf("%d",&b[i][j]);
    for(i=0;i<M;i++)                        /*生成 C 矩阵各元素*/
      for(j=0;j<N;j++)
      { t=0;
        for(k=0;k<P;k++)
          t=t+a[i][k]*b[k][j];
        c[i][j]=t;
      }
    for(i=0;i<M;i++)                        /*输出 C 矩阵各元素*/
    { for(j=0;j<N;j++)
        printf("%5d",c[i][j]);
      printf("\n");
    }
}
```

6.3 字 符 数 组

6.3.1 字符串和字符串的存储方法

所谓"字符串"，是指若干有效字符的序列。C 语言中的字符串可以包括字母、数字、专用字符、转义字符等。例如，下面都是合法的字符串：

```
"China"    "BASIC"     "a+b=c"     "Li-Li"
"39.4"     "%d\n"      "解放军"
```

有的语言提供字符串变量（如 BASIC 语言），但 C 语言中只支持字符串常量，没有字符串变量。字符串存放在一个字符型数组中，因此为了存放字符串，常常在程序中定义字符型数组。例如，"char string[8];"表示 string 是一个字符型数组，可以放入 8 个字符。为了将"Be Jing"这 7 个字符（注意不是 6 个字符，还应当包含空格符）存放在字符数组 string 中，按照前面学习的知识，可以将字符一个一个地赋给字符数组各元素。例如：

```
string[0]='B';string[1]='e';string[2]=' ';string[3]='J';
string[4]='i';string[5]='n';string[6]='g';string[7]='\0';
```

字符数组的起始地址就是数组中第一个元素的存储地址。此外，通过前面学习知道，C 语言中是以'\0'字符作为字符串结束标志的，通常把这个字符放到字符串的结束之后，以判断字符串的结束。

> 🔔 **注意：**
>
> 字符数组和字符串是两个不同的概念，字符串存放在字符数组中，字符串以'\0'作为结束标记。

6.3.2 字符数组的初始化

1. 字符数组的初始化规则

下面是 C 语言对字符数组的初始化所作的规定：

（1）逐个地为数组中各元素指定初值字符。

① 一个字符一个字符地分别赋给各元素。例如：

```
char string[8]={ 'B','e',' ','J','I','n','g', '\0'};
```

② 当对数组中全部元素指定初值的情况下，字符数组的大小可以不必定义，即：

```
char string[]={'B', 'e', ' ', 'J', 'i', 'n', 'g','\0'};
```

（2）也可以采用下面的初始化方式来对字符数组指定初值。例如：

```
char string[]={"Be Jing"};
```

> **注意：**
>
> 单个字符用单撇号括起来，而字符串用双撇号括起来，这种微小的差别千万不要忽略。

在方式（2）中"Be Jing"是一个字符串，根据前面介绍的用\0作为字符串结束标志的方法，系统将自动地在最后一个字符后面加入一个'\0'字符,并把它一起存入字符数组中。而采用方式(1)则不存在这个问题，系统只是一一对应地将各个元素赋值。

（3）在采用方式（2）进行初始化时，数组的元素个数应该足够大，以便能容纳下全部有用字符和'\0'。上面的数组 string 虽然并未定义大小，但系统会自动给它定义为 string[8]。也就是说，以下两种初始化方式是等价的：

```
char string[ ]={"Be Jing"};
char string[8]={"Be Jing"};
```

如果写成：

```
char string[7]={"Be Jing"};
```

会出现什么情况呢？本来是应该把 8 个字符赋给 string 数组，但是 string 数组只含 7 个元素，因此最后一个字符'\0'未能放入 string 数组中，而是存放到 string 数组之后的存储单元中。也就是说，这个字符数组"下界溢出"。这就可能会破坏其他数据区或程序本身，这是危险的。

（4）C 语言允许在初始化一个一维字符数组时省略字符串常量外面的花括号。例如：

```
char string[8]="Be Jing";   或    char string[]="Be Jing";
```

2. 字符数组的初始化举例

例 6-7 将某一字符串中的非法字符"#"删除后存入另一个字符数组中。

方法：将字符串存放到数组中，然后从第一个元素开始依次和"#"比较，若不同将其存入另一字符数组中。

```
#include <stdio.h>
void main()
{ char s[]="123#456#789231423#aaa",d[80];   /*定义字符数组*/
  int i=0,j=0;
  do{ if(s[i]!='#') d[j++]=s[i];             /*删除"#"字符*/
    }while(s[i++]);                          /*字符是'\0'退出*/
  printf("%s",d);
}
```

视频

在字符串中删除字符

此题有它的特殊性。若用 while 结构替换程序中的 do...while 结构，该程序将作哪些修改？请读者自己考虑并设计。

6.3.3 字符串的输入

通过初始化字符数组的方法，可以使字符数组获得确定的初值。同样，利用 C 语言提供的输入函数，也可以对字符数组赋值。

有关字符串的输入方式有三种：

（1）利用 scanf() 函数的 %c 格式符，逐个字符输入。

例 6-8　请输入一个长度为 7 的字符串。

```c
void main()
{ char s[8];
  int i;
  for(i=0;i<=6;i++)scanf("%c",&s[i]);
  s[7]='\0';
  printf("%s",s);
}
```

按 %c 格式逐个输入字符串

程序运行后输入：Be Jing（回车）

运行显示：Be Jing

（2）利用 scanf() 函数的 %s 格式符，实现整个字符串的一次输入。

例 6-9　请输入一个长度为 7 的字符串。

```c
void main()
{ char s[8];
  scanf("%s",s);
  printf("%s",s);
}
```

按 %s 格式输入字符

程序运行后输入：Be Jing（回车）

运行显示：Be

🔔 **注意：**

①　用 scanf() 函数的 %s 格式符输入字符串时，以空格或回车符作为字符串的间隔符号。所以，如果输入的字符串中包含有空格，例如 "Be Jing"，则只将 "Be" 作为字符串输入。如果有以下 scanf() 函数语句：

```c
scanf("%s%s",s1,s2);
```

运行输入：Be Jing（回车）

系统会将 "Be" 和 '\0' 输入到字符数组 s1 中，将 "Jing" 和 '\0' 送到字符数组 s2 中。

②　使用 scanf() 函数的 %s 格式符输入字符串时，按回车或遇空格后，回车或空格符前面的字符将作为一个字符串输入，系统会自动在串尾加一个串结束标志 '\0'。若对例 6-9 输入 "ABCDEFG（回车）"，运行显示：ABCDEFG。

③　由于数组名代表数组的起始地址，因此在 scanf() 函数中只需写数组名 s 即可，而不能写成：scanf("%s", &s);。

（3）利用 C 语言中提供的读字符串函数 gets()实现整个字符串（包括空格）的一次输入（gets()函数包含在 stdio.h 头文件中）。

例 6-10 请输入一个长度为 7 的字符串。

```
#include <stdio.h>
void main()
{ char s[8];
  gets(s);
  printf("%s",s);
}
```

程序运行后输入：Be Jing（回车）

运行显示：Be Jing

C 语言提供的 gets()函数可以读入全部字符（包括空格），直到遇到回车符为止。

视　频

gets() 函数实
现字符串的一
次性输入

6.3.4　字符串的输出

与字符串的输入相类似，C 语言中也提供了三种字符串的输出方式：

（1）利用 printf()函数的%c 格式符，将字符串中的各字符逐个输出。

例 6-11 输出一个字符串。

```
void main()
{ char s[]="Be Jing";
  int i;
  for(i=0;i<=6;i++)
    printf("%c", s[i]);
}
```

视　频

按%c 格式逐
字符输出

（2）利用 printf()函数的%s 格式符实现整个字符串的一次输出。

例 6-12 输出一个字符串。

```
void main()
{ char s[]="Be Jing";
  printf("%s",s);
}
```

（3）利用 C 语言中提供的字符串输出函数 puts()实现整个字符串的一次输出（puts()函数包含在 stdio.h 头文件中）。

例 6-13 输出一个字符串。

```
#include <stdio.h>
void main()
{ char s[]="Be Jing";
  puts(s);
}
```

注意：

① 要输出字符串中某一元素时，要指出元素的下标，而且应采用方式（1）输出。

② 采用方式（2）输出一个字符串时，只需写出字符数组名而不必带下标。由于数组名代表该数组起始地址，在输出时就从该地址开始逐个输出字符，直到字符结束标志'\0'为止。

③ 在进行字符串输出时，输出字符不包括'\0'字符，系统只输出'\0'以前的有用字符。

④ 如果一个字符数组中字符串并未占满全部元素空间，则采用方式（2）、（3）输出时，'\0'以后的字符（包括'\0'）不予输出。如果在一个字符数组中有两个'\0'，则输出时遇第一个'\0'即认为字符串结束。

⑤ puts()函数的作用与 printf("%s",字符串)相同。但 puts()函数一次只能输出一个字符串，并且 puts()函数输出时将'\0'转换为换行符输出。

例 6-14 输入一行字符，统计其中有多少个单词，单词之间用空格分隔开。

程序设计的关键是怎样判断一个单词。由单词的定义可知它是用空格、制表符或换行符分隔开的，两个字符之间没有空格、制表符或换行符，则认为是一个单词中的两个字符。

```
#include <string.h>
#include <stdio.h>
void main()
{ char s[81],i,n=0,w=0;  /*n-单词数，w-单词判断标记，为 0 表示新的单词
                                 开始*/
  gets(s);                         /*输入一行字符*/
  for(i=0;s[i];i++)
    if(s[i]==' ')w=0;    /*w=0 表示新的单词开始*/
    else if(w==0){n++;w=1;}
  printf("在该行包含%d 个单词",n);
}
```

视 频

统计字符串中
的单词数

例 6-15 从一个源串的指定位置截取一个指定长度的子串。

该程序主要由以下几步组成：

（1）输入一个字符串 s1 及需截取的起始位置 n 及长度 m。

（2）从字符串的起始位置 n 开始循环 m 次，每次循环将字符串 s1 对应的元素依次送到字符串 s2 中。

（3）在 s2 中添加字符串结束标志。

```
#define M 80
#include <stdio.h>
void main()
{ char s1[M],s2[M];
  int m,n,i,l;
  puts("请输入一个字符数不大于 80 的字符串: ");
  gets(s1);
  l=0;
  while(s1[l])l++;                /*计算字符串的长度*/
                                  /*确定子串在源串中的位置及长度*/
  if(l>M)printf("你输入的字符串太长了!\n");
  else{ printf("请输入截取的起始位置 n 和截取长度 m: ");/*n 从 1 起始*/
        scanf("%d %d",&n,&m);
        if((m+n)>l||n<=0||m<0)printf("\错误输入!\n");
        else{ for(i=0;i<m;i++)s2[i]=s1[n+i-1];
              s2[m]='\0';                /*追加字符串结束符*/
              printf("源串: %s\n 子串: %s \n",s1,s2);
            }
      }
}
```

视 频

在源串截取指
定子串

6.3.5 字符串运算函数

C 语言的库函数中提供了一些用于字符串运算的函数（一般都包含在 string.h 头文件中），除了上面介绍的用于输入/输出的 gets() 和 puts() 函数以外（这两个函数包含在 stdio.h 头文件中），常用的还有以下几种。

1. 字符串复制函数 strcpy()

在 C 语言中，不允许直接用赋值语句对一个数组整体赋值。例如，下面的语句是非法的：

```
char s1[10];    s1="12345";
```

如果想把串"12345"这 5 个字符放到字符数组 s1 中，可以采用逐个字符赋值的方法。例如：

```
s1[0]='1',s1[1]='2',s1[2]='3',s1[3]='4',s1[4]='5',s1[5]=0;
```

但如果字符数量很多，采用这种赋值方式很烦琐。C 语言中提供的字符串复制函数 strcpy() 就可以将一个字符串一次复制到一个字符数组中。其一般形式为：

```
strcpy(字符数组,字符串);
```

"字符串"可以是字符串常量，也可以是字符串数组（以下同）。所以该格式等同于以下两种形式：

```
strcpy(字符数组,"字符串常量");
strcpy(字符数组,字符串数组);
```

如果要求将一个字符串数组 s2 复制到另一个字符数组 s1 中，则执行语句 "strcpy(s1,s2);"。绝不能用类似 "s1=s2;" 格式实现字符串数组间的赋值。也就是说，在字符串的处理中，任何算术运算符都不适用。例如：

```
char s1[10],s2[10];
strcpy(s2,"12345");
strcpy(s1,s2);
```

经过该函数的作用，"12345"这个字符串就被复制到 s2、s1 数组中。

使用 strcpy() 函数时应注意：在向字符数组复制时，字符串结束标志'\0'一起被复制到字符数组中。

2. 字符串连接函数 strcat()

该函数用来将两个字符串 s1 和 s2 连接成为一个字符串。一般形式为：

```
strcat(s1 字符串数组,s2 字符串);
```

将 s2 中的字符串连接到 s1 的字符串后面，并在最后加一个'\0'。连接后新的字符串存放在 s1 中。因此字符串数组 s1 必须定义得足够大，使其能存放连接后的字符串。

例 6-16 连接两个字符串后输出。

```
#include <stdio.h>
#include <string.h>
void main()
{ char s1[10],s2[6];
  gets(s1);gets(s2);
  strcat(s1,s2);
  puts(s1);
}
```

视 频

连接两个字符串

101

3. 字符串比较函数 strcmp()

该函数的作用是比较两个字符串的大小。一般形式为：

```
strcmp(字符串1,字符串2);
```

如果字符串 1=字符串 2，则函数值返回 0；

如果字符串 1>字符串 2，则函数值返回一正整数；

如果字符串 1<字符串 2，则函数值返回一负整数。

字符串的比较规则是：从两个字符串中的第一个字符开始逐个进行比较（按字符的 ASCII 码值大小比较，对于英文字母区分大小写），直到出现不同的字符或遇到'\0'为止。如果全部字符都相同，就认为两个字符串相等。若出现了不相同的字符，则以第一个不相同的字符的比较结果为准。比较的结果由返回的函数值表示。

例 6-17 输入 5 个字符串，将其中最小的打印出来。

```
#include <string.h>
#include <stdio.h>
void main()
{ char s[10],t[10],i;
  for(i=0;i<5;i++)
  { puts("请输入一个字符串: ");
    gets(s);
    if(i==0||strcmp(t,s)>0)strcpy(t,s);
  }
  printf("\n 最小的字符串是: %s",t);
}
```

视频

打印最小字符串

4. 测字符串长度函数 strlen()

该函数测试一个字符串的实际字符个数。一般格式为：

```
strlen(字符串);
```

函数 strlen()的值为'\0'之前的全部字符个数。例如，strlen("abcd1234"); 函数返回值为 8。

例 6-18 分析以下程序的运行结果。

```
#include <string.h>
void main()
{ char s[]="How do you do!";
  printf("%d",strlen(s));
}
```

视频

测字符串长度

程序运行后函数返回值为 14。

5. strlwr(字符串)

该函数的作用是将字符串中大写字母换成小写字母。

6. strupr(字符串)

该函数的作用是将字符串中小写字母换成大写字母。

6.3.6　二维字符数组

1. 二维字符数组的定义

一个字符串可以放在一个一维数组中。如果有若干个字符串，则可以用一个二维数组存放它们。二维数组可以认为由若干个一维数组所组成。因此，一个 n×m 的二维字符数组可以存放 n

个字符串，每个字符串最大长度为 m-1。例如：

```
char s[3][6]={"abcde","fghij","klmno"};
```

定义了一个二维字符型数组 s，其存储内容如图 6-5 所示（i=0～2）。

	s[i][0]	s[i][1]	s[i][2]	s[i][3]	s[i][4]	s[i][5]
s[0]	a	b	c	d	e	\0
s[1]	f	g	h	i	j	\0
s[2]	k	l	m	n	o	\0

图 6-5 二维字符型数组在内存中的存储示例

可以引用其中某一行某一列的元素，例如，s[1][2]是字符'h'，可以将其单独输出，也可以输出某一行的元素，即某一个字符串。例如，想输出"fghij"这一个字符串，可用下面的 printf()函数语句：

```
printf("%s",s[1]);
```

其中，s[1]相当于一个一维数组名，s[1]是字符串"fghij"的起始地址，也就是二维数组 s 第 1 行的起始地址（注意行数是从 0 算起的）。该 printf()函数的作用是从给定的地址开始逐个输出字符，直到遇到'\0'为止。如果在该行上没有'\0'字符，则会接着输出下一行的字符，直到遇到一个'\0'为止。

2. 二维字符数组用法举例

例6-19 分析以下程序的输出结果。

视频
用空格代替串结束符

```
void main()
{ char str[3][6]={"China","Japan","Korea"};
  str[1][5]=' ';          /*用' '代替了"Japan"末尾的'\0'*/
  printf("%s\n",str[1]);
}
```

运行结果如下：

```
Japan Korea
```

在程序中人为地将第 1 行第 5 列（即"Japan"后面的字符）由原来的'\0'改为空格字符。这样输出时，就从 s[1]所代表的地址开始，输出各个字符直到第 2 行最后一个字符（'\0'）为止。

例6-20 一个班级中有若干名学生。今输入一个学生名，要求查询该学生是否属于该班，输出相应的信息。

首先建立一个二维字符数组 list 存放班级学生信息，然后用一个一维字符数组 name 存放需查找的学生信息，最后用单重循环语句将二维字符数组中的各字串与 name 比较即可。

视频
字符串查找示例

```
#include <string.h>
#include <stdio.h>
#define MAX 5          /*学生数*/
#define LEN 10         /*名字长度*/
void main()
{ char name[LEN],i;
  char list[MAX][LEN]={"张弛","何影","韩猛","吴晓明","王亦群"};
  puts("请输入您查询的姓名: ");
  gets(name);
  for(i=0;i<MAX;i++)
    if(strcmp(list[i],name)==0) break;
  if(i<MAX) printf("%s 是我们班的同学\n",name);
  else      printf("%s 不是我们班的同学\n",name);
}
```

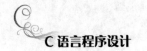

例 **6-21** 从键盘输入 N 个字符串（最大串长为 L），按从大到小顺序输出显示。
其思路同数据排序，只是字符串比较要使用函数 strcmp()。

```c
#include <string.h>
#include <stdio.h>
#define  N  4
#define  L  81
void main()
{ char s[L],z[N][L],i,j;
  for(i=0;i<N;i++)gets(z[i]);              //1.输入 N 个字符串
  for(i=0;i<N-1;i++)                       //2.冒泡法排序
    for(j=i+1;j<N;j++)
      if(strcmp(z[i],z[j])<0)             //若 z[i]大于 z[j]交换
        {strcpy(s,z[i]);strcpy(z[i],z[j]);strcpy(z[j],s);}  //交换
  for(i=0;i<N;i++)printf("\n%s",z[i]);    //3.按从大到小输出
}
```

视频

用冒泡法排序
字符串

课后练习

1. C 语言中允许对数组长度作动态定义吗？

2. 如果一个静态的或外部的数组不进行初始化，各元素隐含的初值是多少？自动数组如果不被初始化，各元素初始值是多少？

3. C 语言中，二维数组及多维数组在内存中的排列顺序是怎样的？假设有一个二维数组 a[m][n]，如何计算其中第 i 行第 j 列元素 a[i][j]相对于数组名首址的位置？

4. C 语言中以什么字符作为字符串结束标志？

5. 怎样理解字符数组和字符串的关系？

6. 用 scanf()函数的"%s"格式输入字符串与用 gets()函数输入字符串有何区别？

7. 如果要求将一个字符串数组 s2 复制到另一个字符数组 s1 中，可以用 "s1=s2;" 格式实现字符串数组间的赋值吗？为什么？

8. 简述字符串的比较规则。

9. 某数组有 20 个元素，编写程序将数组中的所有元素逆序存储并输出，即用第一个元素和最后一个元素交换，用第二个元素和倒数第二个元素交换。

10. 编写程序，输入一个十进制整数，将其变换为二进制后储存在一个字符数组中。

11. 编程用顺序查找法及折半查找法在一列数中查找某数 x。

12. 用冒泡法及选择法为 n 个数按从大到小顺序排序。

13. 编程把一个数插到有序数列中，插入后数列仍然有序。

14. 按升序将两个有序数组 A、B 合并成另一个有序的数组 C。

15. 编程求二维数组中最小元素及其所在的行和列。

16. 在矩阵中查找指定数据，并输出该数据及其在矩阵中的位置。

17. 通过分析矩阵元素的分布规律（不准输入），编程自动形成并输出如下矩阵。

```
1 2 3 4 5
1 1 6 7 8
1 1 1 9 10
1 1 1 1 11
1 1 1 1 1
```

18. 编程产生 3×4 矩阵 A，并输出它经过行列互换后的矩阵 B。

19. 编写程序，通过 scanf() 函数给一个 5×5 的矩阵置值，然后将此方阵的上半角（包含主对角线）置 0，其他元素不变，最后输出此方阵。

20. 输入 5 个学生的学号和 3 门课的成绩，求每个学生的平均成绩。然后输出所有学生的学号、3 门课的成绩及平均成绩。

21. 对数组 a 中的 n（0<n<100）个整数从小到大进行连续编号，要求不能改变数组 a 中元素的顺序，且相同的整数大小的编号相同。例如：a={5，3，4，7，3，5，6}，则输出结果：{3，1，2，5，1，3，4}。

22. 设有 N 个候选人，有 M 人参加投票，请编写一个统计选票的程序。

23. 不使用字符串比较函数 strcmp()，自编程序，实现两个字符串 s1、s2 的比较。

24. 从键盘输入若干个字符串，输出其中最短的字符串。

25. 编程判断 s1 字符串中是否包含 s2 字符串。

26. 编程统计从键盘输入的任一句子中所包含的单词个数。

27. 已知两个平方三位数 abc 和 xyz，其中数码 a，b，c，x，y，z 未必是不同的；而 ax，by，cz 是三个平方二位数。编写程序，求三位数 abc 和 xyz。任取两个平方三位数 n 和 n1，将 n 从高向低分解为 a，b，c，将 n1 从高到低分解为 x，y，z。判断 ax，by，cz 是否均为完全平方数。

28. Jone 是个 10 岁大的小淘气，他总是喜欢把每一行倒过来写，而且经常把单词写重复。比如：他把 "Nice to see you" 写成了 "you see to Nice"。为了便于理解 Jone 所要表达的意思，我们写一个程序来处理 Jone 的文字。

29. 10 个小孩围成一圈分糖果，老师分给第一个小孩 10 块，第二个小孩 2 块，第三个小孩 8 块，第四个小孩 22 块，第五个小孩 16 块，第六个小孩 4 块，第七个小孩 10 块，第八个小孩 6 块，第九个小孩 14 块，第十个小孩 20 块。然后所有的小孩同时将自己手中的糖果分一半给右边的小孩（即第 n 个给第 n-1 个）；糖果数为奇数的人可向老师要一块。问经过几次这样的调整，大家手中糖果的块数是一样的？每人各有多少块糖果？

30. 马步遍历问题：已知国际象棋棋盘有 8×8 共 64 个格子。设计一个程序，使棋子从某位置开始跳马，能够把棋盘上的格子走遍。每个格子只允许走一次。

31. 八皇后问题：在一个 8×8 的国际象棋盘，有 8 个皇后，每个皇后占一格；要求棋盘上放上 8 个皇后时不会出现相互 "攻击" 的现象，即不能有两个或两个以上皇后在同一行、列或对角线上。问共有多少种不同的方法。

第7章
函 数

模块化程序设计思想是将一个较大的程序分为若干个程序模块，每个模块可以实现某一种特定的任务。C语言提供的支持模块化程序设计的功能有：

（1）程序结构函数化。程序整体由一个或多个函数组成，每个函数可以实现独立的任务。

（2）允许通过使用不同存储类别的变量控制模块内部及外部的信息交换。

（3）具有预编译功能，为程序的调试、移植提供了方便。

C语言模块化程序结构的特点主要体现在以下两点：

（1）无论涉及的问题是复杂还是简单，规模是大还是小，用C语言设计程序，任务只有一项，就是编写函数，至少也要编写一个main()函数。

（2）执行C程序就是执行相应的main()函数。即从main()函数的第一个前花括号开始，依次执行后面的语句，直到最后的后花括号为止。其他函数只有在执行main()函数的过程中被直接或间接调用执行。

如图7-1所示，某一程序的主函数中含有调用函数f1()、f2()的表达式，当程序执行到语句f1();时，函数f1()才被调用，当执行到语句f2();时，函数f2()才被调用。

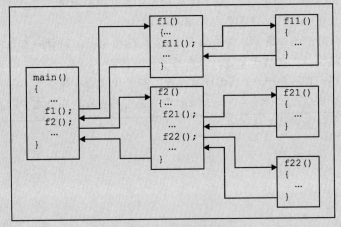

图7-1 函数调用

调用f1()时，main()通常会向f1()传递一些信息，并将流程转向f1()。函数f1()执行完后，向main()送回一些信息，再将流程返回main()。调用f2()时情形与f1()相同。当然在执行f1()函数时，f1()内部也可以调用一些别的函数（见图7-1中的f11()函数）。

在进行 C 语言程序设计时，一般的步骤是首先集中考虑 main()函数中的算法。当 main()中需要使用某一功能时，就先写上一个调用具有该功能的函数表达式，标明它具有什么功能及如何与程序通信（输入什么，返回什么）。

设计完 main()的算法并检验无误后，再开始考虑它所调用的函数。在这些被调用的函数中，若在库函数中可以找到就直接使用，否则再动手设计这些函数。

这样设计的程序从逻辑关系上就形成图 7-2 所示的层次结构。这个层次结构的形成是自顶向下的，这种方法就被称为自顶向下、逐步细化的程序设计方法。这种方法允许人们在进行程序设计时，每个阶段都能集中精力解决只属于当前模块的算法，细节暂不考虑。这种处理的方法能保证每个阶段所考虑的问题都是易于解决的，因此设计出来的程序成功率高，而且程序层次分明，结构清晰。

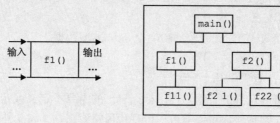

图 7-2　逻辑关系上的层次结构

 7.1　函数的基础知识

7.1.1　函数的基本概念

1. 函数的概念

函数是一个可以反复使用的程序段，从其他的程序段中均可以通过调用约定的语句来执行这段程序，完成既定的工作。

从程序设计的角度看，函数可以分为两种：

（1）标准函数，即库函数。由系统提供，用户可以直接使用它们。

（2）自定义函数。由用户自己定义的，用于完成一定的功能。

从函数形式的角度看，函数也可分为两种：

（1）无参函数，主调函数和被调函数之间无参数传递。

（2）有参函数，主调函数和被调函数之间有参数传递。

2. 函数定义

函数定义的形式如下：

[存储类型] 函数类型 函数名(参数类型 1 形式参数 1,…,参数类型 n 形式参数 n)
{
　　数据定义语句序列；
　　执行语句序列；
}

例如：

```
int add(int a,int b)        //函数头（含函数名及形参等）
{ int c;                    //数据定义语句
  c=a+b;                    //执行语句序列
  return(c);
}
```

说明：

（1）函数名。函数名应符合 C 语言对标识符的规定。函数名后面的一对圆括号是函数的象征。

（2）形式参数。在进行对有参函数的定义时，函数名后面括号中说明的"变量名"被称为形式参数（简称形参）；相应的，在调用函数时，函数名后面括号中的表达式称为实际参数（简称实参）。

① 形式参数通常有两个作用：

● 表示将从主调函数中接收哪些类型的信息。例如：

```
double fun1(int a,double b);
```

表示将从主调函数中接收一个 int 型数据和一个 double 型数据。

● 在函数体中形式参数是可以被引用的。

② 使用形式参数时应注意以下几个问题：

● 形式参数的数量是可以选择的，用户可以根据自己的需要不定义或定义一个或多个形参。

● 对于无参函数而言，圆括号内可以空着。但现代风格要求除 main() 外，其他函数应用 void 声明它为空。

例如：

```
void fun1(void)
```

● C 语言的程序在进行编译时，并不为形式参数分配存储空间。只有在被调用时，形式参数才临时地占有存储空间，从调用函数中获得值。当调用结束流程返回主调函数时，形参所占空间也被释放（撤销）了。

● 形式参数的名字并不重要，关键在于它们的数量及类型。只要类型与数量确定了，程序员便可以自己选择一些合适的标识符来作形参名。

（3）函数体。函数体是由变量定义部分和执行语句部分组成。在函数体中定义的变量只有在执行该函数时才存在。函数体中也可以不定义变量，而只有语句，也可以二者皆无。

例如：

```
void f1(void){ }
```

这是一个空函数，调用它不产生任何有效操作。为了使程序便于阅读，建议在空函数中用 NULL 进行显式标识。上例可改写成：

```
#include <stdio.h>
void f1(void){NULL;}
```

前面已经提到，在 C 语言程序设计中，往往是先把 main() 函数写好，并预先确定需要调用的函数，如果有些函数还未编写好，那就不妨将这样的空函数放在程序中，以便调试程序的其他部分。空缺部分以后再逐步补上。

（4）函数类型。在 C 语言中通常把函数返回值的类型称为函数类型，即函数定义时所指出的类型。C 语言中关于函数类型的规定是：

① 当返回值与函数值类型不一样时，就会发生类型转换。函数在返回前要先将表达式的值转换为所定义的类型，然后传递到主调函数的调用表达式中。

② int 型与 char 型函数在定义时可以不定义类型（即不写 int 或 char），系统隐含指定为 int 型。

③ 对不允许使用函数返回值的函数，应定义为 void 类型。

（5）函数的返回。函数执行的最后一个操作是返回，语句格式是：

`return(表达式);`

返回完成的功能是：

① 使流程返回主调函数，从而表示本次调用函数完毕。

② 撤销在调用函数期间所分配的变量单元。

③ 传递函数值到调用表达式中。当然，并不是所有函数都有返回值。

例 7-1 完成打印 n 个空格的函数。

第一种：

```
void fun1(int n)
{   int i;
    for(i=0;i<n;i++)
        printf(" ");
    return;
}
```

分析：这个函数只执行打印 n 个空格的操作，不返回任何值到调用函数中，所以用 void 来定义它。这时调用它不得使用其函数值，如果在主调函数中有：

`printf("%d",fun1(20));`

则出现编译错误。

第二种：

```
void fun1(int n)
{ int i;
  for(i=0;i<n;i++)
      printf(" ");
}
```

分析：在 C 语言中，当不带有表达式的 return 语句位于函数体的最后，允许 return 语句省略。

视频

打印 n 个空格的函数元素

第三种：

```
int fun1(int n)
{ int i;
  for(i=0;i<n;i++)
      printf(" ");
  return;
}
```

分析：如果函数不定义为 void 型，即使 return 后面不带表达式（目的是不返回任何值），而实际上函数也返回一个不确定的值。如果在主调函数中有：

`printf("%d",fun1(20));`

则能输出函数的返回值。

视频

求整数绝对值的函数

例 7-2 编写一个求整数绝对值的函数，并用主程序测试。

源程序设计如下：

```
int abs1(int x)
{ return(x>=0?x:-x);}
void main()
{printf("%d",abs1(-2));}
```

例 7-3 设

$$Y=\begin{cases} X^2-X+1 & (X<0) \\ X^3+X+3 & (X\geq0) \end{cases}$$

编写一个函数，求 Y 值，并用主程序测试。

程序实现如下：

```
float y(float x)
```

视频

含多个 return 语句函数

```
{ if(x<0)return(x*x-x+1);
  else   return(x*x*x+x+3);
}
void main()
{printf("%f",y(-2));}
```

在一个函数中允许有一个或多个 return 语句，流程执行到其中一个 return 时即返回主调函数。如果程序中有多个 return 语句，每个 return 后面的表达式的类型应相同。return 语句的圆括号可以不要。

（6）函数定义的外部性。C 语言的函数之间是互相独立的、平行的。因此函数不能嵌套定义，一个函数不能定义在别的函数的内部。

一个程序如果用到多个函数，允许把它们定义在不同的文件中，也允许一个文件中含有不同程序的函数，即在一个文件中可以包含本文件用不到的函数，它们不被本文件中的函数调用。

（7）形式参数说明序列，是对若干个形式参数的说明。老版本 C 语言中，不在函数头的括号内指定参数的类型，对形参类型的声明，放在函数定义的第 2 行。例如：

例 7-4 使用老版本 C 语言设计函数，求两个整数中的最大数。

```
int max(x,y)
int x,y;
{return x>y?x:y;}
main()
{printf(max(4,2));}
```

现在版本 C 语言要求在函数头的括号内同时指定参数的类型和符号。很多 C 系统不再支持老版本。

（8）存储类型说明符可以是 extern 或 static，选取 extern 的函数叫外部函数，它可以被其他编译单位中的函数调用；选取 static 的函数叫内部函数，它只能被本编译单位中的函数调用。省略时默认为外部函数。

3. 函数的调用

函数调用按函数是否有返回值分为有返回值的函数调用和无返回值的函数调用，其格式如下：

函数名(实际参数表);

无返回值的函数调用格式，最后要有一个语句结束符号"分号"。

按函数在程序中出现的位置来分，有以下三种函数调用方式：

（1）函数语句。把函数作为一个语句。例如：

```
getchar();
```

这时，不要求函数带回值，只要求函数完成一定的操作。

（2）函数表达式。要求函数带回一个确定的值以参加表达式的运算。例如：

```
c=2*max(2,4);
```

这时，函数 max() 的返回类型绝不能是无类型（void）。

（3）函数参数。函数调用作为另一个函数的实参。例如：

```
m=max(3,max(2,4));
```

又如：

```
printf("%d",max(2,4));
```

这时，被调用函数 max() 的返回类型同样绝不能是无类型（void）。

4. 函数声明

函数声明就是指在主调函数中，对在本函数中将要被调用的函数提前作出的必要声明。函数声明的一般格式为：

数据类型 函数名(形参类型 1 <形参名 1>,..,形参类型 n <形参名 n>);

这些信息其实就是函数定义中第一行（称函数头）的内容并后接 ";" 形成的，也被称为函数模型（或函数原型）。在进行函数声明时应遵循如下规则：

（1）在函数声明中可以不写形参名，但形参的类型标识符不能省略。

（2）函数的类型标识符一般不能省略，但如果函数返回值为 int 或 char，函数类型标识符可以省略。

（3）形式参数在函数声明中的次序是不能写颠倒的。

（4）函数定义和函数声明之间的对应关系可以通过下面的例子来进行表述。

例7-5 函数的定义与声明。

```
double new1(int a,double x);          /*函数声明*/
main ()
{   … x=new1(25,1.25); …   }
double new1(int a,double x)           /*函数定义*/
{  函数体  }
```

函数定义和函数声明的区别在于：函数定义是以函数体结尾，而函数声明是不包含函数体的。函数定义是要求给它分配内存单元的，用来存放经编译后的函数指令，而函数声明不要求分配空间。

例7-6 设有一函数的定义为：

```
double fun1(double x,int y,float z)
{  函数体  }
```

试分析下面的几种函数声明的写法。

`double fun1(double x,int y,float z);`	分析：正确而完整的函数声明。
`double fun1(double x,int y,float z)`	分析：不正确的函数声明，因为末尾缺少分号。
`double fun1(double,int,float);`	分析：正确的函数声明，形参名可省略不写。
`double fun1(x,y,z);`	分析：不正确的函数声明，形参的类型标识符是不能省略的。
`fun1(double x,int y,float z);`	分析：不正确的函数声明，函数类型标识符是不可省略的。
`double fun1(int y,float z,double x);`	分析：不正确的函数声明，形参的次序是不可错的。
`double fun1(double y,int z,float m);`	分析：正确的函数声明，函数声明时形参名可以任意。

（5）C 语言中允许函数声明省略，但这必须符合下面几种情况：

① 函数定义在前，主调函数在后。

② 返回值为 int 或 char 类型（有的编译系统不支持）。

省略函数声明固然可以使程序变得简洁，但显式的函数声明可以使程序便于阅读和理解，因此建议养成在调用函数之前都作显式声明的风格。当一个函数要被一个文件中的多个函数调用时，可以将该函数声明写在所有函数的前面。

例7-7 当一个函数被多个函数调用时的声明示例。

```
fun1();
fun2();
float fun3(float x,int y);              /*放在所有函数之前，作统一声明*/
main()
{ … fun1();   … fun2();   …}
fun1(){ … fun3(a,b); … }               /*调用 fun3()函数*/
fun2(){ … fun3(c,d); … }               /*调用 fun3()函数*/
float fun3(float x,int y){ … }
```

7.1.2　函数的传值调用

1．传值调用的概念

参数是函数调用时的信息载体。迄今为止，我们所使用的参数都是变量参数，即实参是调用函数中的"变量"，形参是被调函数中的"变量"。在函数调用过程中实现实参与形参的结合。在 C 程序中，采用变量参数时，实参与形参是按传值方式相结合的，也称为传值调用方式。传值调用的过程是：

（1）形参与实参各占一个独立的存储空间。

（2）形参的存储空间是函数被调用时才分配的。调用开始，系统为形参开辟一个临时存储区，然后将各参数之值传递给形参，这时形参就得到了实参的值。这种虚实结合的方式称为"值结合"。

（3）函数返回时，临时存储区被撤销。

2．传值调用的特点

（1）函数中对形参变量的操作不会影响到调用函数中的实参变量，即形参值不能传回给实参。

例7-8 使用传值调用，编写 swap()函数，实现两数据交换。

```
void swap(int x,int y);
main ()
{ int a=3,b=5;
  swap(a,b);
  printf("a=%d,b=%d\n",a,b);
}
void swap(int x,int y)
{ int t;
  t=x,x=y,y=t;
  printf("x=%d,y=%d\n",x,y);
}
```

视 频

两数据交换
函数

swap()函数的功能是交换两个参数的值。但运行的结果表示，它只交换了两个形参变量 x 和 y 的值，而没有交换 main()中的实参 a 与 b 的值。参数传递过程参见图 7-3。

（2）在传值调用方式下，函数只有一个入口（实参传值给形参），一个出口（函数返回值）。

这样的处理使函数受外界影响减小到最小限度，从而保证了函数的独立性。

（3）在函数调用过程中，为了能使传值正确地进行，实参与形参在个数、类型上要匹配。

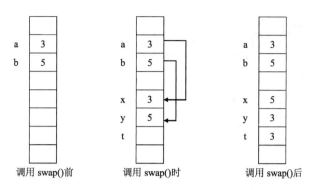

图 7-3　调用 swap() 函数过程中的内存变化

例 7-9 实参与形参在个数及类型上的匹配测试。

```
float add(unsigned short a,unsigned short b); /*函数说明*/
main()
{ float x=1.5,y=-5.7;
  printf("%f+%f=%f\n",x,y,add(x,y));
                    └──函数调用，注意 x,y 的类型
}
float add(unsigned short a,unsigned short b)
{ printf("a=%hu,b=%hu\n",a,b);
  return(a+b);
}
```

视 频

实参与形参
匹配测试

运行结果如下：

```
a=1,b=65531                    (在 add() 函数中 65536-5)
1.500000+ -5.700000=65532.000000    (在 main() 函数中 1+65531)
```

结果显然是错误的。这里实参为实型，而形参为无符号整型，虚实结合后形参 a、b 值发生错误。而且返回值 a+b 为无符号整型，但函数类型为实型，add(x,y) 得到的值也不正确。

7.1.3　函数的嵌套调用

1. 嵌套调用的概念

在前面的学习中知道，C 语言中的函数不能嵌套定义，即一个函数不能在另一个函数体中进行定义。但 C 语言中允许函数之间的嵌套调用，即在调用一个函数的过程中可以调用另一个函数。

2. 嵌套调用的过程

这里，用一个典型的例子来介绍有关函数嵌套调用的过程。例如：

```
float f1(int a,float b)          int f2(float x,float y)
{float c;                        {
 ...
 c=f2(b-1,b+1);                        函数体
 ...                             }
}
main(){int i=2;float u,t=1.5;u=f1(i,t);}
```

f1()和 f2()是分别独立定义的函数，互不从属。但在调用 f1()的过程中又要调用函数 f2()。其调用过程如图 7-4 所示。

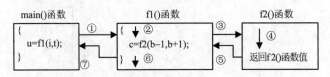

图 7-4　f₁、f₂ 函数的嵌套调用的过程

图中①～⑦为调用过程的步骤。即：

① 将流程转到 f1()函数，实参 i，t 分别传值给形参 a，b。

② 执行 f1()函数体中语句，直到遇到调用 f2()函数的语句为止。

③ 调用 f2()函数，将 f1()函数中的数据 b-1，b+1 作为 f2()函数的实参传送给 f2()函数的形参。

④ 执行 f2()函数。

⑤ 将 f2()函数的返回值带回 f1()函数中的调用处（即带回到调用函数表达式处）。

⑥ 继续执行 f1()函数中剩下的语句。

⑦ 将 f1()函数的返回值带回 main()函数中，并赋给变量 u。

例 7-10 编程计算 $s=1^k+2^k+3^k+\cdots+N^k$ 的值。（$k \geqslant 0$ 且为正整数）

首先设计一个函数 f1()计算 n 的 k 次方。然后再设计一个函数 f2()，通过调用 f1()计算 1 到 n 的 k 次方之累加和。最后在主函数中调用 f2()完成整个程序的功能。源程序如下：

```
#define K 4
#define N 5
long f1(int n,int k)      /*计算 n 的 k 次方，n≥1，k≥0 且为正整数*/
{ long x;int i;
  if(k==0) x=1;
    else{x=n;for(i=1;i<k;i++)x*=n;}
    return x;
  }
long f2(int n,int k)      /*计算 1 到 n 的 k 次方之累加和*/
  { long sum=0;int i;
    for(i=1;i<=n;i++) sum+=f1(i,k);
    return sum;
  }
void main(){printf("%d\n",f2(N,K));}
```

视频
计算 1-n 的
k 次方累加和

7.1.4　函数的递归调用

1. 递归调用的概念

递归就是某一事物直接地或间接地由自己组成。递归调用就是自己调用自己。

例 7-11 设计一个计算 n!的函数 rfact()。

由于 n!=n*(n-1)!，而(n-1)!=(n-1)*(n-2)!，依此类推，直到 2!=2*1!时，1!=1 有确定值，然后依次返回推出 2!=2*1!、3!=3*2!，直到求出 n!结束。程序设计如下：

```
long rfact(int n)
{ if(n<=1)  return(1);
  else        return(n*rfact(n-1));  /*自己调用自己*/
```

视频
递归计算 n!
函数

```
}
main(){printf("%ld",rfact(5));}
```

可以看到，在函数 rfact()内部又调用了一个函数，而这个被调用的函数恰恰是函数 rfact() 本身。

在 C 语言中，一个函数直接或间接地调用自身，便构成了函数的递归调用。前者称为直接递归调用，后者称为间接递归调用。这种函数称为递归函数。

2. 递归调用的过程

仍以例 7-11 进行分析。作为一种有效的数学方法，递归是该例算法形成的基础，也就是基于下面的递归数学模型：

$$rfact(n)=\begin{cases} 1 & (n\leqslant 1) \\ n*rfact(n-1) & (n>1) \end{cases}$$

当 n>1 时，函数 rfact()的返回值是 n*rfact(n-1)，而 rfact(n-1) 的值当前还不知道，要调用完才能知道。例如当 n=5 时，返回值是 5*rfact(4)，而 rfact(4)的返回值是 4*rfact(3)，仍然未知，还要先求出 rfact(3)，而 rfact(3)也未知，其返回值为 3*rfact(2)，而 rfact(2)的值为 2*rfact(1)，rfact(1) 的返回值为 1，是一个已知数。然后回过头根据 rfact(1)求出 rfact(2)，将 rfact(2)的值乘以 3 得到 rfact(3)的值，再将 rfact(3)乘以 4 得到 rfact(4)，最后 rfact(4)乘上 5 得到 rfact(5)。

虽然我们用很大的篇幅来叙述这个函数递归调用的过程，但实际上其中的道理并不复杂。函数在执行时，只是引发了一系列调用和回代的过程，这个过程可以用图 7-5 来表示。

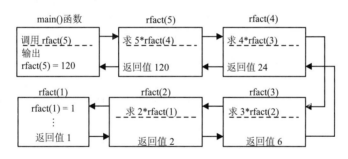

图 7-5　函数 rfact(5)的递归调用过程

3. 递归调用的特点

任何有意义的递归总是由两部分组成的：

（1）递归方式。

（2）递归终止条件。

递归调用必须确定递归终止条件。从图 7-5 中可以看出，递归过程不应无限制地进行下去，当调用若干次以后，就应当到达递归调用的终点，并得到一个确定值（如例 7-11 中的 rfact(1)=1 ），然后进行回代。

例 7-12 求 a，b 两整数的最大公约数。

欧几里得算法又称辗转相除法，用于计算两个整数 a，b 的最大公约数。求最大公约数的算法如下（最小公倍数=两个整数之积/最大公约数）：

（1）m 除以 n 得余数 r（r=m%n）。

（2）若 r=0，则 n 为求得的最大公约数，算法结束；否则执行（3）。

（3）m←n，n←r，再重复执行（1）。

用非递归方式设计的函数如下：

```
int gcd(int m, int n)
{   int  r;
    while((r=m%n)!=0){m=n; n=r; }
    return  n;
}
main(){printf("%d",gcd(9,24));}
```

该算法还可描述为：

$$
gcd(m,n) = \begin{cases} n & （若\ m\%n==0） \\ gcd(n,m\%n) & （若\ m\%n!=0） \end{cases}
$$

用递归方式设计的函数如下：

```
int gcd(int m, int n)
{  if(m%n==0)  return  n;
   else return(gcd(n, m%n));
}
main(){printf("%d",gcd(9,24));}
```

视 频

非递归方式求
最大公约数

视 频

递归方式求最
大公约数

7.1.5 标准库函数

函数库是由系统建立的具有一定功能的函数的集合。库中存放函数的名称和对应的目标代码，以及连接过程中所需的重定位信息。用户也可以根据自己的需要建立自己的用户函数库。库函数是存放在函数库中的函数。库函数具有明确的功能、入口调用参数和返回值。

C 语言的库函数并不是 C 语言本身的一部分，它是由编译程序根据一般用户的需要编制并提供给用户使用的一组程序。C 的库函数极大地方便了用户，同时也弥补了 C 语言本身的不足。事实上，在编写 C 语言程序时，应当尽可能多地使用库函数，这样既可以提高程序的运行效率，又可以提高编程的质量。

由于 C 语言编译系统提供的函数库目前尚无国际标准。不同版本的 C 语言具有不同的库函数，用户使用时应查阅有关版本的库函数参考手册。Tubro C 库函数分为 9 大类：

（1）I/O 函数。包括各种控制台 I/O、缓冲型文件 I/O 和 UNIX 式非缓冲型文件 I/O 操作。需要的包含文件是 stdio.h。

例如：getchar()，putchar()，printf()，scanf()，fopen()，fclose()，fgetc()，fgets()，fprintf()，fputc()，fputs()，fseek()，fread()，fwrite()等。

（2）字符串、内存和字符函数。包括对字符串进行各种操作和对字符进行操作的函数。需要的包含文件有 string.h、mem.h、ctype.h。

例如：用于检查字符的函数 isalnum()，isalpha()，isdigit()，islower()，isspace()等；用于字符串操作的函数 strcat()，strchr()，strcmp()，strcpy()，strlen()，strstr()等。

（3）数学函数。包括各种常用的三角函数、双曲线函数、指数和对数函数等。需要的包含文件是 math.h。

例如：sin()，cos()，exp()（e 的 x 次方），log()，sqrt()（开平方），pow()（x 的 y 次方）等。

（4）时间、日期和与系统有关的函数。对时间、日期的操作和设置计算机系统状态等。需要的包含文件是 time.h。

例如：time() 返回系统的时间；asctime() 返回以字符串形式表示的日期和时间。

（5）动态存储分配。包括"申请分配"和"释放"内存空间的函数。需要的包含文件是 alloc.h 或 stdlib.h。

例如：calloc()，free()，malloc()，realloc() 等。

（6）目录管理。包括磁盘目录建立、查询、改变等操作的函数。

（7）过程控制。包括最基本的过程控制函数。

（8）字符屏幕和图形功能。包括各种绘制点、线、圆和填色等的函数。

（9）其他函数。

使用库函数时应清楚地了解 4 个方面的内容：

① 函数的功能及所能完成的操作。

② 参数的数目和顺序，以及每个参数的意义及类型。

③ 返回值的意义及类型。

④ 需要使用的包含文件。这是正确使用库函数的必要条件。

例 7-13 按下列要求编程序：

（1）产生 10 个 2 位随机正整数并存放在数组 a 中。

（2）按从小到大的顺序排序。

（3）任意输入一个数，并插入到数组中，使之仍保持有序。

（4）任意输入一个 0 ~ 9 之间的整数 k，删除 a[k]。

通常，运行程序时所需原始数据都是在键盘上输入。在调试程序时，可能要多次运行程序，于是要重复输入数据，当输入数据量很大时，会耗费很多时间。其实，调试程序并不要求数据绝对准确，如果让计算机自动产生随机数，则可以免除重复输入数据之苦。那么如何产生满足要求的随机数呢？在 C 语言库函数中有一个产生 1 ~ 32 767 之间随机数的函数 rand()，它在文件 stdlib.h 中定义。在程序的开头添加命令#include <stdlib.h>，就可以在程序中使用该函数。下面是产生 a ~ b 之间的随机正整数的方法：

```
rand()%(b-a+1)+a
```

rand()%90 产生 0 ~ 89 之间的整数，所以 rand()%(99-10+1)+10 产生 10 到 99 之间的整数。

在一个长度为 n+1 的有序数组 a 中插入一个数 k，且插入后，a 数组中的数仍然保持有序，关键是插入位置的确定。若 a 数组中数据按从小到大排序，则 k 依次与 a 数组中从第一个数开始的各数进行比较，若 a[j]>k (j=0,1,…,n-1)，则 k 应插在 a[j] 的前面。若 a[n-1]<k，则 k 插在数组的最后，即 a[n]=k。确定插入位置 j 后，k 就成为 a[j] 的值，那么原来的 a[j] 怎么办？我们可以先把 a[i]（i=n-1,n-2,…,j）依次向后移动一个位置，注意，应从最后一个数开始移动，否则会破坏原来的数据。然后把空出的 a[j] 存放插入值 k。数据的插入如图 7-6 所示。

a[0]	a[1]	a[2]	a[3]	a[4]
10	21	30	40	

k=24

插入前

a[0]	a[1]	a[2]	a[3]	a[4]
10	21	24	30	40

插入后

图 7-6　数据的插入

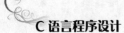
在一个长度为 n 的有序数组 a 中，删除下标为 k 的数组元素，可以把 a[i]（i=k+1,k+2,…,n-1）依次向前移动一个位置，注意，从 a[k+1]开始依次移动，否则会破坏原来的数据。如原 a[k+1]移到 a[k]，则原 a[k]消失，客观上原 a[k]被删除。然后原 a[k+2]移到 a[k+1]……原 a[n-1]移到 a[n-2]。数据的删除如图 7-7 所示。

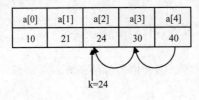

a[0]	a[1]	a[2]	a[3]	a[4]
10	21	24	30	40

a[0]	a[1]	a[2]	a[3]	a[4]
10	21	30	40	

k=24

删除前   删除后

图 7-7　数据的删除

下面的程序可以产生 10 个 2 位随机整数并从小到大排序，然后在这些数中插入一个数和删除一个数，并使它们仍然保持有序。

```c
#include <stdio.h>
#include <stdlib.h>
#define N 10
main( )
{ int i,j,k,t,n=N,a[N+1];
 printf("产生%d个 2 位随机整数组成数组:\n",n);
 for(i=0;i<n;i++){a[i]=rand()%90+10;printf("%4d",a[i]);}
                                    /*90+10=(99-10+1)+10*/
 printf("\n");
 for(i=0;i<n-1;i++)                      /*选择法从小到大排序 */
 { k=i;
   for(j=i+1;j<n;j++)if(a[k]>a[j])k=j;
   if(k!=i){t=a[k];a[k]=a[i];a[i]=t;}
 }
 printf("从小到大排序后的数组: \n");
 for(k=0;k<n;k++)printf("%4d",a[k]);
 printf("\n 请输入一个要插入的数:\n");scanf("%d",&k);
 for(i=0;i<n;i++)if(k<a[i])break;      /*找插入位置i*/
 for(j=n;j>i;j--)a[j]=a[j-1];          /*a[j](j=n-1,n-2,...,i)后移一个位置,
                                        腾出 a[i] */
 a[i]=k;                               /* 将 k 插入到 a[i] */
 n=n+1;                                /*a 数组增加一个元素 */
 printf("\n 输出插入后的 a 数组各元素:\n");
 for(i=0;i<n;i++) printf("%4d",a[i]);
 printf("\n 输入要删除数组元素的下标 k :\n");scanf("%d",&k);
 for(j=k;j<n-1;j++)a[j]=a[j+1];        /*a[j+1](j=k,k+1,...,n-2)前移一个位置*/
 n=n-1;                                /*a 数组减少一个元素 */
 printf("\n 删除后的数组:\n");
 for(i=0;i<n;i++)printf("%4d",a[i]);
 printf("\n");
}
```

视频

产生 10 个随机整数并排序

7.2 变量的存储属性

7.2.1 存储属性的概念

1. 存储属性

变量实质上是代表程序中数据的存储空间。前面所介绍的数据类型反应了变量的操作属性。但对一个变量来说，仅仅指出它的操作属性是不完全的。这个变量被存储在哪里、占有固定的还是临时的存储空间、在程序中的作用域如何等，这些变量特性并没有得到反映。因此对于一个变量，还应该指定它的存储属性。在 C 语言中是用"存储类别"表示变量存储属性的。

综上所述，C 语言中每一个变量（包括函数）都有两个属性：数据类型（数据类型[整型/浮点型/字符型/…]、数据内容）和数据的存储类别（存储位置、作用域、空间占用[临时/固定]）。

2. 存储类别的内容

数据的存储类别是指数据在内存中的存储方法。它通常包括以下 3 方面的内容：

（1）变量的存储器类型。简言之，就是变量的存储地点。计算机的存储器可以分为内存储器（主存）和外存储器（辅存）。除此之外，CPU 中还有一个容量不大的临时存储器，称为寄存器。由于寄存器的存取速度比主存要快，通常被用来存储一些需要反复加工的数据。

（2）变量的生存期。简言之，就是变量的作用时间。C 语言中的变量是通过下面两种方式建立的，不同的建立方式决定了变量不同的生存期。

① 在编译时分配存储单元，程序执行开始后该变量存在，程序执行结束被撤销。这种变量的生存期为程序执行的整个过程，在该过程中占有固定的存储空间。这种存储方式称为静态存储。

② 只在程序执行的某一段时间内存在。例如，函数的形参在函数体或分程序段落中定义的自动变量，只是在程序进入该函数或分程序的时候才分配存储空间，当该函数或分程序执行完后存储空间被撤销。这种存储方式称动态存储。

（3）变量的作用域。简言之，就是变量在程序中的作用范围。

3. 变量的存储类别定义

既然一个变量不仅有数据类型的属性，又有存储类别的属性，那么在变量的定义过程中除了指定其数据类型外，还可以指定其存储类别。C 语言中提供了 4 个关键字来表示存储类别：

- auto：用来定义自动变量。
- register：用来定义寄存器变量。
- static：用来定义静态变量。
- extern：用来定义外部变量。

4. 变量的分类

根据存储类别的三种不同内容，C 语言中的变量也有相应不同的分类。

（1）存储器变量与寄存器变量。存放在主存中的变量称为存储器变量；存放在寄存器中的变量称为寄存器变量。

如果在变量定义时使用 register 关键字，则表示该变量是寄存器变量。否则，属于存储器变量。

（2）静态变量和动态变量。动态变量是在程序执行的某一时刻被动态地建立并在另一时刻又可被动态地撤销的一种变量。静态变量的存储空间在程序整个运行期间是固定的。

① 动态变量存在于程序的局部，也只在这局部可用。

② 在未进行初始化时，动态变量的值是不能确定的。

③ 静态变量可以存在于程序的局部，也可以全局存在。

④ 在未进行初始化时，静态变量的值是确定的（编译时初始化为 0）。

（3）全局变量和局部变量。全局变量在整个程序运行期间始终存在（不释放）；而对于局部变量来讲，动态局部变量是动态建立和释放的，静态局部变量是不释放的，且在程序的整个运行期间始终存在，但只在本函数内起作用。

① 一个函数内部定义的变量，它只在本函数范围内部有效，所以是局部变量。

② 主函数 main() 中定义的变量也属于局部变量，只在主函数中有效。

③ 不同函数中定义的局部变量可以使用相同的名字。

④ 在复合语句中定义的变量也属于局部变量，同样只在本复合语句中有效。

⑤ 在函数外定义的变量，可以为本文件中其他的函数所共用，所以属于全局变量。它的有效范围并不是整个文件，而是从定义变量的位置开始到本源文件结束。

图 7-8 是变量分类的示意图。

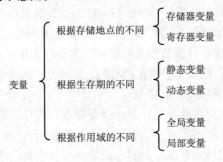

图 7-8　变量分类示意图

7.2.2　自动（auto）变量

1. 自动变量的概念

自动变量是 C 程序中使用最多的一种变量。因为建立和撤销这些变量都是由系统自动进行的，所以称为自动变量。例如，在一个函数中定义了一个自动变量，在调用此函数时才给此变量分配内存单元；当函数执行完毕，这些单元就被撤销。

2. 自动变量的定义

自动变量的定义形式如下：

```
[auto]　数据类型　变量名[=初始表达式][,…];
```

其中方括号表示可省略部分，auto 是自动变量的存储类别标识符。在函数内或复合语句体内定义的变量，如果省略存储类别说明，系统默认此变量为 auto 型。因此前面在函数内没写明存储类别的变量，实际上都是 auto 类别的变量。

3. 自动变量的使用说明

（1）自动变量是动态变量。从定义上来看，自动变量只是在调用时才被分配内存单元，当调用结束后内存单元又被自动撤销，所以说自动变量属于动态变量。

（2）自动变量是局部变量。自动变量只在定义它的局部范围才能使用。如果在函数中定义了一个变量 x，那么它的值只在本函数内有效，其他函数不能通过引用 x 而得到它的值。

例 7-14 自动变量使用示例。

```
void prt(void);
main()
{ int x=1;
  {int x=3;prt();printf("x2=%d\n",x); }
  printf("x1=%d\n",x);
}
void prt(void){int x=5;printf("x3=%d\n",x);}
```

视 频

自动变量使用
示例

程序运行结果如下：

```
x3=5
x2=3
x1=1
```

程序中先后定义了 3 个变量 x，它们都是自动变量，都只在本函数或分程序中有效。

（3）未进行初始化时，自动变量的值是不定的。

例 7-15 使用未赋值的自动变量示例。

```
main(){int i;printf("i=%d\n",i);}
```

运行结果为：`i=62`

这里 62 是一个不可预知的数，由 i 所在存储单元的状态决定。

可见，自动变量，必须对其初始化或赋值后才能引用。对自动变量初始化时，该初始化表达式中的变量必须已具有确定值。例如：

```
int fun1(int v,int n)
{ int l=v,h=n-1;
    ...
}
```

是合法的。因为在给 l、h 分配单元时，形参 v、n 已获得一个确定值。

（4）对同一函数的两次调用之间，自动变量的值不保留，因为其所在的存储单元已被释放。

例 7-16 多次调用同一个函数，测试其中的自动变量的值。

```
int count(int n)
{ int x=1;
  printf("%d:x=%d,",n,x);
  x+=2;
  printf("x+2=%d\n",x);
}
main(){int i; for(i=1;i<=3;i++) count(i);}
```

视 频

测试自动变量
的值

运行结果为：

```
1:x=1,x+2=3
2:x=1,x+2=3
3:x=1,x+2=3
```

（5）函数的形式参数属于自动变量，但是在说明时不加存储类型标识符 "auto"。

4. 自动变量的优点

使用自动变量有以下几点好处：

（1）"用之则建，用完即撤"，可以节省大量存储空间。

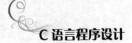

（2）程序员无须关心程序的其他局部使用了什么变量，可以独立地给本区域命名变量。即使使用了与其他区域同名的变量，系统也把它们看作不同的变量。

（3）在一个局部定义所需的变量，便于阅读和理解程序。

7.2.3 寄存器（register）变量

1. 寄存器变量与自动变量的比较

寄存器（register）变量具有与自动（auto）变量完全相同的性质，比如说这两种变量都是局部变量和动态变量。因此上面所讨论的自动变量的内容也完全适合于寄存器变量。

实际上，与自动变量唯一不同之处是，当把一个变量指定为寄存器存储类别时，系统就将它存放在 CPU 的一个寄存器中，而自动变量则被存放在主存中。另外，寄存器变量只能是整型数据。由于放在寄存器中的数据存取速度较快，通常把使用频率较高的变量（如循环次数较多的循环变量）定义为 register 类别。

当程序中需要定义一个寄存器变量时，应当在使用之前按如下形式进行说明：

register　数据类型　变量名[=初始表达式][,…];

其中方括号表示可省略部分，register 是寄存器变量的存储类别标识符。

2. 寄存器变量使用举例

例 7-17 使用寄存器变量打印乘法表。

```
#include <stdio.h>
void table(void)
{ register int i,j;              /*定义寄存器变量*/
  for(i=1;i<=9;i++)
    for(j=1;j<=i;j++)
    { printf("%d*%d=%d",j,i,j*i);
      putchar((i==j)?'\n':'\t');
    }
}
main(){table();}
```

视频

用寄存器变量
打印乘法表

程序运行结果如下：

```
1*1=1
1*2=2  2*2=4
1*3=3  2*3=6  3*3=9
1*4=4  2*4=8  3*4=12 4*4=16
1*5=5  2*5=10 3*5=15 4*5=20 5*5=25
1*6=6  2*6=12 3*6=18 4*6=24 5*6=30 6*6=36
1*7=7  2*7=14 3*7=21 4*7=28 5*7=35 6*7=42 7*7=49
1*8=8  2*8=16 3*8=24 4*8=32 5*8=40 6*8=48 7*8=56 8*8=64
1*9=9  2*9=18 3*9=27 4*9=36 5*9=45 6*9=54 7*9=63 8*9=72 9*9=81
```

3. 使用寄存器变量应注意的问题

（1）由于各种计算机系统中的寄存器数目不等，寄存器的长度也不同，因此 C 标准对寄存器存储类别只作为建议提出，不作硬性统一规定。在实现时，各系统有所不同。在程序中如遇到指定为 register 类别的变量，系统会努力去实现它，但如果因条件限制不能实现时，系统会自动将它们（即未能实现的那部分）处理成自动（auto）变量。

（2）IBM PC 上使用的 Turbo C 不分配寄存器变量，程序中定义的 register 变量一律按 auto 变量处理，因此也就没有必要指定 register 变量了。

（3）函数的形式参数也可以被定义为寄存器变量。比如：

```
func(register int par1,register int par2){ … }
```

7.2.4 静态（static）变量

1. 静态变量的定义

静态变量的定义形式如下：

```
static 数据类型  变量名[=初始化常数表达式][,…];
```

当程序中需要定义一个静态变量时，应当在使用之前先按上述形式进行说明。其中方括号表示可省略部分，static 是静态变量的存储类别标识符。

静态变量的存储空间在程序整个运行期间是固定的（static）。一个变量被指定为静态（固定）后，在编译时就给该变量分配存储空间，程序一开始执行便被建立，直到该程序执行结束都是存在的。

静态变量的初始化是在编译时进行的。在定义时只能使用常量或常量表达式进行显式初始化。未显式初始化时，默认初始化为 0（对数值型变量）、'\0'字符（对字符型变量）或 0.0（对 float 型变量）。

如果定义静态变量的语句位于函数内部，则被称为静态局部变量；反之，把定义在函数外部的静态变量称为静态外部变量。静态外部变量和静态局部变量定义位置示意图如图 7-9 所示。

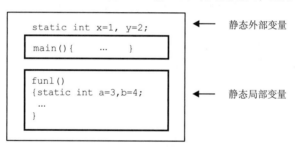

静态外部变量

静态局部变量

图 7-9　静态外部变量和静态局部变量定义位置示意图

视 频

比较两程序运行结果

2. 静态局部变量的特点

（1）静态局部变量的值具有可继承性。

例 7-18　比较下面两个程序的运行结果。

```
void abcd1(void)
{ int x=0;   /*auto*/
  x++;
  printf("%d",x);
}
main(){abcd1();abcd1();abcd1();}
运行结果：111（变量 x 的值未被继承）
```

```
void abcd2(void)
{ static int x=0;   /*static*/
  x++;
  printf("%d",x);
}
main(){abcd2();abcd2();abcd2();}
运行结果：123（变量 x 的值被继承）
```

（2）静态局部变量是在编译时赋初值的。即只赋初值一次，在程序运行时它已有初值。以后每次调用函数时不再重新赋初值，而只是保留上次函数调用结束时的值。

（3）静态局部变量的值只能在本函数（或分程序）中使用。静态局部变量在函数调用结束后其存储单元不释放，其值具有可继承性。但不释放不等于说其他函数可以引用它的值。生存期（存在期）是时间的概念，而作用域是空间的概念，二者不可混淆。

3. 静态局部变量的适用条件

如果程序中希望保留函数上次调用结束时的值，使用静态局部变量比较合适。但由于采用静态存储需要长期占用内存，而且降低了程序的可读性，当调用次数多时很难确定变量的当前值。因此，不必要时尽量少用静态局部变量。

7.2.5　外部（extern）变量

1. 外部变量的定义

所谓外部变量，是指在一个文件中定义在函数之外的变量。如图 7-10 所示。

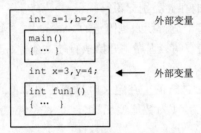

图 7-10　外部变量定义位置示意图

2. 外部变量的作用域

外部变量属于全局变量，它可以被本文件中的其他函数所共用。外部变量的有效范围是从定义变量的位置开始到本源文件结束。

例 7-19　外部变量的作用域示例。

```
int  a=3,b=5;   /*定义外部变量*/
main()
{
  printf("%d,%d\n",a,b);
}

fun1(void)
{ …
  printf("%d,%d\n",a,b);
  …
}
```

全程有效

变量 a、b 定义在本文件的开头，在所有函数之外，显然它不从属于哪一个函数。因此，a、b 属于外部变量，它们的作用域是"全程"（全局）的。虽然在函数 main()和 fun1()中都没有定义 a 和 b，但都可以直接引用变量 a 和 b，从而得到它们的值。如果在一个函数中改变了外部变量的值，那么其后引用该变量时，得到的是已被改变的值。

外部变量也可以不出现在文件开头，而出现在两个函数之间。

例 7-20　外部变量不出现在文件开头的作用域示例。

```
main(){ … }
int fl()
{ … }
```

```
int a,b;
float f2()
{ … }
float x,y;
double f3()
{ … }
```
x,y 作用域

a,b 作用域

此时，外部变量 a、b 和 x、y 的作用范围均从定义它们的语句开始直到本文件的结束。下面用一个典型的例子来说明外部变量的使用特点。

例7-21　在函数内交换两个外部变量的值。

```
int a=3,b=5;           /*定义外部变量*/
void fun1(void)
{ int c;               /*定义自动变量*/
  c=a;a=b;b=c;
}
main()
{ printf("a=%d,b=%d\n",a,b);
  fun1();
  printf("a=%d,b=%d\n",a,b);
}
```

视 频

函数内交换外
部变量的值

运行结果为：　a=3,b=5
　　　　　　　a=5,b=3

3. 静态外部变量的使用

为某一系统设计的 C 源程序往往由一个或几个源文件组成的。如果希望在一个文件内定义的外部变量只允许本文件使用，而不允许其他文件使用，则可以在此外部变量前加一个 static，即作为静态外部变量使用。

例7-22　静态外部变量的使用示例。

```
static int a=3,b=5;
main(){…}
void fun1(){…}
```

在本文件中的 a、b 为外部变量，作用域也仅限于本文件，它们不能被其他文件所引用。

使用静态外部变量时应注意：

（1）所有外部变量都是在编译时分配存储单元的，它不随函数的调用与退出而建立和释放，也就是说它的生存期是整个程序的运行周期。

（2）在内存的数据区分为两个部分：静态存储区和动态存储区。自动变量和形参存放在动态存储区，而静态局部变量和所有的外部变量存放在静态存储区中。

（3）使用静态外部变量的好处是当多人分别编写一个程序的不同文件时，可以按照需要命名变量，而不必考虑是否会与其他文件中的变量同名，这样就保证了文件的独立性。

4. 外部变量作用域的扩充

（1）将外部变量的作用域扩充到本文件的函数内部。前面介绍过，一个外部变量的作用域是从其定义点到本文件结尾。这时候位于该变量定义点之前的函数将不能引用该变量。但在该函数中使用 extern 说明后，可以使外部变量的作用域扩充到该函数内部。实际上，所有函数都应当对所用的外部变量进行说明。只是为简单起见，允许位于外部变量定义点后面的函数可以省略 extern 说明。

例 7-23 利用 extern 声明，扩充外部变量的作用域。

```
main()
{ void gx(),gy();    /*函数原型声明*/
  extern int x,y;    /*声明 x,y 是外部的*/
  printf("1:x=%d\t y=%d\n",x,y);
  x=135;y=246; gx(); gy();
}
void gx()
{ int x=8,y=15;      /*声明 x,y 是局部的*/
  printf("2:x=%d\t y=%d\n",x,y);
}
int x,y;             /*定义 x,y 是外部变量*/
void gy(){printf("3:x=%d\t y=%d\n",x,y);}
```

视频

扩充外部变量
的作用域

程序运行结果如下：

```
1: x=0        y=0
2: x=8        y=15
3: x=135      y=246
```

（2）将外部变量的作用域扩充到本文件范围内。除了可以在函数内用 extern 说明变量以外，还可以将它写在函数之外以达到扩充作用域的目的。比如对上例程序可以在 main()函数之前加一行用 extern 说明的语句，同样可以扩充变量的作用域。

```
extern int x,y;
main()
  …                    x,y 的
void gx()              新作用域
  …
int x,y;
void gy()              x,y
  …                    原作用域
```

x 和 y 的作用域扩充到从 extern int x,y; 到文件末尾的范围。这里变量的"定义"与变量的"声明"是有区别的：

① 例 7-23 中 int x,y; 是定义两个变量，而 extern int x,y; 则是对变量的声明。

② 变量的定义只能有一次，而对变量的声明却可以有多个。

③ 定义变量时需要分配内存单元，声明变量时只是通知编译系统一个信息："此变量到外部去找"。

（3）可以将外部变量的作用域扩充到其他文件中。这时只需在用到这些外部变量的文件中，对变量用 extern 作声明即可。被定义为静态外部变量的变量是不允许这一类扩充的。

例 7-24 将外部变量的作用域扩充到其他文件中的应用示例。

```
file1.c                  file2.c
int x,y;                 extern int x,y;
char ch;                 extern char ch;
main()                   int fun1()
{ int fun1();            {
  x=12;                    printf("%d,%d\n",x,y);
  y=24;                     …
  fun1();                  ch='a';
```

```
    printf("%c",ch);                          ...
}                                        }
```

在 file2.c 文件中没有定义变量 x、y、ch，而是用 extern 声明 x、y、ch 是外部变量，因此在 file1.c 中定义的变量在 file2.c 中可以引用。x、y 在 file1.c 中被赋值，在 file2.c 中也作为全局变量，因此 printf 语句输出 12 和 24。同样，在 file2.c 中对 ch 赋值'a'，在 file1.c 中也能引用它的值。当然要注意操作的先后顺序，只有先赋值才能引用。

> **注意：**
> 在 file2.c 文件中不能再定义"外部变量"x、y、ch，否则就会犯"重复定义"的错误。

在程序设计中，如果要处理的是一个复杂的程序，包含若干个文件，而且各文件都要用到一些共用的变量，可以在一个文件中定义所有的全局变量，而在其他有关文件中用 extern 来声明这些变量即可。

5. 外部变量的使用特点

（1）利用外部变量可以减少函数实参与形参的个数，从而减少内存空间和传递数据所造成的实际消耗。如果没有外部变量，函数只能通过参数与外界发生数据联系，有了外部变量以后，增加了一条与外界传递数据的渠道。

（2）外部变量的使用，会造成程序的通用性下降，因为函数在执行过程中要依赖于其所在的外部变量。

（3）外部变量的使用，会造成程序的清晰度下降，因为程序很难判断各个外部变量的瞬时值。

下面举一个例子，来说明使用外部变量时常犯的错误。

例 7-25 按要求打印 5 行"*****"。

```
int i;
void prt();
main()
{ for(i=0;i<5;i++) prt();}        /*打印 5 行*/
void prt()                         /*打印一行 5 个'*'*/
{ for(i=0;i<5;i++)printf("%c",'*');printf("\n");}
```

运行结果为：

*****

视频

有限制使用外部变量

程序设计的本意是打印一个由"*"组成的 5×5 的方阵，却只打印了一行。原因是 prt()执行一次后，i 已变为 5，返回 main()后，便退出 for 结构。在程序设计时应有限制地使用外部变量。

7.2.6 存储类别小结

前面介绍了存储类别的概念以及如何使用 auto、static、register、extern 四个关键字。下面作一归纳。

1. 从作用域角度来分

从作用域角度来分，有全局变量和局部变量（见表 7-1）。全局变量在整个程序运行期间始终存在（不释放）；而自动局部变量是动态建立和释放的；静态局部变量是不释放的，在程序整个运行期间始终存在，但只在本函数内可用（可见）；寄存器变量也是局部变量，动态建立和分配。

表 7-1　从作用域角度对存储方式分类

分　类	包含类别	特　点
局部变量	自动变量（局部动态变量）	离开函数，值就消失
	静态局部变量	离开函数，值保留
	寄存器变量	离开函数，值就消失
全局变量	静态外部变量	只限本文件引用
	外部变量（非静态外部变量）	允许其他文件引用

2.　从变量存储位置的角度来分

变量可存放在计算机的寄存器和各内存单元中。存放在寄存器中的变量只能是动态自动变量。内存变量又分为动态存储和静态存储。存储于内存静态存储区中的变量，包括全部外部变量和静态局部变量。存储于内存动态存储区中的变量，有自动变量和形参。从变量存储状态角度对存储方式的分类，见表 7-2 所示。

表 7-2　从变量存储位置角度对存储方式分类

分　类	包含类别	特　点
动态存储	自动变量	本函数内有效
	寄存器变量	本函数内有效
静态存储	静态局部变量	函数内有效
	静态外部变量	本文件内有效
	外部变量	其他文件可引用

3.　从变量的生存期来分

从变量的生存期来分（见表 7-3），自动变量、寄存器变量只是在本函数被调用时存在（被分配单元），函数调用结束时存储单元被撤销。其他种类（包括外部变量、静态局部变量），则在整个程序运行期间存在（不释放）。但应注意的是，存在不等于其他函数可以引用。

表 7-3　从变量的生存期角度对存储方式分类

分　类	包含类别	特　点
内存中静态存储区	静态局部变量	函数内有效
	静态外部变量	本文件内有效
	外部变量	其他文件可引用
内存中动态存储区	自动变量	本函数内有效
CPU 中的寄存器	寄存器变量	本函数内有效

4.　总结

表 7-4 对上述情况进行了总的概括。

表 7-4 存储方式分类

分 类	包含类别	在计算机中的存储位置	作用域（可见性）		生存期（存在性）	
			函数内	函数外	本函数内	函数外
局部变量	自动变量	内存动态存储区	是	否	是	否
局部变量	静态局部变量	内存静态存储区	是	否	是	是
	寄存器变量	CPU 中寄存器	是	否	是	否
全局变量	静态外部变量	内存静态存储器	是	本文件内可用	是	是
	非静态外部变量	内存静态存储区	是	是	是	是

可以看出，自动变量和寄存器变量的可见性与存在性是一致的，即离开本函数后，就不存在，也不能被引用；外部变量的可见性与存在性也是一致的，离开函数后，变量存在，且可被其他函数引用；而静态局部变量的可见性与存在性是不一致的，离开函数后，变量存在且有确定值，但不能为其他函数引用。

课 后 练 习

1. C 语言中的变量（包括函数）都有哪两个属性？

2. 数据的存储类别通常应该包括哪三方面的内容？

3. 已知一个圆筒的半径、外径和高，请通过函数调用计算圆筒的体积。

4. 用随机函数产生 100 个[0，99]范围内的随机整数，统计个位上的数字分别为 1，2，3，4，5，6，7，8，9，0 的数的个数并打印出来。

5. 编写一个函数，将给定的整数转换成相应的字符串输出。

6. 编写一个函数，将一个十进制整数 m 转换成 r（2～16）进制的字符串。

7. 编写一个函数实现将字符串 str1 和字符串 str2 合并，合并后的字符串按其 ASCII 码值从小到大进行排序，相同的字符在新字符串中只出现一次。

8. 采用递归方法计算 x 的 n 次方。

9. 用递归的方法打印杨辉三角形。

```
1
1 1
1 2 1
1 3 3 1
1 4 6 4 1
1 5 10 10 5 1
...
```

10. 编写程序，输出下图所示 sin(x) 函数 0～2π 的图形。

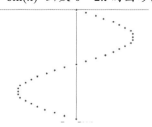

11. 编写程序，在屏幕上绘制下图余弦曲线和直线。若屏幕的横向为 x 轴，纵向为 y 轴，在屏幕上显示 0°～360°的 cos(x)曲线与直线 x=f(y)=45*(y−1)+31 的叠加图形，其中，cos(x)图形用"*"表示，f(y)用"+"表示，在两个图形的交点处则用 f(y)图形的符号。

第8章
编译预处理

为了扩展 C 语言的编程环境，提高编程质量与技巧，C 语言提供了编译预处理的功能。所谓"编译预处理"，是 C 编译系统中的预处理程序按源程序中的预处理命令进行的一些预加工。

C 语言提供了宏定义、文件包含和条件编译三种主要预处理命令。预处理命令均以"#"打头，末尾不加分号。C 语言在编译之前，先对这些特殊的命令进行预处理（即当预处理程序遇到以字符"#"开头的一行时，就按预处理命令形式执行有关功能），然后再将预处理的结果与源程序一起编译、处理，以得到目标代码。

C 语言的预处理命令可以出现在程序的任意位置，其作用范围是自出现点到所在源程序的末尾或由宏命令指定的终止位置。

编译预处理是 C 语言的一个重要特点。它能改善程序设计的环境，有助于编写易移植、易调试的程序，也是模块化程序设计的一个重要工具。

 ## 8.1 宏定义（#define）

宏定义是用预处理命令#define 指定的预处理。下面分别对不带参宏定义与带参宏定义加以介绍。

8.1.1 不带参宏定义

1. 不带参宏定义形式

在 C 程序中可以用#define 命令定义不带参宏定义：

`#define  宏名  宏体`

其中，宏名与宏体均为字符串。预处理时，将把程序中该宏定义之后的所有宏名用宏体替换。符号常数的定义就是这种宏定义的一种应用。比如：

`#define PI  3.14159265`

它的作用是用宏名 PI 来代替宏体"3.14159265"这个字符串。在预处理时，把程序中在该宏定义以后的所有 PI 都用"3.14159265"代替。通常把预编译时将宏名替换成宏体的过程称为"宏展开"。

例 8-1 计算圆的周长和面积。

```
#define PI 3.14159265
#define RADIUS 2.0
double circum(){return(2.0*PI*RADIUS);}
double area(){return(PI*RADIUS*RADIUS);}
```

视频

用函数计算圆
周长面积

```
main(){circum();area();}
```
经过预处理后将形成如下的源文件：
```
double circum(){return(2.0*3.14159265*2.0);}
double area(){return(3.14159265*2.0*2.0);}
main(){circum();area();}
```
这是一种简单的字符替代，不进行任何计算。

2．使用宏定义的优点

（1）提高了程序的可读性。观察文件中预处理前后的语句：
```
return(2.0*PI*RADIUS);
return(2.0*3.14159265*2.0);
```
第一句显然比第二句的可理解性要好。

（2）比较容易修改参数值。如要将 RADIUS 的值由 2.0 修改为 3.0，只要在#define 命令中修改一处便可。而在不使用宏定义的文件中，这种修改将比较麻烦。

3．宏定义的使用特点

（1）宏名一般习惯用大写字母表示，以与变量名相区别。当然，也可以用小写字母。

（2）宏体不仅可以是字符串常数，也可以是表达式或语句组成的字符串。

例8-2 计算圆的周长和面积。
```
#define PI 3.14159265
#define RADIUS 2.0
#define CIRCUM return(2.0*PI*RADIUS);
#define AREA   return(PI*RADIUS*RADIUS);
double circum(){CIRCUM}
double area(){AREA}
main(){circum();area();}
```

视频
用宏名计算圆
的周长和面积

（3）用#define 命令还可以把多个语句定义为宏。例如：
```
#define PRA printf("%d",12);putchar('\n');
```
（4）宏定义不是 C 语句，不必在行末加分号。如果加了分号则会连分号一起进行替换。例如：
```
#define PI 3.14159265;
#define RADIUS 2.0;
     ⋮
area=PI*RADIUS*RADIUS;
```
经宏展开后，该语句为：
```
area=3.1415926;*2.0;*2.0;;
```
将出现语法错误。

（5）#define 命令出现在程序中函数的外面，宏名的有效范围为定义命令之后到本源文件结束或由宏命令#undef 指定的终止位置。

（6）可以用#undef 命令终止宏定义的作用域。例如：
```
#define ZJ 9.8
main()
{
 ...
}
#undef ZJ
 ...
```
ZJ 的
有效
范围

（7）在进行宏定义时，可以引用已定义的宏名，可以层层替换。

例 8-3 宏定义时引用已定义宏名的应用示例。

```
#define PI 3.1415926
#define ZJ 2*PI
main()
{ printf("ZJ=%d",ZJ); }
```

宏定义应先定义后使用，要注意在程序中的顺序。

例 8-4 宏定义在程序中的顺序应用举例。

```
#define DY printf
#define HC "\n"
#define A "%d"
#define A1 A HC
#define A2 A A HC
#define A3 A A A HC
#define A4 A A A A HC
main()
{ int a=1,b=2,c=3,d=4;
  DY(A1,a);
  DY(A2,a,b);
  DY(A3,a,b,c);
  DY(A4,a,b,c,d);
}
```

视频

宏定义在程序
中的顺序

运行结果为：

```
1
1 2
1 2 3
1 2 3 4
```

（8）对于程序中用双引号括起来的字符串内的内容，即使与宏名相同，也不进行置换。比如在例 8-3 中对于语句 printf("ZJ=%d",ZJ);来说，其中第一个 ZJ 就不被替换。

8.1.2　带参宏定义

1. 引例

为了说明带参宏定义，先看一个例子。

例 8-5 使用带参宏定义计算圆的周长和面积。

```
#define PI 3.1415926536
#define CIRCUM(r)  2.0*PI*(r)
#define AREA(r)    PI*(r)*(r)
main()
{ double zj,x;
  scanf("%lf",&x);
  zj=AREA(x);
  printf("circum=%11.8lf,area=%11.8lf\n",CIRCUM(x),AREA(x));
}
```

视频

用带参宏定义
计算圆的周长
和面积

在编译预处理时进行以下替换：用 printf()函数中宏名 CIRCUM(x)的实参 x 替代宏定义 CIRCUM(r)中的形参 r，经预编译后 CIRCUM(x)变成 2.0*PI*(x)。同样，AREA(x)经替代后得到 PI*(x)*(x)。上面 printf()函数语句经替换后为：

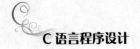

```
printf("circum=%11.8lf,area=%11.8lf\n",
       2.0*3.1415926536*(x),3.1415926536*(x)*(x));
```

程序运行结果为：

```
5（回车）
circum=31.41592654,area=78.53981634
```

2. 带参宏定义形式

从上面的例子中可以归纳出带参宏定义的格式为：

```
#define 宏名(形参表)   宏体
```

对带参的宏定义是这样展开置换的：在程序中如果有带实参的宏，则按#define 命令行中指定的字符串从左到右进行置换。如果串中包含宏中的形参，则将程序语句中相应的实参代替形参，如果宏定义中的字符串中的字符不是参数字符，则保留。

对于带参宏定义，宏体及其各个形参应该用圆括号括起来，否则会造成不易察觉的错误。

如下面 3 个宏定义：

（1）#define   SQUARE(x)   x*x

（2）#define   SQUARE(x)   (x)*(x)

（3）#define   SQUARE(x)   ((x)*(x))

对语句：a=2.7/SQUARE(n+1);

（1）将替换为 a=2.7/n+1*n+1;

（2）将替换为 a=2.7/(n+1)*(n+1);

（3）将替换为 a=2.7/((n+1)*(n+1));

显然（1）、（2）都是不正确的。

3. 带参的宏定义同函数的比较

由于带参的宏定义与函数有很多相似之处，初学者往往容易混淆。它们之间的确有许多共同的特点：

（1）两者均带有形式参数，调用时也进行实参和形参的结合。

（2）两者都可以作为程序模块应用于模块化程序设计中。

但带参宏定义同函数的区别也是明显的，不同之处在于：

（1）时空效率不相同。进行宏调用（使用宏定义）时，要用宏体去替换宏名，往往使程序体积膨胀，加大了系统的存储开销。函数调用要进行参数传递、保存现场、返回等操作，故时间效率比宏调用低。故对于简短的表达式，以及调用次数多、要求响应快的场合（如实时系统中），采用宏定义比采用函数合适。

（2）宏定义虽然可以带有参数，但宏调用过程不像函数那样要进行参数值的计算、传递及结果返回等操作。宏定义只是简单的字符替换，不进行计算操作。因而一些过程是不能用宏定义代替函数的，比如递归调用。

例8-6 宏定义不能应用于递归调用。

```
#define FACT(n) (((n)<=1)?1:FACT((n)-1))
main(){int m=5;printf("fact%d=%d",m,FACT(m));}
```

这是一个企图用宏实现递归调用来求 5!的程序，但是它连编译也通不过，因为宏不能递归定义。

（3）函数中的实参和形参都要定义类型，且要求二者的类型一致，如不一致，则将进行类型转换。对于宏不存在类型问题，宏名无类型，它的参数也无类型。

（4）宏调用与函数调用相比，前者没有内部类型检查，因而，形参和实参数据类型之间的类型不匹配可能产生难以预测的结果，而且不立即发生警告。

（5）宏调用还可能产生函数调用所没有的副作用。

例 8-7　试比较下面打印整数 1~4 的平方的两个程序。

采用函数的程序如下：

```
int square(n){return(n*n);}
main()
{ int i=1;
  while(i<=4)printf("%d,",square(i++));
}
```

执行结果：`1,4,9,16,`

这一程序执行结果是成功的。采用宏的程序如下：

```
#define SQUARE(n)  ((n)*(n))
main()
{ int i=1;
  while(i<=4) printf("%d,", SQUARE(i++));
}
```

编译后执行结果如下：`1,9,`　`//此题个别系统运行结果为: 2,12,`

程序未达到预期目的。原因是在宏定义后 printf()函数语句被置换成：

```
printf("%d\n",((i++)*(i++)));
```

C 语言在处理函数实参求解时采用自右而左逐项求解，而 i++又是"先使用，后自加"，因此当 i 的初值为 1 时，在第一次循环中，先处理右边的(i++)，先用 i 的原值 1，然后 i 加 1 变成 2，这时左边的(i++)的 i 值就是 2，进行 2*1 的运算得 2，然后 i 自加 1 变成 3。同理，在第二次循环中，进行 3*4 的运算，然后 i 变成 5，退出循环。

可以看到，使用带参的宏，引入了 i++的副作用，而用函数则不会出现此问题。因为在函数中 i++作为实参只出现一次，而在宏定义体中 i++出现两次。

顺便说明一下，关于实现 i++或++i 运算以及 C 表达式求值次序问题，对一些具体细节初学者可能会感到不好掌握，例如上面的函数参数((i++)*(i++))求值问题。如果((i++)*(i++))不是作为函数参数而是作为赋值表达式的一部分，求值结果就不同了。例如：

```
i=1;j=((i++)*(i++));
```

此时 j 的值不是 2，而是 1。在此情况下的求值次序为：先将 i 的原值 1 取出来使用（在整个表达式中使用），进行 1*1 得到 1，赋予 j，然后再执行两次 i 自加操作，i 变成 3。关于 i++这些副作用的细节不必深究，在此提一下只是为了使大家在遇到此类问题时不致感到茫然。实在弄不清时，上机试一下即可。

8.1.3　书写宏定义命令行应注意的问题

（1）宏名与宏体之间应以空格相隔，宏名中不能含有空格。如有宏定义：

```
#define fun  (x)  ((x)-1)
```

在进行实际的宏调用时，是按(x) ((x)-1)替换 fun。正确的方法应是：

```
#define fun(x) ((x)-1)
```

（2）宏定义中的宏名不能用引号括起来。例如：

```
#define "YES"  1
```

"YES"是无效的宏定义名。

（3）宏调用中的宏名也不可用引号括起来。例如：

```
#define YES 1
...
printf("YES");
...
```

"YES"是无效的宏调用名。

（4）当较长的宏定义在一行中写不下时，可在本行末尾使用反斜杠表示要续行。例如：

```
#define PRX printf("Shanxi Economic \
                    Management University")
```

（5）宏定义可以写在源程序中的任何地方，但一定要写在程序中引用该宏之前。一般来说，单独文件中用到的宏定义最好写在一个文件之首。对多个文件可以共用的宏定义，可以集中起来构成一个单独的文件。其实前面使用到的 math.h、stdio.h 都是这类文件，它们称为头文件。

（6）可以用宏定义来构造任意字符串，改变 C 语言的语法符号，进行语法美化。例如：

```
#define EQ ==
```

可以用 EQ 来代替 "=="，从而防止在程序设计中经常出现的在逻辑表达式中误用 "=" 来代替 "==" 的错误。

8.2 文件包含（#include）

8.2.1 文件包含的格式

文件包含是通过#include 命令把另一个文件的整个内容嵌入进来。它实际上是宏定义的延伸。它有两种格式：

【格式 1】 `#include "文件标识"`

文件标识中包含有文件路径。按这种格式定义时，预处理程序首先在原来的源文件目录中检索该指定的文件；如果没有找到，则按系统指定的标准方式检索其他文件目录，直到找到为止。例如，在 IBM PC 系统中，如果 C 系统在 D 盘、源程序文件在 C 盘，按这种方式执行预处理程序时，首先检索 C 盘，查不到指定文件再检索 D 盘。通常对自己定义的非标准文件使用这种方式。

【格式 2】 `#include <文件名>`

按这种格式定义时，预处理程序只按系统规定的标准方式检索文件目录。例如，在 IBM PC 系统中，当 C 系统在 D 盘、源程序文件在 C 盘中，按这种方式执行预处理程序时只检索 D 盘，即使指定文件在 C 盘,也将给出文件不存在的信息。通常对系统提供的标准文件(如 math.h、stdio.h 等) 使用这种方式。

8.2.2 典型举例

文件包含也是一种模块化程序设计的手段。在程序设计时，可以把一批具有公用性的宏定义、数据结构及函数说明集中起来，单独构成一个文件。使用时用#include 命令把它们包含在所需的程序中，从而可减少重复工作与错误。

例8-8 带头文件的宏定义应用示例。

可以将例 8-4 的程序改写为：

文件 file1.h:

```
#define DY printf
#define HC "\n"
#define A "%d"
#define A1 A HC
#define A2 A A HC
#define A3 A A A HC
#define A4 A A A A HC
```

文件 file2.c:

```
#include "file1.h"
main()
{ int a=1,b=2,c=3,d=4;
  DY(A1,a);
  DY(A2,a,b);
  DY(A3,a,b,c);
  DY(A4,a,b,c,d);
}
```

视 频

文件包含应用
示例

修改后的源文件所完成的功能并没有发生变化。将源文件 file1.h、file2.c 存放在同一目录，编译 file2.c，运行结果同例 8-4。

8.2.3 文件包含的使用特点

（1）一个#include 命令只能指定一个被包含的文件，如果要求包含 n 个文件，则要用 n 个 #include 命令。

（2）如果文件 file1.c 中要包含文件 file2.h，而文件 file2.h 中要用到文件 file3.h 的内容，则可在文件 file1.c 中用两个#include 命令分别包含文件 file2.h 和文件 file3.h，而且文件 file3.h 应出现在文件 file2.h 之前，即在文件 file1.c 中定义：

```
#include "file3.h"
#include "file2.h"
```

这样，文件 file1.c 和文件 file2.h 都可以用 file3.h 的内容。在文件 file2.h 中不必再定义#inlcude "file3.h"了。

（3）被包含文件 file2.h 与其所在的文件（即用#include 命令的源文件 file1.c），在预编译后已成为一个文件(而不是两个文件)。因此，如果文件 file2.h 中有静态外部变量，它也在文件 file1.c 中有效，不必用 extern 说明。

（4）文件包含可以嵌套。图 8-1 为嵌套的文件包含示意图。

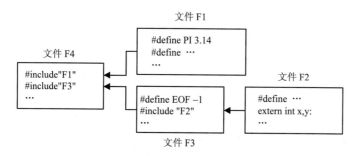

图 8-1 嵌套的文件包含示意图

图 8-1 经过编译预处理，得到图 8-2 所示的源文件。

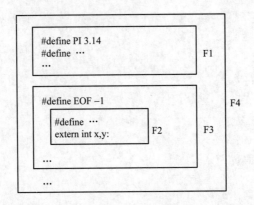

图 8-2　嵌套的文件包含经编译预处理后得到的源文件

8.2.4　标准头文件

C 语言中有若干标准函数库，87 ANSI C（以及 ISO C）中提供了 15 个标准头文件，如表 8-1 所示。每个函数库都与某个头文件相对应。头文件中包含相应函数库中各个函数的适当说明，以及各种有用的数据结构和宏定义。调用标准函数库时，应注意把对应的前导文件用#include 命令包含到所引用的程序中来。当然，如果能够断定不使用前导文件中的信息时，也可以不包含它，但这往往是不安全的。

表 8-1　标准库文件

文　件　名	功　　　能	文　件　名	功　　　能
assert.h	程序断言诊断	setjmp.h	非局部跳转
errno.h	报告库函数出错	signal.h	中断信号处理
float.h	实数类型的特征参数	stdarg.h	可变参数的宏处理
limit.h	整型量大小的限制参数	stddef.h	公共定义
local.h	地方特征	ctype.h	字符处理函数库
math.h	数学函数库	string.h	字符串处理函数库
stdio.h	输入/输出函数库	time.h	日期与时间函数库
stdlib.h	常用函数库		

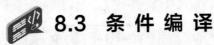 # 8.3　条件编译

8.3.1　条件编译的概念

一般情况下，源程序中所有的行均参加编译。但是有时希望对其中一部分内容只在满足一定条件才进行编译，也就是对一部分内容指定编译的条件，这就是"条件编译"。通常情况是，当满足某条件时对一组语句进行编译，而当条件不满足时则编译另一组语句。

8.3.2　条件编译的三种具体格式

【格式1】

```
#ifdef 标识符
    程序段1
#else
    程序段2
#endif
```

作用：当标识符已经被#define 命令定义过，则对程序段1进行编译，否则编译程序段2，其中#else 和程序段2可以省略。

说明：这里的程序段可以是语句组，也可以是命令行。

【格式2】

```
#ifndef 标识符
    程序段1
#else
    程序段2
#endif
```

作用：若标识符未被#define 命令定义过，则编译程序段1，否则编译程序段2。

说明：这种形式与第一种形式的作用相反。

【格式3】

```
#if 表达式
    程序段1
#else
    程序段2
#endif
```

作用：当指定的表达式值为真（非零）时就编译程序段1，否则编译程序段2。可以事先给定一定条件，使程序在不同的条件下执行不同的功能。

8.3.3　使用条件编译的优点

（1）提高了 C 源程序的通用性。为什么这样说呢？比如一个 C 源程序在不同的计算机系统上运行，而不同的计算机又有一定的差异（如有的机器以 16 位来存放一个整数，而有的则以 32 位存放一个整数），这样往往需要对源程序进行必要的修改，因而降低了程序的通用性。但如果采用条件编译，这个问题将不成问题。

用下面的条件编译：

```
#ifdef  IBM-PC
    #define INTEGER_SIZE 16     ①
#else
    #define INTEGER_SIZE 32     ②
#endif
```

即如果 IBM-PC 在前面已经定义过，则编译①；否则编译②。如果在这组条件编译命令之前曾出现以下命令行：

```
#define IBM-PC  0   /*也可以是任何字符*/
```

则预编译后程序中的 INTEGER_SIZE 都用 16 代替，否则用 32 代替。这样，源程序不必作任何修改就可以用于不同类型的计算机系统。

（2）使调试程序等过程变得灵活。如果希望在调试程序中输出以下所需的信息，而在调试完成后不再输出这些信息，可以使用条件编译来实现。

例如在源程序中插入以下条件编译段：

```
#define DEBUG  1    ①
    …
#ifdef DEBUG
    printf("x=%d,y=%d,z=%d\n",x,y,z);
#endif
```

则在调试程序时可以输出 x、y、z 的值以方便调试。调试完成后将①删除即可。

使用条件编译处理这种问题，在小程序中作用也许不明显，但如果程序很大，需要输出的数据相当多，效果就明显了。

（3）使用条件编译可以减少目标程序的长度。使用条件编译命令的效果有时候同直接用条件语句的效果是一致的。但条件语句的使用会造成编译语句过多、目标程序过长，而使用条件编译命令则没有这个问题。请看下面一个例子。

例 8-9 输入一行字母字符，根据需要设置条件编译，使之能将字母全改为大写字母输出，或全改为小写字母输出。

```
#define LETTER 1
main()
{ char str[20]="C Language",c;
  int i=0;
   while((c=str[i])!='\0')
  {  i++;
    #if LETTER
       if(c>='a'&&c<='z') c=c-32;
    #else
       if(c>='A'&&c<='Z') c=c+32;
    #endif
       printf("%c",c);
   }
}
```

视频

条件编译应用
示例

运行结果为：C LANGUAGE

如果将程序中的第一句改为：

```
#define LETTER 0
```

则运行结果为：c language

🖥 课 后 练 习

1. 什么是编译预处理？C 语言主要提供了哪几种预处理命令？

2. 带参的宏定义是如何展开置换的？

3. 宏名有无类型？它的参数有类型吗？

4. 简述 #include 两种命令格式在使用中的区别。

5. 什么是条件编译？

6. 使用宏求 1～10 平方之和。

第9章
指　针

指针的定义与运用是 C 语言的一大特色，也是其能够得到广泛应用的重要原因之一。指针可以作为数组的地址，从而使数组的处理变得简洁；可以通过指针传递变量的地址给函数，从而实现调用函数后返回多个值；另外，指针还支持动态内存分配，使处理数值、字符数组的方法更为简单。

 ## 9.1　地址和指针

9.1.1　指针概述

1. 变量的"直接访问"方式

凡在源程序中定义的变量，在编译时系统都给它们分配相应的存储单元，每个变量所占的存储单元都有确定的地址。具体的地址是在编译时分配的。例如：

```
short a=1,b=2;
float c=3.4,d=5.6;
char  e='x',f='y';
```

其在内存中的情况如图 9-1 所示。

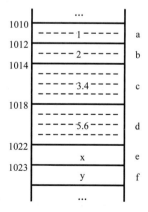

图 9-1　不同类型变量对内存的占用情况

以前要访问内存中的变量，是通过变量名来引用变量的值。实际上，编译时每一个变量名都对应一个地址，在内存中不再出现变量名而只有地址。程序中若引用某变量，则系统找到其对应

的地址后从中取出其值。

例如 scanf("%d",&b)，其中的&b 指的是变量 b 的地址。执行 scanf()函数时，将从键盘输入的一个整数送到&b 所标志的存储单元中。

可以看到要访问变量，C 系统必须按该变量的地址找到该变量的存储单元。因此可以说一个地址"指向"一个变量的存储单元。譬如说，地址 1010 指向变量 a、1012 指向变量 b、1014 指向变量 c 等。这种通过变量名或地址访问一个变量的方式称为"直接访问"方式（实际上通过变量名访问也就是通过地址访问）。

2．变量的"间接访问"方式

变量的"间接访问"方式就是把一个变量的地址放在另一个变量的存储单元中，如图 9-2 所示。

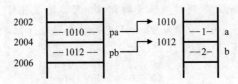

图 9-2　将变量的地址放在另一个变量的存储单元中

变量 pa、pb 分别用来存放变量 a、b 的地址（即&a、&b）。要得到变量 a 的值，可以先访问变量 pa，得到变量 pa 的值 1010 后，再通过地址 1010 找到它所指向的存储单元中的值。这种把地址存放在一个变量中，然后通过先找出地址变量中的值（一个地址），再由此地址找到最终要访问的变量的方法，称为"间接访问"方式。

3．指针概念的引出

指针指向变量，即通过用一个地址变量存储某一普通变量的起始地址，进而指向一个普通变量。可以将它形象地表示为图 9-3 所示的逻辑关系。

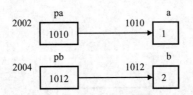

图 9-3　指针指向变量

一个变量的地址称为该变量的"指针"。例如，地址 1010 是变量 a 的指针。存放地址的变量叫"指针变量"。从图 9-3 可以看到，pa 是指针变量，因为 pa 中存放着变量 a 的地址，称为 pa 指向变量 a，通过变量 pa 就能找到 a 的值。请区分"指针"和"指针变量"这两个概念，指针是一个地址（常量值），而指针变量是存放地址的变量。

9.1.2　指针变量的定义

定义指针变量的语句和定义其他变量或数组的语句格式基本相同，定义的同时，可以给其赋初值。具体格式为：

<存储类型>　数据类型　*指针变量名 1<=初值 1><，…>;

（1）定义一个指针变量时，必须在一个变量名前加指针说明符"*"。注意，指针变量名本身

不含 "*" 号。

（2）在定义了一个指针变量后，系统为之分配一个存储单元，这个存放指针变量的存储单元一般都占有固定的字节（如 16 位机 2 个字节）。

（3）相同类型的指针变量和普通变量，可以放在一起说明，例如：

```
float   f,*pf;
int     *pi,i;
```

（4）指针变量和普通变量完全一样，由它的定义位置决定指针变量的作用域和生命期。

（5）定义指针变量后，该指针变量并未指向确定的变量。要想使一个指针变量指向一个确定的变量，必须将确定变量的地址赋给该指针变量。例如：

```
int *p,i=3;
p=&i;
```

（6）指针变量可以定义为指向实型、字符型或其他类型的变量。但一个指针只能指向与其相同类型的变量。例如：

```
double *pd,d1,d2;              /*pd 为指向 double 型变量的指针*/
char   *pc,c1,c2;              /*pc 为指向 char 型变量的指针 */
float  *pf,f1,f2;             /*pf 为指向 float 型变量的指针*/
```

9.1.3 指针变量的引用

1. "&" 运算符和 "*" 运算符

在 C 语言中提供了两个有关指针的运算符：

（1） "&" 运算符，称为 "取地址运算符"。

格式：&变量名

功能：取某一 "变量" 的地址。例如，&x 的值为变量 x 的地址。

（2） "*" 运算符，称为 "指针运算符"，也称 "间接运算符"。

格式：*指针变量名

功能：取某 "指针变量" 所指向的变量中的内容。

例如：

```
float a, b, *p;                /*定义 p 为指向单精度浮点型变量的指针变量*/
a=1.23; p=&a;                  /*把变量 a 的地址赋给 p*/
b=*p;                          /*把 p 所指向的变量中的内容赋给 b*/
printf("%.2f,%.2f",b,*p);      /*运行结果为:1.23,1.23*/
```

2. 使用指针运算符应注意的问题

（1）指针变量定义中的 "*" 与 "*" 运算符的区别。

对于下面两个语句：

```
int a,*p=&a;          ①
*p=5;                 ②
```

语句①中用到的*p 与语句②中用到的*p 含义是不同的。在定义指针变量的语句①中的 "*" 不是运算符，它只是表示其后面的变量是一个指针类型的变量，是一个说明符。在程序的执行语句②中的 "*" 是指针运算符 "*"，"*p" 代表 p 所指向的变量中的值。

（2） "&" 运算符与 "*" 运算符是互逆的。例如，y=x;与 y=*&x;两个语句是等效的。

3. 对指针变量的操作

在定义了一个指针变量之后（比如：int *p,a;）我们就可以对该指针变量进行各种操作。例如：

（1）给一个指针变量赋予一个地址值。

```
p=&a;                    /*将 int 型变量 a 的地址赋给 int 型指针变量 p*/
```

（2）访问指针变量所指向的变量。

```
scanf("%d",p);           /*向 p 所指向的整型变量输入一个整型值*/
printf("%d",*p);         /*将指针变量 p 所指向的变量的值输出*/
```

4. 指针变量的应用举例

例 9-1 使两个指针变量指向同一个变量的地址。

```
main()
{  int a,b,*p1=&a,*p2=&b;          /*p1→a,p2→b*/
       scanf("%d,%d",&a,&b);        /*向变量 a、b 输入数据*/
       printf("%d,%d\n",*p1,*p2);   /*输出 a,b 的内容*/
       p2=p1;                       /*p2→a*/
       printf("%d,%d\n",*p1,*p2);   /*输出 a 的内容*/
   }
```

视 频

使两指针变量指向同一个变量地址

运行情况如下：

输入：1,2（回车）
显示：1,2
显示：1,1

例 9-2 使两个指针变量交换指向。

```
main()
{  int a=1,b=2,*p1=&a,*p2=&b,*p;
   printf("%d,%d\n",*p1,*p2);
   p=p1;p1=p2;p2=p;
   printf("%d,%d\n",*p1,*p2);
}
```

视 频

两指针变量交换指向

运行结果为：1,2
　　　　　　2,1

例 9-3 交换两个指针变量所指向的变量的值。

```
main()
 {  int a=1,b=2,*p1=&a,*p2=&b,i;
    i=*p1;*p1=*p2;*p2=i;
    printf("a=%d,b=%d\n",a,b);
 }
```

视 频

交换两个指针变量所指向的变量的值

运行情况如下：a=2,b=1

9.2　一维数组的指针表示方法

9.2.1　一维数组的地址表示法（地址法）

在程序中定义一个数组后，编译系统就会为它分配一个可以容纳数组中所有元素的存储区，其中数组名代表这个数组的起始地址。那么在 C 语言中，数组各元素的地址是如何表示和计算的呢？下面讨论一下一维数组的地址表示法。

定义一个含有 5 个元素的一维数组 a 如下：

short a[5]={1,3,5,7,9};

它在内存中的分配情况如图 9-4 所示。

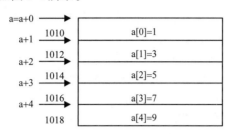

图 9-4　短整型数组 a[5]在内存中的分配情况

对于上面定义的数组，数组名 a 的值就是数组 a 的起始地址（假设为 1010），由于已定义数组 a 为短整型数组，则元素 a[0]的地址值也是 a 的值（1010），a[1]的地址可以用 a+1 表示，也就是说 a+1 指向数组 a 中下标为 1 的元素。同样，a+i 是 a[i]的地址。需要说明的是：在编译系统计算实际地址时，a+i 中的 i 要乘上数组中每个元素所占的字节数，即：a+i*n（n 为一个元素所占的字节数）。例如：

a+1 的实际地址为：1010+1*2=1012。

a[3]的实际地址为：1010+3*2=1016。

或者说，a+i 和&a[i]的含义是等价的，都是指 a[i]的地址。要注意区分 a[i]与&a[i]二者的不同含义，a[i]是 a 数组第 i 个元素的值；而&a[i]是 a[i]元素的地址。

引用一个数组元素，可以用两种不同的方法：一种是前面已经介绍的下标法，即指出数组名和下标值，系统就会找到该元素，如 a[3]就是用下标法表示的数组元素；另一种是地址法，即通过相应的地址访问数组的某一元素，例如，通过 a+3 的地址可以找到 a[3]元素，*(a+3)就是 a[3]元素的值。因此下面二者等价：

```
a[i]        /*下标法*/
*(a+i)      /*地址法*/
```

都是指 a 数组中序号为 i 的元素值。

9.2.2　一维数组的指针表示法

数组名本身是数组的首地址，它的位置是固定的，是个常量值。如果我们定义一个指针变量，并把这个指针指向该数组的起始地址，那么通过对指针的运算，就可以完成对数组的访问，这种方法被称为指针法。例如：

```
int a[5]={1,3,5,7,9},*ip;
ip=a;          /* *ip 就是元素 a[0]的值，它等同于 ip=&a[0];*/
++ip;          /* *ip 就是元素 a[1]的值，它等同于 ip=&a[1];*/
```

例9-4　分别用下标法、地址法、指针法访问数组元素。

```
#include <stdio.h>
main()
{ int a[5]={1,3,5,7,9},i,*p;
  for(i=0;i<5;i++)printf("%d ",a[i]);        /*下标法*/
```

视 频

用下标法、地址法、指针法访问数组元素

```
    printf("\n");
    for(i=0;i<5;i++)printf("%d ",*(a+i));       /*地址法*/
    printf("\n");
    for(p=a;p<a+5;p++)printf("%d ",*p);         /*指针法*/
}
```

通过例 9-4 可以看出，用 3 种方法都能得到数组各个元素的值。

注意，试图用下面的方法输出数组 a 中 5 个元素是不行的：

```
for(i=0;i<5;i++) printf("%d",a++);
```

错误之处在于，a 的值是数组首地址，是一个固定的常数。

9.2.3　使用指针法应注意的问题

（1）在下标法、地址法、指针法 3 种方法中，指针法的效率最高。虽然使用下标法和地址法同指针一样，能够输出同样的结果，但它们的效率是不同的。采用下标法访问数组元素时，要先将 a[i] 转换成 *(a+i)，即先计算出数组元素的地址，然后再找到它指向的存储单元，读出或写入它的值；而用指针变量 p 指向数组元素时，则不必每次计算数组元素地址，特别是像 p++ 这样的操作是比较快的。

（2）在使用指针访问数组元素时，是完全根据地址来访问元素的，系统不作"下标是否越界"的检查。

（3）使用指向数组元素的指针变量时，应当注意指针变量的当前值。例如：

```
p=a;
for(i=0;i<5;i++)scanf("%d",p++);
```

它的功能是想向数组 a 中的 5 个元素输入值，但是如果少写了第一个赋值语句"p=a;"，那么 p 的值将是一个不确定的值，所以它的指向将是不确定的，这就有可能将输入的 5 个整数输入到难以预料的存储单元中去，从而会破坏系统的正常工作状态。

9.2.4　应用指针法举例

例 9-5　从键盘输入若干天的温度值，求平均温度。要求用数组存放输入的若干个温度值，当输入完全部需要处理的温度值后，输入"0"表示输入结束，然后对已输入的温度求平均值。

用地址法编写程序如下：

视 频

用地址法求平均温度

```
main()
{ float t[32],s=0;
  int n,d=0;     /*d 为输入数据计数值，n 为实际输入的有效数据量*/
  do{printf("请输入第%d 天的温度值：",d+1);
      scanf("%f",t+d);
  }while(*(t+d++)!=0);
  n=d-1;                           /*剔除输入的 0*/
  for(d=0;d<n;d++)s+=*(t+d);       /*统计 n 个数据的和值*/
  printf("平均温度为:%4.1f",s/n);
}
```

程序中，当使用 do…while 循环结构以 while(*(t+d++)!=0) 判别结束标志时，实际输入的有效数据 n=d-1（请自行分析）。此外请注意区分下面三个式子：

```
*(t+d++)、 (*(t+d))++、 *(t+d)++
```

(t+d)++是一个错误的表达式，t+d 是地址常量，其试图使地址 t+d 增 1。地址 t+d 所指向的单元中的内容增 1 的正确表达式是((t+d))++。

可以用指针法改写上述程序，改动后的源程序如下：

```
main()
{ float t[32],s=0,*p=t;
  int n,d=0;      /*d 为输入数据计数值，n 为实际输入的有效数据量*/
  do{printf("请输入第%d 天的温度值：",++d);
     scanf("%f",p);
     }while(*(p++)!=0);
  n=d-1;                            /*剔除输入的 0*/
  for(p=t;p<t+n;p++)s+=*p;          /*统计 n 个数据的和值*/
  printf("平均温度为：%4.1f",s/n);
}
```

视频 ●⋯⋯⋯

用指针法求平均温度

以上两个程序，虽然程序的结果相同，但事实上第二个程序执行速度比第一个要快些。

9.2.5 指针变量的运算

1. 指针变量运算的特点

从前面的学习知道，指针变量是一种指向特定元素（地址）的变量，既然属于变量，那么自然可以进行变量的操作。但由于指针变量本身存放的是面向内存的某个地址，所以有关指针变量的运算是很有限的。一般来说，在 C 语言中允许指针变量进行的运算包括：

（1）增 1 运算。

（2）减 1 运算。

（3）指针变量与整数的加减运算。

（4）指针变量的相减运算。

（5）指针变量的比较运算。

这是容易理解的，指针变量作为一个内存的地址变量，诸如乘、除、移位、相加，以及与浮点数的相加或相减操作显然是没有任何实际意义的。

指针变量运算是一种地址运算，它的运算还与地址中存放的元素的长度（数据长度）有关。指针变量运算中一个很重要的特点是，指针变量加 1，并不是指针变量所在的地址加 1，而是指该指针变量所指的变量的地址加 1 个数据长度。例如：

```
char c,*cp=&c;
short i,*ip=&i;
float f,*fp=&f;
double d,*dp=&d;
cp=cp+1;    /*在 cp 所存放的地址值上加 1 个字节*/
ip=ip+1;    /*在 ip 所存放的地址值上加 2 个字节*/
fp=fp+1;    /*在 fp 所存放的地址值上加 4 个字节*/
dp=dp+1;    /*在 dp 所存放的地址值上加 8 个字节*/
```

其实，凡是有关指针变量的算术运算，均是根据指针变量的具体类型而进行相应操作的。

2. 指针变量的增 1、减 1 运算

有关指针变量的增 1 运算"++"和减 1 运算"--"，其含义与整型变量的增 1 和减 1 运算是有区别的。

（1）指针变量的增 1 运算。如果我们已经定义了指针变量 p，它的增 1 运算的具体格式如下：

p++或++p

运算完成后，指针变量就指向原来对象的下一个同类型对象的地址。具体地说，如果 p 指向数组元素 a[i]，那么经过 p++或++p 运算后，指针变量 p 将指向下一个数组元素 a[i+1]。

（2）指针变量的减 1 运算。对于减 1 运算来说，用法和增 1 运算是类似的。它的格式如下：

p− −或− −p

经过减 1 运算后，指针变量指向原来对象的上一个同类型对象的地址。如上所述，如果 p 指向数组元素 a[i]，则 p− −或− −p 后，p 将指向上一个数组元素 a[i−1]。

（3）运算特点。

y=*p++; 或 y=*(p++);

这两句是等价的。因为运算符"++"、"− −"和"*"的结合顺序都是从右向左的，所以加不加括号是不影响运算顺序的。若 p 指向 a[i]，则上面语句的操作是：先将 p 所指向的变量值 a[i]赋给 y，然后再进行 p=p+1 运算，即 p 指向下一个元素 a[i+1]。

观察如下运算（假定 p=&a[i];)：

y=(*p)++; 相当于 y=a[i]; a[i]=a[i]+1;

y=++(*p); 或 y=++*p; 相当于 a[i]=a[i]+1; y=a[i];

y=*++p; 或 y=*(++p); 相当于 p=p+1; y=a[i+1];

3. 指针变量与整数的加减运算

指针变量加上或减去一个整数 i，其所得结果仍然是指针类型。这种运算的具体意义是，改变指针变量的指向，使它指向当前所指基本类型后（或前）的第 i 个元素的地址。

例如：p=a; 若执行 p=p+i; 则 p 指向 a[i]。

表示指针变量 p 向后移动了 i 个相同类型的对象。具体而言，如果 p 指向 a[0]，则执行 p=p+i 后表示指针 p 从当前位置向后移动了 i 个相同类型的元素，即 p 指向 a[i]。

若 p=&a[i+1]; 执行 p=p−i; 则 p 指向 a[1]。

表示指针变量 p 从当前位置向前移动了 i 个相同类型的对象。

4. 指针变量的相减运算

对于两个相同类型的指针变量 p1 与 p2，如果它们分别指向同一数组中不同元素时，p1−p2 的值表示指针变量 p1 与指针变量 p2 之间的数组元素个数，也就是说两指针变量 p1、p2 相减的结果与所指元素的下标相减结果是相同的。

例如：p=&a[i]; 则 p−a; 得到的结果为 i。

应当注意：指针变量相减与整数相减在外形上有些类似，但这两种运算有着本质的不同。

5. 指针变量的比较

如果两个指针变量的类型相同，且均指向同一数组的元素，那么它们之间是可以进行比较的。

例如，对于定义的两个指针变量 p 和 q，表达式：

p<q

表示当指针变量 p 指向的数组元素在指针变量 q 指向的数组元素之前时为真，否则为假。

任何指针变量同 NULL 作相等或不相等的比较均有意义，由于 NULL 常作为指针变量的初值，所以，这种比较可判别指针变量的初值是否改变。

NULL 在 stdio.h 中定义为#define NULL 0。若一个指针变量被赋值为 NULL，表示该指针变量指向"空指针"。

9.3 二维数组的指针表示方法

9.3.1 二维数组的地址

一个二维数组可以认为由若干个一维数组所组成，其中每一个一维数组包含若干个元素。对于二维数组 a[3][5]，它有 3 行，每一行都有其起始地址。C 语言规定，以 a[0]、a[1]、a[2]分别代表第 0 行、第 1 行、第 2 行的起始地址。注意，a[0]、a[1]、a[2]并不是指数组中的一个元素的地址，而是数组中一行的首地址。如同一维数组的数组名就是数组的起始地址一样，a[0]可以看成是一个一维数组名，这个数组名就是 0 行中所有列元素的首地址，即 a[0]的值等于&a[0][0]。

下面参照图 9-5，将二维数组 a 与一维数组 b 作一对比。

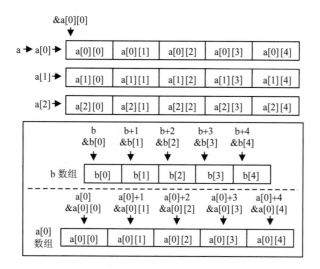

图 9-5 一维数组和二维数组的地址比较

对比结果如表 9-1 所示。

表 9-1 一维数组 b 和二维数组中的某一维数组 a[0]的比较

说 明	一维数组 b	一维数组 a[0]
数组名	b	a[0]
数组首地址	b,&b[0]	a[0],&a[0][0]
第 1 列元素地址	b+1,&b[1]	a[0]+1,&a[0][1]
第 i 列元素地址	b+i,&b[i]	a[0]+i,&a[0][i]
第 0 列元素值	b[0],*(b+0)	a[0][0],*(a[0]+0)
第 1 列元素值	b[1],*(b+1)	a[0][1],*(a[0]+1)
第 i 列元素值	b[i],*(b+i)	a[0][i],*(a[0]+i)

从表 9-1 中可以看出：右边与左边的差别仅在于，右边以 a[0]代替了左边的 b。二维数组 a 的第 1 行和第 2 行的情况与此相类似，无非是分别用 a[1]和 a[2]代替 a[0]而已。

9.3.2 二维数组中的行地址与列地址

下面分析二维数组名 a 和 a[0]、a[1]、a[2]的关系。

前面已经提到，一个二维数组可以认为是由若干个一维数组所组成。如果定义了一个二维实型数组 float a[3][5]，则数组每行占 5×4=20 个字节。假设第 0 行从地址 1000 开始，则第 1 行从 1020 开始，第 2 行从 1040 开始，也就是说对应于 a 的值是 1000，a+1 的值为 1020，a+2 的值为 1040。千万不要以为 a+1 是加 4 个字节，因为现在 a 是二维数组，对 a 来说，它的每一个"元素"是一行而不是一个基本数据元素。

从一维数组的介绍中知道，在程序中如果用下标法表示一个元素，如 b[i]，实际上是把它转换成地址然后访问相应单元的（即 b[i]转换成*(b+i)），也就是说 b[i]与*(b+i)是完全等价的。图 9-6 中的 a 或 a+0 指向 a[0]、a+1 指向 a[1]、a+2 指向 a[2]，也可以表示为：

```
a==a+0==&a[0];  │ │ a[0]==&a[0][0]==*(a+0)==*a;  │ │ →1000
a+1==&a[1];     │ │ a[1]==&a[1][0]==*(a+1);       │ │ →1020
a+2==&a[2];     │ │ a[2]==&a[2][0]==*(a+2);       │ │ →1040
```

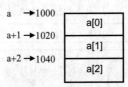

图 9-6　单精度浮点型数组 a[3][5]的各行首地址在内存中位置

二维数组各元素行、列地址表示形式及含义如表 9-2 所示。

表 9-2　二维数组各元素行、列地址表示

表 示 形 式	含 义
a，a+0，&a[0]	二维数组名，数组首址，行地址
a+1，&a[1]	第 1 行起始地址，行地址
a+i，&a[i]	第 i 行起始地址，行地址
a，(a+0)，a[0]，&a[0][0]	第 0 行 0 列元素地址，列地址
*(a+i)，a[i]，&a[i][0]	第 i 行 0 列元素地址，列地址
a+1，(a+0)+1，a[0]+1，&a[0][1]	第 0 行 1 列元素地址，列地址
*(a+i)+j，a[i]+j，&a[i][j]	第 i 行 j 列元素地址，列地址

从表 9-2 中可以看出，a+1 就是&a[1]，它们的值是 1020，而对于表达式 a[1]、*(a+1)的值也是 1020。这里可能要问，a[1]与&a[1]怎么会相等呢？a+1 同*(a+1)的值也怎么会相等呢？

（1）在一维数组中，如果写成 b[1]，意思是取数组元素的值，写成&b[1]则是数组元素 b[1]的地址。

（2）在二维数组中，就不能简单地认为 a[1]是 a 数组中第 1 个元素的值，&a[1]是该元素的地址。实际上，a[1]是地址，&a[1]也是地址，那么这二者又有什么区别呢？a、a+1、a+2、&a[0]、&a[1]是行地址，它面对的对象是行，因此 a+1 中的 1 代表的是一行的长度（20 个字节）。而对于表达式*a、*(a+0)、a[0]，则是指列地址，它指向某一列的元素。因此 a[0]+1、*a+1、*(a+0)+1

中的 1 代表的是 1 个基本数据元素的字节数，即 a[0]+1 的值是 1000+4=1004，代表 0 行 1 列元素的地址。a[1] 和&a[1]的值虽然相同（都是 1020），但属性不同，&a[1]代表的是行地址 1020，每一个元素的属性是一行（长度为 5*4=20 个字节）。而 a[1]代表的是列地址 1020，每一个元素的属性是 float，如图 9-7 所示。

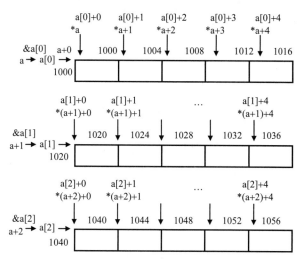

图 9-7　二维数组各元素行、列地址的表示

从图 9-7 可以看到有二个方向的控制：

① a、a+i 或&a[i]控制的是行，或者说它们是行控制。

行地址主要形式有两种：a+i、&a[i]。当 i=0，a+i 等效为 a。

② *(a+i)+j 或 a[i]+j 控制的是列，即列控制。

列地址主要形式有三种：*(a+i)+j、a[i]+j、&a[i][j]。

当 i=j=0，*(a+i)+j 等效为:*a，a[i]+j 等效为:a[0]。

③ 虽然 a+1 和 a[1]的值均是 1020，但含义（属性）是不一样的。a+1 指向 a[1]，是向纵向移动；a[1]指向 a[1][0]，是向横向移动。

下面请仔细分析表 9-3 中的内容。

表 9-3　二维数组各元素地址及内容的表示形式

表 示 形 式	含 义	地 址
a[0]+1，*a+1，*(a+0)+1，&a[0][1]	第 0 行第 1 列元素地址	1004
a[1]+2，*(a+1)+2，&a[1][2]	第 1 行第 2 列元素地址	1028
(a[1]+2)，(*(a+1)+2)，a[1][2]	第 1 行第 2 列元素的值	?

　　例如*(*(a+1)+2)，表达式中的*(a+1)相当于 a[1]，代表第 1 行第 0 列地址；那么对于*(a+1)+2 是指第 1 行第 2 列地址，所以*(*(a+1)+2)就是 1 行 2 列元素的值。

　　既然二维数组的地址有行地址与列地址的区别，那么如果在程序中定义指针变量，也应该确定是指向行还是指向列的问题，二者不能混淆。

9.3.3 指针在二维数组中的应用举例

视频

利用指针变量
完成数组元素
的输出

例9-6 利用指针变量完成数组元素的输出。

```
void main()
{ int a[3][5]={1,2,3,4,5,6,7,8,9,10,11,12,13,14,15},*p;
  for(p=a[0];p<a[0]+15;p++)printf("%d ",*p);
  printf("\n");
}
```

运行结果是：

1 2 3 4 5 6 7 8 9 10 11 12 13 14 15

（1）开始把列地址 a[0]赋给 p。p 是指向整型数据的指针变量，p+1 是使 p 的地址值增加两个字节，使 p 移动到下一个元素处。因此循环 15 次后，输出全部元素的值。

（2）如果将 p=a[0]改写成 p=a，程序就可能出错。因为尽管 a[0]和 a 的值是相同的，但属性不同，a 指向行，a[0]指向列，二者指向的对象不同。由于 p 是指向整型数据的指针变量，所以它只能接受列地址 a[0]，而不能接受行地址 a。但写成下面的形式是允许的：

```
p=*a;
p=*(a+0);
p=&a[0][0];
```

（3）如果一定想将 a 赋给 p，必须先进行强制类型转换：

```
p=(int *)a;
```

将 a 转换成指向整型数据的指针类型。

视频

用指向一维数
组的行指针变
量输出数组元
素值

例9-7 利用指向一维数组的行指针变量输出数组元素的值。

```
void main()
{ int a[3][5]={1,2,3,4,5,6,7,8,9,10,11,12,13,14,15};
  int i,j,(*p)[5];
  p=a;
  for(i=0;i<3;i++)
    for(j=0;j<5;j++)printf("%d ",*(*(p+i)+j));
  printf("\n");
}
```

运行情况如下：

1 2 3 4 5 6 7 8 9 10 11 12 13 14 15

（1）程序中定义指针变量的形式为 int (*p)[5]，它表示 p 是一个行指针，每行含有 5 个基本整型元素（一维数组），如图 9-8 所示。

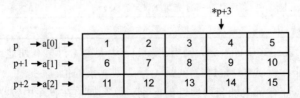

图 9-8 行指针的使用

（2）对于行指针变量的定义形式，需要注意的是，括号是不可缺少的，它表示 p 先与 "*" 结合，是指针变量。如果写成*p[5]，由于方括弧优先于 "*"，p 先与[ ]相结合，就成了数组类型，那么*p[5]就是后面我们要讲的指针数组。

（3）printf()函数中的*(*(p+i)+j)表示第 i 行第 j 列元素值。由于 p 是指向行（一维数组）的指针变量，因此，应赋予它行地址，于是 p=a 是合法的。如果写成 p=a[0]或 p=&a[0][0]反倒不对了，因为类型不匹配。*(*(p+i)+j)的含义就是数组第 i 行第 j 列元素的值，例如*(*p+3)是第 0 行第 3 列元素的值 4（见图 9-8）。

例 9-8 数组行地址和列地址的输出。

```
void main()
{short a[3][5]={1,2,3,4,5,6,7,8,9,10,11,12,13,14,15};
 printf("1:%ld,%ld,%ld\n",a,a+1,a+2);
 printf("2:%ld,%ld,%ld,%ld\n",*a,*a+1,*a+2,*a+3);
 printf("3:%ld,%ld,%ld,%ld\n",*(a+1),*(a+1)+1,*(a+1)+2,*(a+1)+3);
 printf("4:%ld,%ld,%ld,%ld\n",*(a+2),*(a+2)+1,*(a+2)+2,*(a+2)+3);
 printf("5:%ld,%ld,%ld\n",&a[0],&a[1],&a[2]);
 printf("6:%ld,%ld,%ld,%ld\n",&a[0][0],&a[0][1],&a[0][2],&a[0][3]);
 printf("7:%ld,%ld,%ld,%ld\n",a[0],a[0]+1,a[0]+2,a[0]+3);
 printf("8:%ld,%ld,%ld\n",*a,*(a+1),*(a+2));
 printf("9:%d,%d,%d\n",*(a[1]+2),*(*(a+1)+2),a[1][2]);
}
```

视频
数组行地址和
列地址的输出

运行结果如下（地址取后三位，不同机器会有不同结果，但地址间差距相同）：

```
1:404,414,424          （第 0,1,2 行的行地址）
2:404,406,408,410      （第 0 行 4 个元素的地址）
3:414,416,418,420      （第 1 行 4 个元素的地址）
4:424,426,428,430      （第 2 行 4 个元素的地址）
5:404,414,424          （第 0，1，2 行的行地址）
6:404,406,408,410      （第 0 行 4 个元素的地址）
7:404,406,408,410      （第 0 行 4 个元素的地址）
8:404,414,424          （第 0，1，2 行中第 0 列元素地址,即 a[0]，a[1]，a[2]）
9:8,8,8                （第 1 行第 2 列元素的值）
```

9.4 函数参数与指针、数组

9.4.1 指针作为函数参数

整型数据、实型数据或者字符型数据均可以作为函数的参数。当使用指针作为函数的参数时，可以从函数中得到多个返回值。

例 9-9 使用指针作为函数参数的简单示例。

```
void fun(int *p1,int *p2){*p1=1;*p2=2;}
void main()
{ int x,y;
  fun(&x,&y);
  printf("%d,%d\n",x,y);
}
```

视频
用指针作函数
参数

运行显示：1,2

从这个例子中可以看到，在 main()函数中并未对 x、y 赋值，而是把 x 和 y 的地址作为实参传给了 fun()函数。函数的形参*p1 和*p2 都是指针变量，它可以存放地址，从而能接受从函数传来的实参&x 和&y。假如 x 和 y 已分配的地址为 1012 和 1014，则函数中 p1 和 p2 的值也为 1012 和 1014。函数 fun() 的任务是将数据 1、2 分别送给指针 p1、p2 所指向的变量。在实现这两个赋值语句时，先找到 p1 和 p2，从中得到它们的值 1012 和 1014，然后再找到 1012 和 1014 单元，将 1 和 2 分别放到这两个地址的整型变量单元中。这样 x 和 y 也就得到了值。于是，在 main() 函数中就可以输出 x 和 y 的值。整个过程如图 9-9 所示。

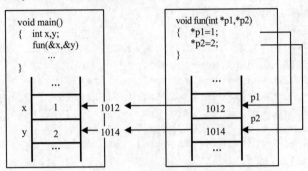

图 9-9　指针作为函数参数的数据传递示意图

在例 9-9 中，我们实现了调用一次函数得到两个所需的值。

前面曾得到这样的结论，即"函数参数的传递是单向的，调用一次函数最多可以得到一个返回值"。初看起来，例 9-9 与这个结论似有矛盾，实际上这并不矛盾。程序中从 main() 函数传递到 fun() 函数的数据是变量 x 和 y 的地址，即&x 和&y。这两个函数参数&x 和&y 在函数调用过程中，传递方向确实是单向的，也就是说，只有&x 和&y 传给 p1 和 p2 的过程，而没有从 p1 和 p2 将数据传回到&x 和&y 的过程。因此，函数参数&x 和&y 的值并没有改变。

以指针作为函数参数时，数据传送的方向是"双向的"。函数 fun() 是根据形参指针变量中存放的地址值向实参变量单元赋值，从而使实参变量单元得到所需的值。在 C 语言中，通常把这种用指针作为函数参数的传递方式称为"引用调用"。

通过以上叙述可看出：用指针（地址）作函数参数，可以实现"通过被调用的函数改变主调函数中的变量值"。例 9-9 实际上只是利用函数 fun() 对变量 x 和 y 进行间接访问，故可以改写成如下形式：

```
void main()
{ int x,y,*p1=&x,*p2=&y;
  *p1=1;*p2=2;
  printf("%d,%d",x,y);
}
```

整个过程如图 9-10 所示。

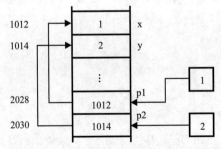

图 9-10　对变量 x 和 y 的间接访问示意图

例9-10 利用指针参数完成交换数据功能。

```
void swap(int *a, int *b)                /*函数体*/
{ int m;
  m=*a;*a=*b;*b=m;
}
void main()
{ int i=24,j=87;
  printf("交换之前: i=%d j=%d\n", i, j);
  swap(&i,&j);                          /*调用函数*/
  printf("交换之后: i=%d j=%d\n", i, j);
}
```

视 频

利用指针参数
完成交换数据

9.4.2 数组名作为函数参数

数组名也是地址，尽管它的值是固定的，使用起来不如指针灵活，但用数组名作为函数参数同样可以实现类似指针作为函数参数的效果。

使用数组名作函数参数时，采取的也不是"值传送"方式，而是"地址传送"方式，即把实参数组的起始地址传给形参数组，这样形参数组就和实参数组共占同一段内存单元，从而可以一次完成多个参数的传递。

如果在函数中形参数组元素的值改变了，也就意味着实参数组元素的值也发生了变化。下面来看有关这方面的简单的例子。

例9-11 交换数组中两个元素的值。

```
void swap(int x[2])
{ int t;
  t=x[0];x[0]=x[1];x[1]=t;
}
void main()
{ int a[2]={4,9};
  swap(a);
  printf("%d,%d\n",a[0],a[1]);
}
```

视 频

交换数组中两
个元素的值

数组名作函数参数有以下特点：

（1）以数组名作为函数参数时，数据传送的方向是"双向的"。即既可从实参数组将数据"传给"形参数组，又可将形参数组中的数据"传回"给实参数组。其实并不是将实参数组元素的值一个一个地传送给形参数组的元素，而是形、实参对应的数组元素共占同一个内存单元而已。用"传送"这个词虽然比较形象，易于理解，但并不确切。

可以看出，数组名的调用实际上是"引用调用"的特例。

（2）以数组名作参数时，实参数组必须定义为具有确定长度的数组，而形参数组可以不定义长度。例如，上面程序中的 swap() 函数可以改写为：

```
void swap(int x[])
{...}
```

这是由于形参数组并不另外分配内存单元，它只是共享实参数组的数据。在函数 swap() 中，x[0]、x[1]的值就是实参数组 a[0]、a[1]的值，但是应注意，使用形参数组时，不要超过实参数组的长度。

例 9-12 求一个 3×4 矩阵的所有靠外侧的元素值之和。设矩阵:

$$A = \begin{bmatrix} 3 & 8 & 9 & 10 \\ 2 & 5 & -3 & 5 \\ 7 & 0 & -1 & 4 \end{bmatrix}$$

思路:先求第 0 行元素值之和与最后一行元素值之和,然后再加上第 0 列和最后一列中第 1 行到倒数第 2 行元素值之和。源程序如下:

```
int add(int arr[],int h,int l)
{ int i,sum=0;
    /*求第 0 行元素值之和与最后一行元素值之和*/
  for(i=0;i<l;i++)sum=sum+arr[i];
  for(i=0;i<l;i++)sum=sum+arr[(h-1)*l+i];
    /*再加上第 0 列和最后一列中第 1 行到第(h-2)行元素值之和*/
  for(i=1;i<h-1;i++)sum=sum+arr[i*l+0];
  for(i=1;i<h-1;i++)sum=sum+arr[i*l+l-1];
  return(sum);
}
void main()
{ int t,a[3][4]={3,8,9,10,2,5,-3,5,7,0,-1,4};
  t=add(a[0],3,4);
  printf("t=%d",t);
}
```

视频

求一矩阵所有
靠外侧的元素
值之和

运行显示:t=47

注意编写函数时,要充分考虑到函数的通用性。由于 add()函数可适用于任意大小的矩阵,因此不能将形参数组 arr 定义为固定大小的数组(例如定义为 int arr[3][4]就失去了函数通用性)。当然也不能定义为 int arr[][]的形式(这是 C 语言语法规则所不允许的,C 语言规定只能省略第一维的大小)。

为了使 add()函数中形参数组具有通用性,程序中把它定义为一维数组,而且其大小不固定。这样处理的依据是,二维数组仅仅是一个逻辑上的概念,在内存中二维数组是按元素排列顺序形成一个序列。在程序中如果引用一个二维数组元素 a[i][j],在执行时实际上按公式计算出该元素与数组第一个元素的相对位置,然后计算出它的地址,访问该单元。可见,函数实参定义为二维数组,形参定义为一维数组的情况是允许的。从实参 a[0]传递给形参 arr 的是 a 数组的起始列地址。

注意:

不应直接用 a 作实参,因为 a 是二维数组的行地址,而形参 arr 定义为一维数组,二者不匹配。

9.4.3 指向数组的指针作函数参数

用数组名作函数参数是因为数组名代表数组的起始地址,用数组名作参数传递的是地址(将数组起始地址传递给被调用函数的形参)。既然地址可以作为参数传递,那么指向数组的指针变量当然也可以作为函数参数。

例 9-13 求二维数组 a 中全部元素的和(要求用指针作实参、数组名作形参)。

```
int arr_add(int arr[],int n)    /*n 为数组的元素个数*/
```

```
{ int i,sum=0;
    for(i=0;i<n;i++)sum=sum+arr[i];
    return(sum);
}
void main()
{ int a[3][4]={{1,3,5,7},{9,11,13,15},{17,19,21,23}};
    int *p,t;
    p=a[0];t=arr_add(p,12);
    printf("t=%d\n",t);
}
```

视频

求二维数组元素之和

运行结果为：t=144

分析：

（1）函数中 p 为指向整型数组的指针变量,它的值必须为二维数组的列地址 a[0]或 &a[0][0],指向 a 数组的第一个元素。

（2）在调用 arr_add()函数时，实参的值（数组元素 a[0][0]的地址）传递给形参数组 arr，这就使形参数组的起始地址也是&a[0][0]。或者说，数组 arr 与数组 a 占同一段内存单元。在函数 arr_add()中将 12 个元素的值相加。

如果将 arr_add()函数中的 arr 定义为指针变量，则子函数可以改写成如下形式：

```
int arr_add(int *arr,int n)
{ int i,sum=0;
    for(i=0;i<n;i++,arr++)sum=sum+*arr;
    return(sum);
}
```

主程序同上。当然也可以用数组名（必须为二维数组的列地址）作实参，只需将主程序中调用函数的语句改为 t=arr_add(a[0],12); 即可。

归纳起来，利用数组名和指针变量作为函数的参数，实参与形参之间的对应关系可以有表 9-4 所示的几种。

数组指针作为函数参数的用法是十分灵活的,通过改变指针变量的值,可以指向数组内任一元素。这就给编程带来了很大的方便。

表 9-4 实参与形参之间的对应关系

实　　参	形　　参
数组名	数组名
数组名	指针变量
指针变量	数组名
指针变量	指针变量

例 9-14 求一维数组中下标为奇数的所有元素之和。

首先设计一个函数 odd_add(int *pt,int n)，使其能统计指针 pt 所指向的含有 n 个元素的数组中，所有奇数或偶数下标的元素之和。当求一维数组中下标为奇数的所有元素之和时，在调用程序中使指针指向数组的第一个奇数元素即可。

视频

求一维数组中下标为奇数的所有元素之和

```
int odd_add(int *pt,int n)
{ int i,sum=0;
    for(i=0;i<n;i=i+2,pt=pt+2)sum=sum+*pt;      /*注意各表达式的意义*/
    return(sum);
}
void main()
{ int a[10]={1,2,3,4,5,6,7,8,9,10},*p,t;
    p=&a[1];t=odd_add(p,10);      /*使 p 指向 a 数组中的第一个奇数元素*/
    printf("t=%d\n",t);
}
```

9.4.4 用指针变量名加下标的形式访问数组

在定义指针变量并且使它指向一个数组后，可以用指针变量名加下标的形式来访问一个数组元素。如果使 p 指向数组 a，可以用 p[2]来访问 a[2]，这是因为系统对 p[2]总是先转换成*(p+2)，然后执行的。

例9-15 求一维数组所有元素的平均值（要求用指针下标法）。

```
#define N 10
float aaa(float *p,int n)
{ float sum=0.0;
  for(int i=0;i<n;i++)sum=sum+p[i];
  return(sum/n);
}
void main()
{ float num[N],a;
  for(int i=0;i<N;i++)  scanf("%f",&num[i]);
  a=aaa(num,N);
  printf("aaa=%8.2f\n",a);
}
```

视频

求一维数组所有元素的平均值

函数 aaa()的形参 p 是指向实型数据的指针变量，并且在函数体中用了 p[i]。当 i=1 时，p[1]被解释成*(p+1)，而 p+1 是 num[1]的地址。

当然，程序中的"sum=sum+p[i];"可以改写为："sum=sum+*p++;"。

如果用指向多维数组的指针作实参，应当注意实参与形参所指向的对象类型要相同。也就是行指针应传给行指针类型的变量，列指针应传给列指针类型的变量。

例9-16 有 3 个学生，每个学生学 5 门课，已知所有学生各门课的成绩，分别求每门课的平均成绩和每个学生的平均成绩。设各学生成绩如下：

	课程1	课程2	课程3	课程4	课程5
学生1:	100	60	70	81	52
学生2:	62	71	83	92	98
学生3:	90	70	50	60	40

```
 float s_pjcj(float(*p)[5])          /*求每个学生的平均成绩使用行指针*/
  { float sum=0;
   int i;
   for(i=0;i<5;i++)
     sum=sum+*(*p+i);
   return(sum/5);
  }
 float k_pjcj(float *p)              /*求每一科目的平均成绩使用列指针*/
  { float sum=0;
   int i;
   for(i=0;i<3;i++,p=p+5)sum=sum+*p;
   return(sum/3);
  }
 void main()
 {float s[3][5]={{100,60,70,81,52},
                 {62,71,83,92,98},
                 {90,70,50,60,40}};
```

视频

求每门课和每个学生的平均成绩（尾部）

```
    int i;
    for(i=0;i<3;i++)
        printf("学生平均成绩: %d:%6.2f\n",i+1,s_pjcj(s+i));
    printf("\n");
    for(i=0;i<5;i++)
        printf("科目平均成绩: %d:%6.2f\n",i+1,k_pjcj(s[0]+i));
}
```

函数 s_pjcj()中的形参 p 定义为指向一维数组的指针变量，因此 main()函数中调用 s_pjcj 函数时，所用的实参应该也是行指针。s、s+1、s+2 都是指向行的指针，这时实参和形参指针变量指向相同类型的对象。

函数 s_pjcj()中完成求出二维数组中某一行 5 个元素值的和。函数中用到*(*p+i)，其中*p 是该行第 0 列元素的地址，*(*p+i)是该行第 i 列元素的值。如果实参不用 s+i 而用 s[i]，则就会发生实参与形参类型不匹配的现象，因为 s[i]是数组第 i 行第 0 列元素的地址，是列指针，与形参不匹配。

函数 k_pjcj()的形参 p 被定义为列指针，即指向一个实型元素的指针。main()函数中调用 k_pjcj()函数时的实参为 s[0]，第一次调用该函数（i=0）时，等于 s[0]，表明是数组中第 0 行第 0 列元素的地址，是列指针，它与形参 p 都指向同一类型的数据。

函数 k_pjcj()中完成求出 3 行中所有第 i 列元素之和及平均值的功能。每调用一次函数，求出一列元素的平均值。因为定义的数组大小为 3×5，故下一行同一列元素的地址为 p 原值加 5，即 p=p+5。

当然，在函数中也可以将指针变量均定义成行指针或指向一个变量的指针，请读者自己改写。

9.5　返回指针值的函数

9.5.1　返回指针值函数的定义形式

一个函数在被调用之后可以带回一个值返回到主调函数，这个值不仅可以是整型、实型或字符型等，也可以是一个指针类型的数据。例如：

```
int  *fun(int a,float b);
```

它表示 fun()是一个函数，带回一个整型指针数据。a 和 b 是函数的形参。

> 🔔 **注意：**
>
> 不要写成 int (*fun)(int a,float b)，这个格式表示定义一个指向函数的指针变量。

9.5.2　返回指针值的函数用法举例

例 9-17 编写一个 strchr()函数，它的作用是在一个字符串中查找一个指定的字符，并返回该字符的地址（C 库函数中有此函数，现在要求自己编写）。

```
char *strchr(char *str,char ch)  /*str 字符串首地址, ch 需查找字符
*/
{ while((*str!=ch)&&(*str!='\0'))str++;
  if(*str==ch)return(str);
  else return(NULL);
```

在一个字符串中查找一个指定的字符

```
}
```

可以用下面的 main()函数调用它：

```
#include <stdio.h>
void main()
{char *pt,ch='C',line[]="I love China";
 pt=strchr(line,ch);
 printf("\n 串地址是: %X\n",line);
 printf("串中 %c 的地址是: %X\n",ch,pt);
 printf("是串中的第 %d 个字符(从 0 开始)。\n",pt-line);
}
```

分析：

从图 9-11 中可以看到，指针 str 的初值是数组 line 的起始地址，也就是&line[0]，将*str 与 ch 比较，如果 *str（即 str 当前指向的字符）不等于 ch 的值，str++（让 str 下移一个字符），直到 str 指向字符 C 为止，将 str 值返回主调函数，它是字符 C 的地址。

当移动 str 至串尾，仍找不到查找的字符时，返回 NULL。

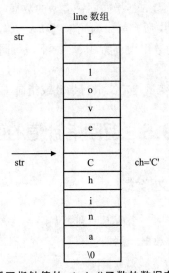

图 9-11　返回指针值的 strchr()函数的数据存储示意图

例 9-18　试编写一个函数 strcat()，使一个字符串 str2 接到另一个字符串 str1 的后面。原来 str1 字符串最后的'\0'被 str2 的第一个字符取代。最后函数返回 str1 的首地址。这个函数也是标准库函数中的。程序如下：

```
char *strcat(char *str1,char *str2)
{ char *p;
  for(p=str1;*p!='\0';p++);              /*使 p 指向串 1 尾*/
  do{*p++=*str2;}while(*str2++!='\0');   /*将串 2 追加到 p 后*/
  return(str1);
}
```

视频

编写串连接函数

下面用 main()函数来调用它：

```
void main()
{ char string1[80]="我有一台计算机。",
      string2[]="我学习 C 语言。",*pt;
  pt=strcat(string1,string2);
```

```
    printf("连接后的字符串是: %s\n",pt);
}
```

分析：

（1）在 main()函数中定义 string1 时必须保证此数组有足够的长度，以便可以容纳连接后的字符串。strcat()函数中，for 语句作用是使 p 指向 string1 最后的'\0'。do...while 循环的作用是将字符串 string2 中的字符逐个传到 string1 中去。

（2）程序执行的具体过程是：首先使 p 指向 string1 最后的'\0'，然后将 string2 中第一个字符 *str2 的值赋给 string1 字符串中原来存放'\0'的单元。然后 str2 和 p 都同步下移一个位置，再使*str2 赋给*p，直到遇到 string2 中的'\0'为止。

返回指针的函数是很有用的，许多库函数都是返回指针值的。因此应该很好地掌握它。

 # 9.6 指向函数的指针变量

9.6.1 函数的指针

C 语言中的函数由一系列的指令组成，并在内存中占据一片连续的存储单元。某一函数所占据的一片连续的存储单元的起始地址，即是该函数的入口地址。通过这个地址可以找到这个函数，这个地址就被称为函数的指针。

如果定义一个指针变量，使它的值等于函数的入口地址，那么通过这个指针变量也可以调用此函数。这个指针变量称为指向函数的指针变量。

9.6.2 函数指针的定义

通常定义指向函数的指针变量的一般形式如下：

```
类型标识符   (*指针变量名)(函数形参列表);
```

例如：int (*p)(int *,int);

表示指针 p 指向一个返回整型值的函数，所指向的函数有两个形参：第一个是整型指针，第二个是整型数据。注意*p 两侧的括弧不能省略，如果写成 int *p(int *,int);就成"返回指针值的函数"。

在定义了指向函数的指针变量以后，就可以将一个与其返回类型及形参的数量和类型相同的函数的入口地址赋给这个指针变量，从而使该指针指向一个特定的函数。假设已定义了一个函数：

```
int fun1(int *p,int a){ … }
```

则 "p=fun1;"赋值语句使指针 p 指向函数 fun1()。要注意的是，在向指针赋值时，只需写出函数名，而不要写参数。下面的语句是错误的：

```
p=fun1(a,b);
```

上面语句的含义是使变量 p 得到一个函数的返回值。函数名才代表函数入口地址。

函数指针指向一个特定的函数后，一般可以用以下形式调用函数：

```
(*指针变量)(实参表列)
```

例如，在程序中可以用(*p)(&a,b)来调用函数 fun1()，即只需将(*p)代替函数名 fun1，其余同普通函数的调用。

9.6.3 函数指针的特点

（1）函数指针与一般指针不同，例如 p++、p--的指针运算是无意义的。

（2）一般指针的运算符是访问数据的，所指向的是数据存储区。而函数指针所指向的是程序代码区。

函数指针除了上述的特点外，其余的性质与其他指针完全相同。

9.6.4 函数指针用法举例

例9-19 用指向函数的指针变量调用 arr_add()函数，以求出二维数组中全部元素之和。
程序如下：

```
int arr_add(int arr[],int n)
{ int sum=0,i;
  for(i=0;i<n;i++)
    sum=sum+arr[i];
    return(sum);
}
void main()
{ int a[3][4]={1,3,5,7,9,11,13,15,17,19,21,23},t1,t2;
  int (*pt)(int*,int);              /*定义函数指针*/
  pt=arr_add;                       /*向函数指针赋值*/
  t1=arr_add(a[0],12);              /*一般的函数调用*/
  t2=(*pt)(a[0],12);                /*用函数指针调用函数*/
  printf("t1=%d\nt2=%d\n",t1,t2);
}
```

视 频

用指向函数的指针变量求二维数组元素之和

运行结果如下：

```
t1=144
t2=144
```

分析：

（1）程序中分别用函数名和指向函数的指针变量来调用函数。从运行结果可以看到，两种方法的结果是相同的。在利用函数指针调用函数之前，应注意先将函数入口地址赋给指针变量。

（2）可以用指向函数的指针变量作为被调用函数的实参。由于该指针变量是指向某一函数的，因此先后使指针变量指向不同的函数，用同一指针就可以实现调用不同的函数。

例9-20 编写一个程序，给出一个一维数组的元素值，先后几次调用一个函数，分别求：

（1）数组的元素值之和。

（2）最大值。

（3）下标为奇数的元素之和。

（4）求各元素的平均值。

程序如下：

```
#include "stdio.h"
#define N 12
float arr_add(float arr[],int n)    /*求数组各元素之和*/
{ float sum=0;int i;for(i=0;i<n;i++) sum=sum+arr[i];return(sum);}
float odd_add(float *p,int n)        /*求数组中奇数下标的元素之和*/
```

```
{ float sum=0;int i;
for(i=0,p++;i<n;i=i+2,p=p+2) sum=sum+*p;return(sum);
}
float arr_ave(float *p,int n)        /*求数组中各元素的平均值*/
{ return(arr_add(p,n)/n);}
float arr_max(float arr[],int n)     /*求数组中各元素的最大值*/
{ float max=arr[0];int i;
  for(i=1;i<n;i++)if(arr[i]>max) max=arr[i];return(max);
}
void pro(float *p,int n,float(*fun)(float *,int))
{ float r;
  r=(*fun)(p,n);
  printf("%8.2f\n",r);
}
void main()
{ float a[]={1.5,3.8,5.6,7.8,91.6,1.61,13.3,
             15.0,17.5,19.9,21.7,23.0};
  printf("\n这%d 个元素的和是: ",N);pro(a,N,arr_add);
  printf("\n 下标为奇数的元素之和是: ");pro(a,N,odd_add);
  printf("\n 这%d 个元素的平均值是: ",N);pro(a,N,arr_ave);
  printf("\n 这%d 个元素中, 最大的是: ",N);pro(a,N,arr_max);
}
```

视　频

分别求一维数组
各元素的最大
值、平均值等

运行结果如下：

这 12 个元素的和是: 222.31
下标为奇数的元素之和是: 71.11
这 12 个元素的平均值是: 18.53
这 12 个元素中, 最大的是: 91.60

分析：

（1）函数 pro()的作用是调用一个函数并输出此函数的返回值。这个被调用函数的地址由实参传给 pro 函数的形参 fun，fun 是指向函数的指针变量。在 main()函数中调用 pro()函数时，实参有 3 个，即数组名 a（即数组的起始地址）、数组的元素个数 N 及在 pro()函数中需要调用的函数名。

（2）第一次调用 pro()函数时的实参为 a、N、arr_add。arr_add 是函数名，它代表函数的入口地址，它把函数 arr_add()的入口地址传给形参 fun（见图 9-12①所示）。在 pro()函数中的 "(*fun)(p,n);" 相当于 "arr_add(p,n);"，调用 arr_add()函数。

第二次调用 pro()函数时，实参为 a、N、odd_add。将函数 odd_add()的入口地址传给 pro()函数中的形参 fun。此时指针变量 fun 指向函数 odd_add()（见图 9-12②所示），pro()中的 "*(fun)(p,n);" 相当于 "odd_add(p,n);"，调用 odd_add()函数。以后依此类推，四次调用 pro()函数时，在 pro()函数中调用的是不同函数。

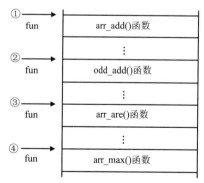

图 9-12　四次调用 pro()函数时，形参 fun 指向不同的函数入口地址

（3）图 9-13 表示了主函数第一次调用 pro()函数的情况。main()函数传递给 pro()函数的 3 个实参 a、N、arr_add，其中 arr_add 用来确定 fun 的指向，使得(*fun)(p,n)具体化为 arr_add(p,n)，

这样函数 pro()中调用(*fun)(p,n)就成为调用 arr_add(p,n)函数了。由于 pro()函数中的形参 p 和 n 接受了从 main()函数传来的实参 a 和 N 的值，所以在调用 arr_add()函数时，p 和 n 有确定值，它们是调用 arr_add()函数时的实参。

请留意，形参与实参是在一定条件下而言的，不是一成不变的，p 和 n 是 pro()函数的形参，而它们又是调用函数 arr_add()的实参。这两个参数值从 main()函数得到实参，又从 pro()函数传递给 arr_add()函数。因此 arr_add 函数的形参 arr 得到 main()函数中 a 数组的起始地址。或者说 arr 与 a 数组共占同一段内存单元，n 为元素个数。

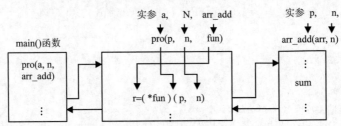

图 9-13　主函数第一次调用 pro 函数示意图

（4）采用函数指针（函数地址）作调用函数时的实参，其优点是能在调用一个函数过程中执行所指定的函数，这就增加了处理问题的灵活性。在处理不同函数时，pro()函数本身并不改变，而只是改变了调用它时的实参。如果想将另一个指定的函数传给 pro()，只需改变一下实参值（函数的地址）即可。

（5）实参也可以不用函数名而用指向函数的指针变量。上面程序的 main()函数可以改写为如下形式：

```c
void main()
{   float a[]={1.5,3.8,5.6,7.8,91.6,1.61,13.3,
                15.0,17.5,19.9,21.7,23.0};
    float (*pt)(float *,int);
    pt=arr_add; printf("这%d个元素的和是: ",N);pro(a,N,pt);
    pt=odd_add;printf("下标为奇数的元素之和是: ");pro(a,N,pt);
    pt=arr_ave;printf("这%d个元素的平均值是: ",N);pro(a,N,pt);
    pt=arr_max;printf("这%d个元素中, 最大的是: ",N);pro(a,N,pt);
}
```

9.6.5　使用函数指针的优点

可能会认为，实现不同的功能可以直接调用不同的函数即可，例如，在 main()函数中直接调用 arr_add(a,n)、odd_add(p,n)等函数即可，何必一定用 pro()函数和传递函数地址呢？

的确，在本例中由于程序功能简单，是可以不用 pro()函数和函数地址传递的。举这个简单的例子无非想说明如何利用函数地址作参数来解决问题。在一些较复杂的问题中，采用函数地址作参数的优越性就比较明显了，特别是把函数指针说明为 void 型，它的应用灵活性就更强了。

9.7　指针与字符串

我们知道，C语言中的字符串是存放在字符数组中的。为了实现对字符串的操作，可以通过定义一个字符数组，将对字符串的处理变换为对数组的处理。

现在，我们既然已经学习了有关指针的用法，当然也可以定义一个字符指针，通过指针的指向来访问所需用的字符串。

9.7.1 指向字符串的指针用法举例

例 9-21 用字符指针指向一个字符串。

```
void main()
{ char string[]="1 ABCDEFGH",*p=string;
  printf("%s\n",string);
  printf("%s\n",p);
}
```

视 频

用字符指针指向字符串_1

运行情况如下：1 ABCDEFGH

　　　　　　　1 ABCDEFGH

该程序中定义了一个字符数组 string，p 是指向字符数据的指针变量，从而将 string 数组的起始地址赋给 p，然后以 %s 格式符输出 string 和 p，输出结果是相同的。

也可以用 %c 格式符逐个输出字符：

```
for(*p=string;*p;p++)printf("%c",*p);
```

例 9-22 直接定义一个指针变量实现输出字符串的功能。

```
main()
{ char *p="1 ABCDEFG";
  printf("%s\n",p);
}
```

运行情况如下：1 ABCDEFGH

同例 9-21 相比，程序中直接用一个指针变量指向一个字符串常量。程序中虽然没有定义字符数组，但字符串在内存中是以数组形式存放的，它有一个起始地址，占一片连续的存储单元，而且以 '\0' 结束。

char *p="1 ABCDEFG"; 语句的作用是：使指针指向字符串的起始地址。千万不要误认为"将字符串中的字符赋给 p"，p 是指向字符型数据的指针变量，它的值是地址，想把一个字符串放到 p 变量中是不可能的。也不要认为将字符串赋给 p，上面的定义语句相当于下面一行的定义语句：

```
char  s[]="1 ABCDEFGH",*p=s;
```

例 9-23 编写一个通用函数 del_char()，使其能完成删除一行字符中指定字符的功能。如若在字符串 "I have 50 Yuan." 中删去字符 '0'，则其变为："I have 5 Yuan."。

```
void del_char(char *p,char c)
{ char *q=p;
  for(;*p;p++)if(*p!=c)  *q++=*p;
  *q='\0';
}
void main()
{ char pt[]="I have 50 Yuan.",x='0';
  del_char(pt,x);
  printf("新的字符串是: %s\n",pt);
}
```

视 频

通用函数 del_char_1

上面的 main() 函数调用了 del_char 函数。请考虑在 del_char() 函数中，for 循环能否改为：

```
for(;*p;)if(*p!=c)*q++=*p++;
```

165

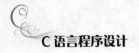

或

```
for(;*p;p++,q++)if(*p!=c)*q=*p;
```

结论都是不可以的。具体原因请自己分析。另外，程序中的字符串常量只能使用不能改变，若例9-23 将语句 char pt[]="I have 50 Yuan."改为 char *pt="I have 50 Yuan."，程序将不能正确运行。

9.7.2 字符数组与字符指针的用法区别

我们已经看到，字符数组与字符指针都可用于字符串的运算。例如，下面两种方式都是合法的：

```
char string1[]="1 ABCDEF";
char *string2="1 ABCDEF";
```

但二者并不是等同的，概念也不一样。下面我们对两者作一个比较：

（1）string1 是一个字符型数组，这个数组中包含有 9 个元素，即字符串"1 ABCDEF"和结束标志'\0'分别存放在数组的 9 个元素中。string2 是一个指针变量，它只能存放一个地址，通常只是把字符串的起始地址存放在指针变量 string2 中。

（2）数组名 string1 代表字符串的起始地址，它是一个常数，在程序中是不能改变的，例如，出现 string1++是错误的。指针 string2 是一个变量，它在不同时刻可以指向不同的字符。例如，出现 string2++是合法的。

（3）不能用赋值语句给数组名赋予一个字符串，例如，string1="123456"是错误的。

对于指针变量 string2 而言，string2="123456" 是合法的，因为它并不是将这些字符串赋给string2，而只是将此字符串的起始地址赋给 string2。

（4）若定义了 string1 数组，编译系统会分配给此数组一个连续的存储区域以存储字符串，即便是数组未初始化，数组的空间也已被预留出来。

而定义指针变量 string2 时，编译系统只是分配了一个指针变量的存储单元。如未经初始化，系统就不开辟存储单元来存放字符串。例如：

```
char *string2;
scanf("%s",string2);
```

这是合法的，但是输入的字符串存放在什么地方呢？是将输入的字符串存放到 string2 所指向的某一单元开始的存储区中。由于 string2 的初值是不可预料的，可能会破坏系统的正常工作。因此，应该改为：

```
char *string2,c[20];
string2=c;
scanf("%s",string2);
```

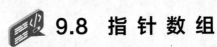

9.8 指 针 数 组

9.8.1 引入指针数组的原因

一个数组，如果其每个元素的类型都是整型的，那么这个数组称为整型数组；如果每个元素都是指针类型的，则它就是指针数组。也就是说，指针数组是用来存放一批地址的。

指针数组主要用于多个字符串的操作。假设有若干个字符串需要存储在数组中，按已学过的方法，用一个一维字符数组存放一个字符串，如果有 5 个字符串，最长的字符串长度为 11 字符

（连'\0'为 12 字符），则应定义一个 5×12 的二维数组。例如：

`char name[5][12]={"Li Fun","Zhang Li","Ling Mao Ti","Sun Fei","Wang bio"};`

但这样定义字符串数组存在一个问题，即二维数组的列数应按最长的字符串长度定义，从而会造成内存单元的浪费。如图 9-14 所示，即使有些字符串不足 12，也要占 12 个字节。

	0	1	2	3	4	5	6	7	8	9	10	11
1000	L	i		F	u	n	\0					
1012	Z	h	a	n	g		L	i	\0			
1024	L	i	n	g		M	a	o			T	i	\0
1036	S	u	n		F	e	i	\0				
1048	W	a	n	g		b	i	o	\0			

图 9-14 字符数组 name[5][12]的数据存储示意

9.8.2 定义指针数组的形式

从前面的讨论中我们知道，一个字符指针可以指向一个字符串。例如：

`char *string="123456789";`

那么对于 5 个字符串，可以用 5 个指针变量来指向它，这就是指针数组。例如：

`char *name[5]={"Li Fun","Zhang Li","Ling Mao Ti","Sun Fei","Wang bio"};`

定义指针数组的含义如下：

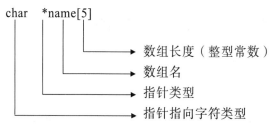

上面定义了一个一维指针数组，它有 5 个元素，每个元素都是指向字符数据的指针型数据。其中，name[0]指向第一个字符串"Li Fun"，name[1]指向第二个字符串"Zhang Li"，如图 9-15 所示。

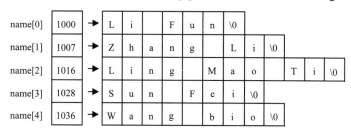

图 9-15 用指针数组存储若干字符串

需要指出，用二维字符数组和用指针数组初始化时，在内存中的情况是不相同的。用二维数组时每行的长度是相同的；而用指针数组时，并未定义行的长度，只是分别在内存中存储了长度不同的字符串，然后用指针数组中的元素（是指针型数据）分别指向它们。在内存中没有浪费存储单元。从图 9-15 中可以看到，若 name[0]的值为 1000，则 name[1]的值是 1007（而不是像图 9-14 中的 1012），name[2]为 1016，name[3]为 1028，name[4]为 1036。

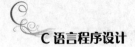

用指针数组处理字符串不仅可以节省内存，而且还可以提高运算效率。比如想对 5 个姓名排序，若交换字符串的位置则速度很慢，而交换地址则速度快得多。

9.8.3 指针数组的应用举例

下面举些例子说明指针数组的应用。

例 **9-24** 先存储一个班学生的姓名，从键盘输入一个姓名，查找该人是否为该班学生（要求使用指针数组）。

```
#include "stdio.h"
#include "string.h"
void main()
{ char *name[5]={"Li Fun",
                "Zhang Li",
                "Ling Mao Ti",
                "Sun Fei",
                "Wang Bio"};
  char your_name[20],i;
  printf("请输入需查找的名字: ");gets(your_name);
  for(i=0;i<5;i++)if(strcmp(name[i],your_name)==0) break;
  puts(your_name);
  if(i<5)printf("是该班学生。")
  else   printf("不是该班学生。");
}
```

视频

使用指针数组
查找学生

分析：程序中，当在 for 循环中查找到该学生，则 i 必小于 5，所以循环结束，可以用 i 值判别并输出查找结果。

例 **9-25** 有三个字符串，要求按字母顺序输出。

```
#include "string.h"
void main()
{ char *string[3]={"Data structure",    /*数据结构*/
                   "Computer Design",   /*计算机设计*/
                   "C Language"};       /*C 语言*/
  char *p,i;
  if(strcmp(string[0],string[1])>0)
    {p=string[0];string[0]=string[1];string[1]=p;}
  if(strcmp(string[0],string[2])>0)
    {p=string[0];string[0]=string[2];string[2]=p;}
  if(strcmp(string[1],string[2])>0)
    {p=string[1];string[1]=string[2];string[2]=p;}
  for(i=0;i<3;i++)printf("%s\n",string[i]);
}
```

视频

字符串排序输出

分析：

（1）本题用指针数组指向三个字符串，如图 9-16 所示。然后将字符串两两相比，进行排序处理。

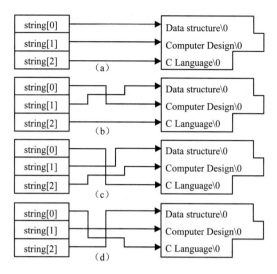

图 9-16　利用指针数组按字母顺序排序三个字符串

（2）程序执行的具体过程是：strcmp(string[0],string[1]) 的作用是将 string[0]指向的字符串和 string[1]指向的字符串进行比较，如果此函数返回值大于零，则表示 string[0]所指向的字符串要大于 string[1]所指向的字符串。此时使 string[0] 的值与 string[1]的值互换，也就是使 string[0]指向 "Computer Design"，string[1]指向 "Data structure"，如图 9-16（b）所示。第二个 if 语句将 string[0]所指向的字符串与 string[2] 所指向的字符串比较，因 string[0]指向的 "Computer Design" 比 string[2] 指向的 "C Language" 大，故将 string[0]与 string[2]的值对换，对换后如图 9-16（c）所示。此时 string[0]已经指向三个字符串最小的一个了，第三个 if 语句对 string[1]和 string[2]所指向的字符串进行排序，执行完该语句后的情况如图 9-16（d）所示。现在 string[0]、string[1]、string[2] 已分别指向了最小、次小和最大的字符串。最后 printf()函数按顺序输出三个字符串。

（3）从这个例子的设计思路来看，字符串本身并未改变位置，而是改变指针的指向。显然，交换地址值要比交换字符串中的字符所费的时间要少，尤其是当字符串比较长时就更为明显。而且如果交换字符串本身就要按最长的字符串长度设置二维字符数组，这就会浪费大量内存。

 ## 9.9　指向指针的指针

9.9.1　指向指针的指针的定义

一个指针变量可以指向一个整型数据，或一个实型数据，或一个字符型数据，也可以指向一个指针型数据。

图 9-17显示了指针变量指向不同类型数据的情况，图中最后一种情况是：pp 指向指针变量 p，p 存放的是整型变量 i 的地址，或者说，p 指向整型变量 i。用双重指针可以在建立复杂的数据结构时提供较大的灵活性，从而能够实现其他语言难以实现的一些功能。

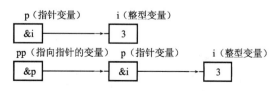

图 9-17　指针变量指向不同类型数据的情况

图 9-17 中的指针 pp，在 C 语言中称为"指向指针型数据的指针变量"，简称为指向指针的指针（双重指针）。定义一个"指向指针的指针"的格式如下：

```
类型标识符  **指针变量名
```

例如：　 `int  **pp;`

定义了一个指向指针的指针变量 pp，它所指向的另一个指针又指向一个整型变量。由于指针运算符"*"是按自右而左顺序结合的，因此上述定义相当于：

```
int *(*pp);
```

可以看出（*pp）是指针变量形式，它外面的"*"表示 pp 指向的又是一个指针变量，"int"表示后一个指针变量指向的是整型变量。

9.9.2　双重指针的用法和举例

例 9-26 双重指针用法示例。

```
int **pp,*p,i=3,x;
p=&i;                          /*使 p 指向 i*/
pp=&p;                         /*使 pp 指向 p*/
x=**pp;                        /*使 x 等于 i 的值*/
...
```

分析：

（1）在编译时，变量 pp、p、i 都分配了确定的地址，使三个变量形成一个指向另一个的关系，可以用一个变量的地址赋给一个指针变量的方法来实现。

（2）请注意虽然 pp 和 p 都是指针变量，其值都是地址，但如果有以下赋值语句：

```
pp=&i;
```

则会发生类型不符的错误。因为 pp 只能指向一个指针变量，而不能指向一个整型变量。正如不能对一个被定义为"int*p"的指针变量 p 赋予一个实型变量的地址一样。

（3）如果想引用 i 的值，可以用*p，也可以用**pp。**pp 表示 pp 所指向的指针变量所指向的数据。

例 9-27 某指针数组指向三个字符串，如图 9-18 所示，用指向指针的指针变量将字符串两两相比，按从小到大进行排序处理。

```
#include <stdio.h>
#include <string.h>
void main()
{ char *string[3]={"Data structure",    /*数据结构*/
                   "Computer Design",    /*计算机设计*/
                   "C Language"};        /*C 语言*/
  char **p1,**p2,*p,i;
  p1=&string[0];p2=&string[1];
  if(strcmp(*p1,*p2)>0){p=*p1;*p1=*p2;*p2=p;}
  p2=&string[2];
  if(strcmp(*p1,*p2)>0){p=*p1;*p1=*p2;*p2=p;}
  p1=&string[1];
  if(strcmp(*p1,*p2)>0){p=*p1;*p1=*p2;*p2=p;}
  for(i=0;i<3;i++) printf("%s\n",string[i]);
}
```

视频

用指针数组实现字符串排序

图 9-18　用指向指针的指针变量按字母顺序排序三个字符串

分析：

（1）如图 9-18 所示。程序中的*p1 是 p1 当前指向的数组元素值。开始时使 p1=&string[0]，即*p1 存放 string[0]的地址，而 string[0]存放"Data structure"字符串的起始地址。同样，*p2 存放 string[1]的地址，string[1]存放"Computer Design"的起始地址。第一个 if 语句的作用是使 string[0]指向较小的字符串首地址。在程序执行过程中，先后改变 p1 与 p2 的值，使之指向某一个需要用到的 string 数组元素，就可实现字符串的比较，以及达到使 string 元素值交换的目的。

（2）程序中定义了一个指针变量 p，它不是指向指针的指针，而只是指向字符数据的指针变量。当交换数组 string 的两个元素时，指针变量 p 作为交换*p1（即 string[0]）和*p2（即 string[1]）的中间变量。因此它与*p1（或 string[0]）、*p2（或 string[1]）必须是同类型的，且均是指向字符型数据的指针变量。

> 🔔 **注意**：
> 不要写成{*p=*p1;*p1=*p2;*p2=*p;}。

在介绍了"指向指针的指针"这个概念之后，让我们重新回过头来理一下思路。

首先对于一个二维数组 short a[3][4]来说（见图 9-19），根据前面的讨论可知，a[0]、a[1]、a[2]是三个一维数组名，它们分别代表三个地址：&a[0][0]、&a[1][0]、&a[2][0]。

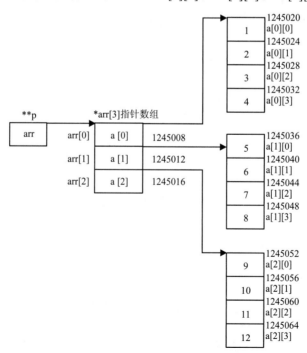

图 9-19　指向指针的指针综合应用示意图

如果定义一个指针数组 arr，它的三个元素存放的值为 a[0]、a[1]、a[2]，数组 arr 中的每一元素都指向一个整型数据的指针变量。另设一个指针变量 p，它指向 arr 指针数组，显然 p 是指向指针型数据的指针变量。

例 9-28 用双重指针输出二维数组元素。

```
void main()
{ int a[3][4]={1,2,3,4,5,6,7,8,9,10,11,12};
  int *arr[3]={a[0],a[1],a[2]};
  int **p=arr,i,j;
  printf("p=%d,*p=%d,**p=%d\n",p,*p,**p);
    //数组 arr 的首地址, 数组 a 的首地址,元素 a[0][0]
  for(j=0;j<3;j++)
    for(i=0;i<4;i++)printf("%d ",*(*(p+j)+i));  //a[j][i]的值
}
```

视频

用双重指针输出二维数组元素

运行结果如下：

```
p=1245008(arr 的地址),*p=1245020(a 的地址),**p=1(a[0][0])
1 2 3 4 5 6 7 8 9 10 11 12
```

分析：p 的值是 arr 数组的首地址，以十进制整数形式输出为 1245008。*p 也是地址，即 a[0][0] 的地址 1245020。**p 是 p 所指向的指针变量所指向的变量的值，也就是 a[0][0] 的值，故得到 1。printf() 函数中的 (*p+j)+i 是 a[i][j] 的地址。arr 数组的元素只是指向一个 a 数组中一个列元素。

例 9-29 使用行指针数组，改写例 9-28 中的程序。

程序如下：

```
void main()
{ int a[3][4]={1,2,3,4,5,6,7,8,9,10,11,12};
  int i,(*pt[3])[4],(**p)[4];
  pt[0]=a;pt[1]=a+1;pt[2]=a+2;
  for(p=pt;p<pt+3;p++) printf("p=%d,*p=%d\n",p,*p);
  for(p=pt,i=0;i<4;i++)printf("%d ",*(*(*p)+i));
}
```

视频

用行指针数组输出二维数组元素

运行结果如下：

```
p=1245008,*p=1245020  //1245008(pt[0]的地址),1245020(a 的地址)
p=1245012,*p=1245036  //pt[1]的地址),(a+1 的地址)
p=1245016,*p=1245052  //pt[2]的地址),(a+2 的地址)
1 2 3 4
```

分析：

（1）在程序中，pt 是一个包含 3 个元素的行指针数组，每个元素指向一个含有 4 个元素的一维数组（见图 9-20）。指针数组 pt 的元素值分别是 pt[0]=a，pt[1]=a+1，pt[2]=a+2。再设一个双重行指针变量 p，它指向 pt 数组中的元素，而这些元素又指向一维数组，因此对 p 的定义应采取以下形式：

```
int (**p)[4];
```

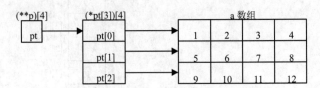

图 9-20 使用行指针数组输出二维数组元素

（2）程序中第一个 for 语句输出 pt 数组 3 个元素的地址和它们的值（地址），可以看出 pt[0]、pt[1]、pt[2]之间，两两相隔 16 个字节。第二个 for 语句输出二维数组 a 的第 0 行各列的值。其中 printf()函数中的*(*(*p)+i)可作如下分析（若 p 指向行指针数组 pt 的首地址）：

① p 指向 pt[0]，p 内存空间存放元素 pt[0]的地址。

② *p 是 pt[0]元素存放的内容，即行地址*a 或 a[0]。

③ *(*p)是*pt[0]，列地址，也就是&a[0][0]。

④ *(*p)+i，即&a[0][i]，为第 0 行 i 列地址。

⑤ *(*(*p)+i)是 a[0][i]的值。

指向指针的指针概念并不难懂，但使用时很容易出错，要十分清楚各个指针的指向。以上几个例子可以帮助我们掌握一些基本的概念。在实际应用时会更复杂、更灵活。

9.9.3 多重指针的用法和举例

从理论上说，还可以有"多重指针"，如图 9-21 所示。

图 9-21　多重指针

即 p1、p2、…、pn 均为指针变量，指向一个整型变量（当然也可以指向任一类型数据），除了 pn 以外的指针变量都是指向指针的指针，但它们的类型是不同的。

例如，当 n=5 时，定义各变量如下：

```
int i,*p5,**p4,***p3,****p2,*****p1;
```

 9-30 多重指针举例。

```
void main()
{ int ****p1,***p2,**p3,*p4,i;
  i=3;
  p1=&p2;p2=&p3;p3=&p4;p4=&i;
  printf("%d\n",****p1);
}
```

视 频

多重指针应用

运行结果为：3

对于这个典型的多重指针的例子，请根据已经掌握的知识进行分析。要提醒的是，由于多重指针使用起来极易出错，在程序中不提倡多用，一般使用二重指针就足够了。

9.10　main()函数中的参数

9.10.1　main()函数中的参数形式

到现在为止，我们用到的 main()函数都是不带参数的，因此在接触到的程序中，main()函数的第一行总是 main()形式。

其实，main()函数也可以有参数的，main()函数中可以有两个形参，一般形式如下：

```
main(int argc,char *argv[])
```

也就是说，main()函数中的第一个形参 argc 是一个整型变量，第二个形参 argv 是一个指针数组，其元素指向字符型数据。

9.10.2　main()函数参数的传递过程

main()函数中的这两个参数的值从哪里传递而来呢？main()函数是主函数，它不能被程序中其他函数调用，因此显然不可能从其他函数向它传递所需的参数值，只能从程序以外传递而来。main()函数是由系统调用的，当系统处于命令操作状态时，从键盘输入文件名后，计算机就运行这个文件（可执行的二进制目标文件）。例如有一源文件名为 cfile.c，经过编译连接后得到的目标文件名为 cfile.exe，当从键盘输入文件名：

cfile（回车）

计算机就执行此文件中的程序。上面的一行称为命令行。

在命令行中，除了给出应执行的文件名外，还可以有一个或多个字符串，作为传递给 main()函数的参数值。例如，从键盘输入以下的命令行：

cfile Computer（回车）

值得注意的是，main()函数的参数传递规律与以前见到的有所不同。并不是将"cfile"传给argc，"Computer"传给 argv[]；而是将命令行的第一个字符串"cfile"的地址传给指针数组 argv 中的第 0 个元素 argv[0]，第二个字符 "Computer"传给 argv[1]。简而言之，就是使 argv[0]指向字符串"cfile"，argv[1]指向字符串"Computer"。函数中第一个形参 argc 是表示命令行中字符串的总个数，现在命令行中共有两个字符串（注意 cfile 也作为一个字符串），因此 argc 的值为 2，函数参数值如图 9-22 所示。

如果命令行中有三个字符串：

cfile Computer C_Language（回车）

则实际如图 9-23 所示。

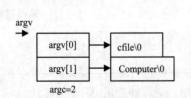

图 9-22　有两个字符串的命令行

图 9-23　有三个字符串的命令行

9.10.3　有关 main()函数参数的举例

例 9-31 带参 main()函数应用示例。

```
void main(int argc,char *argv[])
{ while(argc>1)
  {++argv;
  printf("%s\n",*argv);
  --argc;
  }
}
```

视频

带参 main()函数示例

174

如果从键盘输入的命令行为：

cfile Computer C_Language（回车）

则输出为：

Computer

C_Language

分析：

（1）因为 argc 的初值为 3，每次循环减 1，故其循环两次。第一次时，先使 argv 指向 argv[1]，然后输出 argv[1]指向的字符串 Computer，第二次开始时，又使 argv 指向 argv[2]，然后输出 C_Language。

（2）用带参的 main()函数可以直接从命令行中得到参数值（这些值是字符串），在程序运行中可以根据输入的命令行中的不同情况进行相应的处理。

例如，常见的 dos 命令 dir，它可以根据参数"/w"或"/p"来执行不同的操作，其结果是"dir/w"只显示文件名，而 "dir/p" 则是分屏显示文件相关情况。其中的参数 "/w"、"/p" 就是通过 main()函数参数机制传递给 dir 命令的。

又比如，在使用数据文件的时候，可以根据不同的需要输入不同的命令行，从而打开不同的文件。

（3）利用 main()函数中的参数可以使程序从系统中得到所需的数据，或者说，增加了一条系统向程序传递数据的渠道，从而提高了处理问题的灵活性。

（4）其实 main()的形参名并不一定非用 argc 和 argv 不可，只是习惯上用这两个名字，如果改用别的名字，其数据类型不能改变，即第一个形参为 int 型，第二个形参为指针数组。

（5）顺便说明一个问题：在本例中用到++argv 的运算，是使 argv 的值自加。但问题是 argv 是数组名，前面讲过数组名代表的是一个常量，它是数组起始地址，因而不能通过自加运算来改变其本身的值的。例如下面程序是不能通过系统编译的：

```
void main()
{ int a[5],int i;
  for(i=0;i<5;i++,a++)
    printf("%d",*a);
}
```

错误在于 a 不能进行自加运算，a++是不合法的。这是由于在编译时给 a 数组分配一段内存单元，a 代表数组起始地址，是一个常量（注意 a 是 main()函数中数组名，不是形参）。

如果将 a 设为形参数组，情况就不同了：

```
void fun(int a[],int n)
{ int i;
  for(i=0;i<n;i++,a++)printf("%d",*a);
}
void main()
{ int arr[5]={1,3,5,7,9};
  fun(arr,5);
}
```

此时，a 是形参，在编译时并未分配其固定的内存单元。只是在调用函数时才将 arr 的起始地址传给 a，实际上 a 是一个指针变量，定义函数的第一行相当于：

```
fun(int *a,int n)
```

a 是指针变量，这时 a 进行自加（a++）是合法的。所以本例中++argv 是合法的。它的作用是使 argv 指针移到下一个元素。

 ## 9.11　指针数据小结

9.11.1　常用的指针类型变量归纳

到目前为止，已介绍了多种指针类型的数据。为使大家有一个比较全面而准确的了解，下面（以基本整型为示例）归纳一下各种有关指针类型数据的定义形式以及它们的含义。

（1）指向数据的指针

格式：`int *p;`

功能：定义变量 p 为一个指向整型数据的指针变量。

（2）指向一维数组的指针（行指针）

格式：`int (*p)[n];`

功能：定义变量 p 为一个指向含 n 个元素的一维数组的指针变量。

（3）指向函数的指针

格式：`int (*p)(形参列表);`

功能：定义变量 p 为一个指向函数的指针，该函数带回一个整型值。

（4）指向数据的指针数组

格式：`int *p[n];`

功能：定义一个指针数组 p，它包含 n 个元素，每个元素指向一个整型数据。

（5）返回指针的函数

格式：`int *p(形参列表);`

功能：定义函数 p 为返回一个指针的函数，该指针指向整型数据。

（6）指向指针的指针（形式一）

格式：`int **p;`

功能：定义变量 p 为一个指针变量，它指向一个指向整型数据的指针变量，即 p 是一个指向指针的指针。

（7）指向（行）指针的指针（形式二）

格式：`int (**p)[n];`

功能：定义变量 p 是一个指向另一个（行）指针变量的指针变量，被指向的（行）指针变量指向一个含有 n 个整型数据的一维数组。

9.11.2　指向 void 类型的指针

新的 ANSI C 标准允许使用空类型（void）指针，即不指定指针指向一个固定的类型。

格式：`void *p;`

功能：表示指针变量不指向一个确定类型的数据。它的作用仅仅是用来存放一个地址，而不能指向非 void 的变量。下面的写法是不对的：

`int *p1,i;`

```
void *p2;
p2=&i;                    //错
printf("%d",*p2);  //错
```

如果需要将&i值放在 p2 中，应先进行强制类型转换，使之成为"void *"类型。在将 p2 赋值给 p1 时，也应进行类型转换。例如：

```
p2=(void *)&i;
p1=(int *)p2;
printf("%d",(int)*p2);
```

也可以定义一个返回 void 类型的指针的函数：

```
void *p(int x,int y);
```

函数 p 带回的是一个"空类型"的地址。如果想在主调函数中引用此地址，也需根据需要进行强制类型转换。例如：

```
int a,b;
char *p;                    /*已定义指向字符数据的指针变量*/
void *f(int,int);          /*说明函数 f()的类型*/
    ...
p=(char*)f(a,b);          /*对 f()的返回值进行类型转换*/
    ...
```

利用 void 类型说明的指针，实际上可以事先指向任意类型的数据，而后根据需要，强制成相应的类型，从而增强了指针应用的灵活性和通用性。在今后的学习中，我们将逐步体会到。

课 后 练 习

1. 能否在程序中使用运算符"&"取某一个寄存器变量的地址？

2. 已知整型变量 y 及整型变量指针 p 指向整型变量 x，试解释并写出以下表达式的等价表达式：

（1）y=*p++;　　　（2）y=*++p;　　　（3）y=++*p;　　　（4）y=(*p)++;

3. 对于二维数组 a[3][4]，表达式 a 与 a+0、&a[0]、a[0]、&a[0][0]、*(a+0)、*a 均指向同一地址吗？表达式 a+2、a[2]、&a[2][0]、*(a+2) 是否也指向同一地址？试解释说明。

4. 对于二维数组 a[3][4]，表达式 a+i、&a[i]代表的是什么意思？它们是行地址还是列地址？

5. 对于二维数组 a[3][4]，表达式*a、*(a+0)、a[0]、&a[0][0]代表的是什么意思？它们是行地址还是列地址？

6. 对于二维数组 a[3][4]，表达式*(a+i)+j、a[i]+j、&a[i][j]代表的是什么意思？它们是行地址还是列地址？

7. 设有以下定义和语句：

```
int a[3][2]={{10,20},{30,40},{50,60}},(*p)[2];
p=a;
```

则*(*(p+2)+1)的值是什么？

8. 写一函数，其功能是交换两个变量 x、y 的值。编写程序实现对数组 a[100]、b[100]调用此函数，交换 a、b 中具有相同下标的数组元素的值，且输出交换后的 a、b 数组。

9. 编写函数，产生 30 个随机数到形参指定的数组中，任意指定位置 k，从第 k 个数开始依次后移 3 个位置。在主程序中输出移动前后的数组。

10. 编写函数，产生 30 个随机数到形参指定的数组中，删除该数组元素中的最大值。在主

程序中输出删除前后的数组。

11. 编写函数，产生 30 个[1,100]中的随机整数到形参指定的 5 行 6 列数组中，求其中最大值和最小值，并把最大值元素与右上角元素对调，把最小值元素与左下角元素对调。在主程序中输出重排前后的情况。

12. 编写函数，使其通过形参接收一个字符串，然后分别统计字符串中所包含的各个不同的字符及其各字符的数量并予以返回。用主程序测试，如输入字符串 abcedabcdcd，则输出：a=2 b=2 c=3 d=3 e=1。

13. 用指针作为函数的形式参数，编写字符串复制函数。

14. 用数组方案和指针方案分别编写函数 insert(s1,s2,f)，其功能是在字符串 s1 中的指定位置 f 处插入字符串 s2。

15. 编写一函数，其功能是：对一个长度为 N 的字符串从其第 K 个字符起，删去 M 个字符，组成长度为 N–M 的新字符串（其中 N、M≤80，K≤N），并在主程序中予以测试。

16. 用指针编写比较两个字符串 s 和 t 的函数 strcmp(s,t)。要求 s<t 时返回–1，s=t 时返回 0，s>t 时返回+1。

17. 使用指针方法从键盘上输入两个字符串，并对两个字符串分别排序；然后将它们合并，合并后的字符串按 ASCII 码值从小到大升序排序并删去相同的字符。

18. 将一个数的数码倒过来所得到的新数叫原数的反序数。如果一个数等于它的反序数，则称它为对称数。使用指针方法求不超过 1993 的最大的二进制的对称数。

19. 从命令行中输入两个字符串，判断后一个字符串是否是前一个字符串的子串。

第10章
结构体、共用体与枚举型

  C 语言中的数据类型非常丰富，到目前为止，已介绍过的数据类型有：简单变量、数组和指针。简单变量是一个独立的变量，它同其他变量之间不存在固定的联系；数组则是同一类型数据的组合；指针类型数据主要用于动态存储分配。可以说，它们各有各的用途。

  但在实际应用中常常会遇到这样的问题，要求把一些属于不同类型的数据作为一个整体来处理。举一个简单的例子，比如对一个学生的档案管理，需要将每个学生的姓名、年龄、性别、学生证号码、民族、文化程度、家庭住址、家庭电话等类型不同的数据列在一起。虽然这些数据均面向同一个处理对象——学生的属性，但它们却不属于同一类型。

  对于这个实际问题，采用以前掌握的数据类型还难以处理这种复杂的数据结构。如果用简单变量来分别代表各个属性，不仅难以反映出它们的内在联系，而且使程序冗长难读。用数组则无法容纳不同类型的元素。于是 C 语言提供了一种称之为"结构体"类型的数据，它是由一些不同类型的数据组合而成的，如表 10-1 所示。

表 10-1   学生信息数据类型

姓　　名	年　　龄	性　　别	学生证号	民　　族	文化程度	住　　址	电话号码
字符数组	整型	字符	长整型	字符	整型	字符数组	长整型

  其中，"文化程度"用上学年数来表示，如"12"表示高中毕业，"16"表示大学毕业。学生证号和电话号码因为都超过 32 767，故用 long 型。

  对于这样一个由不同类型数据组成的"复杂类型"，C 语言用下面的形式定义一个"结构体"类型。

```
struct person
  { char name[20];          /* 姓名 */
    int  age;               /* 年龄 */
    char sex;               /* 性别 */
    long num;               /* 学生证号 */
    char nat;               /* 民族 */
    int  edu;               /* 文化程度 */
    char addr[20];          /* 地址 */
    long tel;               /* 电话号码 */
  };
```

 10.1 结构体类型的基本知识

10.1.1 结构体类型的定义

前面定义了一个由不同类型的数据项组成的复合类型，用来表示表 10-1 所示的数据集合。既然它是由一些基本数据类型组成的，那么这种数据类型应属于"构造类型"，C 语言中称其为"结构体类型"。定义一个结构体类型的一般形式如下：

```
struct 结构体名
{    成员项列表   };
```

（1）一个结构体类型通常由两部分组成：第一部分是关键字 struct，第二部分称为"结构体名"，由程序设计者按标识符命名规则指定。这二者联合起来组成一个"类型标识符"，即"类型名"。

（2）结构体由若干个数据项组成，每一个数据项都是一种已有（或已定义过）的类型，称为某一结构体的成员（或称为"域"）。域与域之间用分号隔开。

（3）在结束结构体类型的定义时，不要忘写后花括弧的分号。

"结构体类型"不同于基本数据类型，其特点有：

（1）结构体类型中的成员不能认为是已定义的一些普通的数组和变量（如 name[20]、age、sex、num 等），而是某结构体类型（struct person）的成员名。在程序中，允许另外定义与结构体类型的成员同名的变量，它们代表不同的对象。比如下面的语句在 C 语言中是合法的。

```
struct person
{    ...
    int  age;        \*成员名*\
    char sex;        \*成员名*\
    ...
};
    int  age;        \*变量名*\
    char sex;        \*变量名*\
    ...
```

（2）结构体类型可以有千千万万种，这是与基本类型不同的。为什么这样说呢？如果程序中定义 i 为短整型变量，那么 i 必定占 2 个字节，并按定点形式存放。但如果定义 x 是结构体类型变量，则它由哪些数据项组成、占多少字节，就要视情况而定了。因此"结构体类型"只是一个抽象的类型，它只表示了"由若干不同类型数据项组成的复合类型"，程序中定义和使用的应该是具体的有确定含义的结构体类型。例如，上面定义的 struct person 就是一种特定的结构体类型。

（3）系统没有预先定义结构体类型，凡需使用结构体类型数据的，都必须在程序中自己定义。

（4）定义一个结构体类型，系统并不分配一段内存单元来存放各数据项成员。因为定义类型与定义变量是不同的，定义一个类型只是表示这个类型的结构，也就是告诉系统它由哪些类型的成员构成，各占多少个字节，各按什么形式存储，并把它们当作一个整体来处理。因此，定义类型是不分配内存单元的，只有在定义了某类型的变量以后，才实际占据存储单元。比如系统定义了 int、float 等类型，但并不具体分配内存单元，是对具体数据的"抽象"。一种类型只表明一种特征，如果以后定义某个变量为该类型，那么该变量占用的内存空间就应当具备这种特征。

10.1.2 定义结构体类型变量的方法

1. 定义结构体类型变量的几种方式

在定义一个结构体类型变量的时候，可以根据程序中的具体条件确定采用下面的定义方式之一。

（1）在定义了一个结构体类型之后，把变量定义为该类型。

```
struct 结构体名 结构体变量名;
```

定义了一个结构体类型后，可以多次用它来定义变量。例如：

```
struct person pupil,student;
```

该语句定义了两个变量——pupil 和 student，它们是结构体类型 struct person。注意 struct person 代表类型名(即类型标识符)，正如用 int 定义变量时，int 是类型名一样，此处的 struct person 相当于 int 的作用。但下面的书写是错误的：

```
struct pupil,student;         /*没有声明是哪一种结构体类型*/
person pupil,student;         /*没有关键字 struct，不认为是结构体类型*/
```

（2）在定义一个结构体类型的同时定义一个或若干个结构体变量。

```
struct 结构体名
{ 成员项列表; }变量名列表;
```

例如：

```
struct person
{   char name[20];            /* 姓名 20*/
    int  age;                 /* 年龄 4*/
    char sex;                 /* 性别 1*/
    long num;                 /* 身份证号码 4*/
    char nat;                 /* 民族 1*/
    int  edu;                 /* 文化程度 4*/
    char addr[20];            /* 地址 20*/
    long tel;                 /* 电话号码 4*/
}pupil,student;               /*合计占 58 个字节*/
```

在定义结构体类型的同时又定义了两个变量 pupil、student。如果需要，还可以再用此 struct person 定义其他变量。如：

```
struct person men,women;      /*再定义两个 struct person 类型的变量*/
```

（3）没有结构体类型名，直接定义结构体类型的变量。

```
struct
{ 成员项列表; }变量名列表;
```

例如：

```
struct
{   char name[20];            /* 姓名 */
    int  age;                 /* 年龄 */
    char sex;                 /* 性别 */
    long num;                 /* 身份证号码 */
    char nat;                 /* 民族 */
    int  edu;                 /* 文化程度 */
    char addr[20];            /* 地址 */
    long tel;                 /* 电话号码 */
```

C 语言程序设计

```
}pupil,student;                  /*合计占 58 个字节*/
```

此时把 pupil 和 student 两个变量直接定义为花括弧内的结构体类型。但由于没有定义此结构体类型的名字，因此不能再用此结构体类型来定义其他变量。比如下面的定义是非法的：

```
struct  men,women;
```

2. 定义结构体类型变量时应注意的问题

（1）当定义了变量 pupil 和 student 为结构体类型之后，这两个变量就具有 struct person 结构体类型的特征。也就是说，变量 student 不是一个简单变量，它的值也不是一个简单的整数、实数或字符等，而是由许多个基本数据组成的复合值。例如，student 的值可以是图 10-1 所示内容。

He Jing	22	W	123456	H	16	Anhui	7966901

图 10-1　student 的值

student 在内存中占连续的 58（int 占 4 个字节）个字节的存储空间。结构体变量占用内存的长度等于所有成员长度之和。

（2）在程序中可以用 sizeof 运算符测出一个结构体类型的数据长度。例如：

```
printf("%d\n", sizeof(struct person));
```

sizeof 后面的括弧内可以写类型名，也可以写变量名。譬如，该语句也可以写成：

```
printf("%d\n", sizeof(student));
```

（3）在定义一个结构体类型时，可以利用已定义的另一个结构体类型来定义其成员类型。例如：

```
struct date                      /*日期 */
{ int month;                     /*月 4 */
  int day;                       /*天 4 */
  int year;                      /*年 4 */
};                               /*定义了一个 struct date 类型 12*/
struct person1
{ char   name[20];               /* 姓名 20*/
  struct date birth;             /*birth 是一个结构体类型的成员 (出生)12*/
  char sex;                      /* 性别 1*/
  long num;                      /* 身份证号码 4*/
  char nat;                      /* 民族 1*/
  int  edu;                      /* 文化程度 4*/
  char addr[20];                 /* 地址 20*/
  long tel;                      /* 电话号码 4*/
};                               /*合计占 66 个字节*/
```

它的数据结构如图 10-2 所示。

name	birth			sex	num	nat	edu	addr	tel
[20]	month	day	year					[20]	

图 10-2　结构体类型 struct person 的数据结构

可以看出，struct date 作为一个结构体类型名，可以出现在结构体类型 struct person1 的定义中。也就是说，一个结构体的结构中可以嵌套另一个结构体的结构。这时，如果 student1 被定义为 struct person1 类型，它的值的形式可以如图 10-3 所示。

He Jing	12	15	1974	W	123456	H	16	Anhui	7966901

图 10-3 struct person1 型结构体变量 student1

student1 在内存中占连续的 66 个字节的存储空间。

10.1.3 结构体变量的初始化

结构体变量是可以初始化的。在过去的许多 C 版本中规定，结构体变量只有是全局变量或静态变量时，才可以进行初始化。但新的 C 版本已经没有这个限制。

1. 结构体初始化的形式之一

在定义结构体变量时初始化，常用下面的初始化形式：

```
struct person student=
          {"He Jing",22,'W',123456,'H',16,"Anhui",7966901};
```

> 🔔 **注意：**
> ① 在初始化时，初始值的类型、个数、顺序应当和结构成员的定义一致。
> ② 结构体变量初始化时，初始数据应按顺序用逗号隔开。

2. 结构体初始化的形式之二

在定义结构体结构及变量的同时对结构体变量初始化：

```
struct person
{ char   name[20];      /* 姓名 */
  int  age;             /* 年龄 */
  char sex;             /* 性别 */
  long num;             /* 身份证号码 */
  char nat;             /* 民族 */
  int  edu;             /* 文化程度 */
  char addr[20];        /* 地址 */
  long tel;             /* 电话号码 */
} student={"He Jing",22,'W',123456,'H',16,"Anhui",7966901};
```

3. 结构体初始化的形式之三

如果一个结构体类型内又嵌套另一个结构体类型，则初始化时仍然是对各个基本类型的成员给予初值。

```
struct person1 student1=
    {"He Jing",{12,15,1974},'W',123456, 'H',16,"Anhui",7966901};
```
            struct date 类型成员 birth 的初始值

4. 在结构体内部不能对各成员进行初始化

例如，下面的初始化形式是错误的：

```
struct person
{ char name[20]="He Jing";
  int  age=22;
  char sex='W';
  long num=123456;
  char nat='H';
```

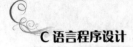
```
    int   edu=16;
    char addr[20]="Anhui";
    long tel=3941430;
}student;
```

10.1.4　结构体变量的引用

1. 引用结构体变量中某一成员

由于一个结构体变量就是一个整体，要访问它其中的一个成员，必须要先找到这个结构体变量，然后再从中找出它其中的一个成员。引用格式如下：

结构体变量名.成员名

例如，要访问前面定义的结构体变量 student 中的 num，应写成以下形式：

```
student.num
```

其中的圆点符号称为成员运算符，它的运算级别最高。因此下面两个表达式是等价的。

```
 student.num+100
(student.num)+100
```

如果在同一函数中又定义了一个 num 变量，系统在内存中另外分配给该变量新的存储单元。这个变量不在 student 范围之内，访问 num 也不必先访问 student。注意下面语句的区分：

```
student.num      /*结构体变量中的 num 成员*/
num              /*简单变量 num*/
```

在引用结构体变量中的一个成员时，应该注意下面几个问题：

（1）如果程序中有两个变量 pupil、student 均被定义为同一个结构体类型 struct person，为引用两个变量中的 num 成员项，应该分别用下面的形式引用：

```
pupil.num
student.num
```

它们代表内存中不同的存储单元，有不同的值。

（2）如果在一个结构体类型中又嵌套了另一个结构体类型，则访问某个成员时，应采取逐级访问的方法，直到得到所要访问的成员为止。例如，对表 10-3 所示的结构体变量，若想得到该学生的"出生年份"，可以用下面的形式予以访问：

```
student1.birth.year
```

而不能用下面的形式：

```
birth.year   或   student1.year
```

（3）可以对结构变量的成员进行各种有关的运算。对结构变量成员进行运算的种类，与相同类型的简单变量的运算种类完全相同。也就是说，结构成员可以同其他变量一样进行所有的赋值操作以及各项运算，只不过结构成员表示方法与一般变量不同而已。比如前面已经定义了结构体成员 student.num 的类型为 long 型，那么它就相当于一个 long 型的变量，凡对 long 型简单变量所允许的运算，对 student.num 同样适用。例如：

```
student.num=pupil.num;
student.num++;
sum=student.num+pupil.num;
```

2. 引用一个整体结构体变量

可以将一个结构体变量作为一个整体赋给另一个具有相同类型的结构体变量。

例 10-1 同类型结构体变量间的赋值。

```
struct date
{ int month;
  int day;
  int year;
};
struct pers
{ char name[20];
  struct date birth;
};
void main()
{ struct pers stu2,stu1={"Wang Li",{12,15,1974}};
  stu2=stu1;
  printf("student1:%s,%d/%d/%d.\n",stu1.name,
                                   stu1.birth.month,
                                   stu1.birth.day,
                                   stu1.birth.year);
  printf("student2:%s,%d/%d/%d.\n",stu2.name,
                                   stu2.birth.month,
                                   stu2.birth.day,
                                   stu2.birth.year);
}
```

视　频

结构体变量间
的赋值

运行情况如下：

```
student1:Wang Li,12/15/1974.
student2:Wang Li,12/15/1974.
```

在执行 stu2=stu1; 这个赋值语句时，将 stu1 变量中各个成员逐个依次赋给 stu2 中相应各个成员。显然，这两个结构体变量的类型应当相同才行。

在引用一个整体结构体变量的时候应注意以下几个问题：

（1）在 C 语言中，对于不同类型的结构体不允许相互赋值，即使它们的元素相同。例如：

```
struct man              struct woman
{ int   age;            { int   age;
  char  sex;              char  sex;
  }p1;                    }p2;
```

此时如果执行 p1=p2 的话，系统将会给出出错信息。

（2）可以把一个结构体变量中内嵌的结构体类型成员赋给另一个结构体变量的相应部分或与此内嵌结构类型成员的类型相同的变量。例如，在例 10.1 中下列语句是合法的：

```
stu2.birth=stu1.birth
```

或

```
struct date d1;
d1=stu1.birth;
stu2.birth=d1;
```

（3）应当说明的是，把一个结构体变量作为一个整体赋值给另一个结构体变量是 ANSI C 新标准的扩充功能，这在过去的 C 版本中是不允许的。

（4）即使新标准也不允许用赋值语句将一组常量直接赋给一个结构体变量。例如，下面语句不合法：

```
stu1={"Wang Li",{12,15,1974}};
```

10.1.5　结构体变量的输入和输出

1．结构体变量的输入/输出形式

在 C 语言中，结构体变量的输入与输出通常有以下几种形式。下面，结合一个具体的例子来分别予以介绍。例如，已定义一个结构体变量 stud：

```
struct
{ char name[15];
  char addr[20];
  long num;
}stud={"He Jing","Beijing",12345};
```

输出 stud 变量的方式：

（1）printf("%s,%s,%ld\n",stud.name,stud.addr,stud.num);

（2）puts(stud.name);

输入 stud 变量的方式：

（1）scanf("%s,%s,%ld\n",stud.name,stud.addr,&stud.num);

（2）gets(stud.name);

对于输入方式（1）来说，由于成员项 name 和 addr 是字符数组，按"%s"字符串格式输入时，写成下面的形式是错误的：

```
scanf("%s,%s,%ld\n",&stud.name,&stud.addr,&stud.num);
```

也可以用 gets()函数和 puts()函数完成结构体变量中字符数组成员的输入与输出，如方式（2）所示。

2．结构体变量输入/输出时应注意的问题

（1）C 语言不允许把一个结构体变量作为一个整体进行输入或输出的操作。

例如，下面的输入/输出语句是不允许的：

```
printf("%d\n",stud);
scanf("%d",&stud);
```

因为在用 printf()和 scanf()函数时，必须指出输出格式（用格式转换符），而结构体变量包括若干个不同类型的数据项，像上面那样用一个"%d"格式符来输出 stud 的各个数据项显然是不行的。

（2）同样，C 语言中也不允许用下面的形式来完成结构体变量的输入/输出操作。

```
printf("%s,%s,%ld\n",stud);
```

因为在用 printf()函数输出时，一个格式符对应一个变量，有明确的起止范围，而一个结构体变量在内存中占连续的一片存储单元，哪一个格式符对应哪一个成员往往难以确定其界限。

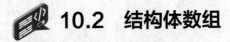

10.2　结构体数组

10.2.1　结构体数组的定义

1．结构体数组的引入

一个结构体变量只能存放一个对象（如一个学生的档案情况）的一组数据。如果要存放一个班（30人）学生的有关数据就要设30个结构体变量。例如：

```
struct person student1,student2,…,student30;
```

这样做显然是很不方便的，由此人们想到了数组。C语言允许使用结构体数组，即数组中每一个元素都是一个结构体变量。

2. 定义结构体数组的方法

定义结构体数组的方法与定义结构体变量的方法基本相类似（仅是多用了一对方括弧），可以采用以下3种方法之一。

（1）先定义结构体类型，再用它定义结构体数组。

```
struct STUD
{ char  name[20];
  long  num;
  int   age;
  char  sex;
  float score;
};
struct STUD stud[30];
```

以上定义了一个结构体数组stud，它有30个元素，每一个元素都是struct STUD类型。这个数组在内存中占连续的一段存储单元，数组中各元素的值如图10-4所示。

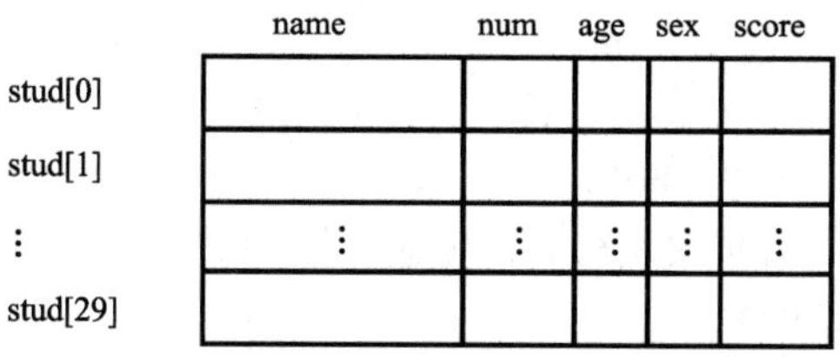

图 10-4 结构体数组 stud 各元素在内存中的存储状态

（2）可以在定义结构体类型的同时定义结构体数组。

```
struct STUD
{ char  name[20];
  long  num;
  int   age;
  char  sex;
  float score;
}stud[30];
```

（3）也可以直接定义结构体变量而不定义类型名。

```
struct
{ char name[20];
  long num;
  int age;
  char sex;
  float score;
}stud[30];
```

以上3种方法定义的效果是相同的。

10.2.2 结构体数组的初始化

1. 结构体数组的初始化方式

传统的 C 语言规定，只能对定义为外部的或静态的数组才能进行初始化。在初始化时，要将每个元素的数据分别用花括弧括起来。

结构体数组初始化的一般形式是在定义数组的后面加上 "={初始值列表};"。例如：

```
struct STUD stud[3]={{"Tom",10011,24,'M',65.7},
                     {"John",10012,22,'M',78.6},
                     {"Jaly",10015,21,'W',90.1}};
```

这样，在编译时将第一个花括弧中的数据送给 stud[0]，第二个花括弧内的数据送给 stud[1]，依此类推。

2. 结构体数组初始化时应注意的问题

（1）如果赋初值的数据组的个数与所定义的数组元素相等，则数组元素个数可以省略不写。例如上例可简化为：

```
struct STUD stud[]={{"Tom",10011,24,'M',65.7},
                    {"John",10012,22,'M',78.6},
                    {"Jaly",10015,21,'W',90.1}};
```

（2）如果提供的初始化数据组的个数少于数组元素的个数，则方括弧内的元素个数不能省略。例如：

```
struct STUD stud[3]= {{"Tom",10011,24,'M',65.7},
                      {"John",10012,22,'M',78.6}};
```

前二个元素按括号中的内容依次赋初值，其他元素，系统将对数值型成员赋以零，对字符型数据赋以 "空"（NULL），即'\0'。

10.2.3 结构体数组的引用

1. 结构体数组的引用形式

一个结构体数组的元素相当于一个结构体变量，因此前面介绍的关于引用结构体变量的规则也适用于结构体数组元素。例如，对于上面定义的 stud 结构体数组，可用以下形式引用某一元素 i 中的一个成员：

```
stud[i].num
```

这是序号为 i 的数组元素中的 num 成员。由于该数组已初始化，当 i=1 时则相当于 stud[1].num，其值为 10012。

2. 引用结构体数组时应注意的问题

（1）可以将一个结构体数组元素赋值给同一结构体类型的数组中另一个元素，也可以赋给同一类型的变量。例如，我们已经用下面的语句定义一个结构体数组 stud，它含有 3 个元素，同时定义一个结构体变量 stud1：

```
struct STUD stud[3],stud1;
```

那么下面的赋值语句都是合法的：

```
stud1=stud[0];
stud[0]=stud[1];
```

```
stud[1]=stud1;
```

（2）不能把结构体数组元素作为一个整体直接进行输入或输出，而只能以单个成员为对象进行输入/输出。例如，下面的输出输入语句是不合法的：

```
printf("%d",stud[0]);
scanf("%d",&stud[0]);
```

而只能以单个成员为对象进行输入和输出：

```
scanf("%s",stud[0].name);
scanf("%ld",&stud[0].num);
printf("%s,%ld,%d,%c\n",stud[0].name,
        stud[0].num,stud[0].age,stud[0].sex);
```

3. 引用结构体数组的举例

例 10-2 将键盘输入的有关学生的档案信息输出。

```
#include <stdlib.h>
#include <stdio.h>
struct STUD
{ char  name[20];
  long  num;
  int   age;
  char  sex;
  float score;
};
void main()
{ struct STUD stud[3];
  int i;
  char numstr[20];
  for(i=0;i<3;i++)
   { printf("\n输入第%d个学生的所有档案信息: \n",i+1);
     gets(stud[i].name);
     gets(numstr);stud[i].num=atol(numstr);
     gets(numstr);stud[i].age=atoi(numstr);
     stud[i].sex=getchar();getchar();
     gets(numstr);stud[i].score=atof(numstr);
   }
  printf("\n姓名   学号  年龄  性别  分数\n");
  for(i=0;i<3;i++)
    printf("%-20s%-8ld%-6d%-6c%-6.2f\n",stud[i].name,
        stud[i].num,stud[i].age,stud[i].sex,stud[i].score);
}
```

视 频

学生档案信息
输出

运行情况如下：

输入第1个学生的所有档案信息：
He Jing（回车）
96001（回车）
18（回车）
m（回车）
78.5（回车）

输入第2个学生的所有档案信息：
Han Meng（回车）

```
96002（回车）
19（回车）
w（回车）
82.5（回车）
```

输入第 3 个学生的所有档案信息：
```
Wu Xiao Ming（回车）
96003（回车）
18（回车）
m（回车）
77（回车）
```

姓名	学号	年龄	性别	分数
He Jing	96001	18	m	78.50
Han Meng	96002	19	w	82.50
Wu Xiao Ming	96003	18	m	77.00

分析：

（1）C 语言的标准函数库提供了以下一些转换函数。

● atoi()：将字符串转换为整数。

● atof()：将字符串转换为实数（双精度型，即 double 型）。

● atol()：将字符串转换为长整数。

使用这些函数时，应该在程序中用#include 命令将 stdlib.h 文件包含进去。

以函数 atoi()为例，atoi 的名字含意是"ASCII to integer"，因为字符在内存都是以 ASCII 代码存放的。atoi(numstr)的作用是将字符数组 numstr 中的字符串转换为整数。

（2）程序中定义了 stud 数组，它是 struct STUD 类型的。在每个循环中输入一个结构体数组元素的数据。对于字符数组 stud[i].name 来说，尽管 He Jing 之间有一空格，但仍然可以直接用 gets()函数输入到 stud[0].name 数组中；而采用"scanf("%s",stud[0],name);"输入时，遇输入的空格就认为字符串结束。在输入名字后，用 gets()函数读入一个数字字符串（"96001"），再把它用 atol()函数转换成 long 型后赋给 stud[0].num。再输入一个新字符串"18"到 numstr 中，转换为整型后赋给 stud[0].age。对性别 sex，由于只有一个字符，故用 getchar()函数直接输入。后面一个"getchar();"语句用来接收输入性别"m"后的"回车"符。然后再读入字符串"78.5"，转换成实型数据后送到 stud[0].score 中。后面两次循环的情况类似。

（3）在 printf()函数中，"%-20s"的作用是通知编译系统：按字符串格式输出，占 20 列，向左对齐（"-"号作用是"左对齐"），要注意如何使数据与标题行上下对齐。

10.3 结构体变量与函数

10.3.1 结构体变量作为函数参数

C 语言允许用结构体变量作为函数参数，即直接将实参结构体变量的各个成员的值全部传递给形参的结构体变量。不言而喻，实参和形参类型应当完全一致。

例 10-3 将例 10-2 中输出的功能用函数 list()实现。

```
#include <stdlib.h>
```

```
#include <stdio.h>
struct STUD
{ char   name[20];
  long   num;
  int    age;
  char   sex;
  float  score;
};
void list(struct STUD stud)
{ printf("%-20s%-8ld%-6d%-6c%-6.2f\n",stud.name,
         stud.num,stud.age,stud.sex,stud.score);
}
void main()
{ struct STUD stud[3];
  int i;
  char numstr[20];
  for(i=0;i<3;i++)
  { printf("\输入第%d个学生的所有档案信息: \n",i+1);
    gets(stud[i].name);
    gets(numstr);stud[i].num=atol(numstr);
    gets(numstr);stud[i].age=atoi(numstr);
    stud[i].sex=getchar();getchar();
    gets(numstr);stud[i].score=atof(numstr);
  }
  printf("\n 姓名   学号  年龄  性别  分数\n");
  for(i=0;i<3;i++)list(stud[i]);
}
```

视频

用输出函数实现学生档案信息的显示

运行情况同例 10-2。

分析：

（1）main()函数调用了三次 list()函数。注意 list()函数的形参是 STUD 类型的。实参 stud[i] 和其同一类型的。每调用一次 list()函数打印出一个 stud 数组元素的值。

（2）stud 在 main()函数中为数组名，在 list()函数中为结构体变量名，互不相干，不代表同一对象。

（3）程序中函数参数虚实结合情况如图 10-5 所示。图中给出某一次运行时的地址。可以看出，用结构体变量作函数时，数据传递仍然是"值传递方式"，形参单独开辟一段内存单元以存放从实参传过来的各成员的值。

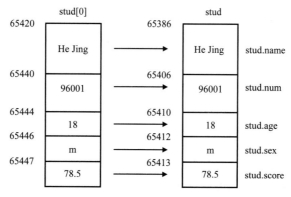

图 10-5　结构体类型函数参数的虚实结合情况

（4）实参 stud[i]中各成员的值能够完整地传递给形参，在函数 list()中可以使用这些值。

10.3.2 返回结构体类型值的函数

1. 结构体类型函数的定义

我们知道，一个函数可以带回一个函数值，这个返回值可以是整型、实型、字符型、指针型等。C 语言中也允许函数带回一个结构体类型的值，并可在表达式中赋值。返回结构体类型值的函数的一般形式如下：

```
struct 结构名 函数名（）
{ … }
```

在程序中调用结构型函数时，要求用于接受函数返回值的量必须是具有同样结构类型的结构变量。

2. 结构体类型函数应用举例

例 10-4 把例 10-3 中输入结构体数组元素的功能用函数 fun1()实现。

```c
#include <stdlib.h>
#include <stdio.h>
struct STUD
{ char  name[20];
  long   num;
  int    age;
  char   sex;
  float  score;
};
struct STUD fun1(void)
 { struct STUD stud;
   char numstr[20];
   printf("\输入学生的所有档案信息: \n");
   gets(stud.name);
   gets(numstr);stud.num=atol(numstr);
   gets(numstr);stud.age=atoi(numstr);
   stud.sex=getchar();getchar();
   gets(numstr);stud.score=atof(numstr);
   return(stud);
 }
void list(struct STUD stud)
 { printf("%-20s%-8ld%-6d%-6c%-6.2f\n",stud.name,
         stud.num, stud.age,stud.sex,stud.score);
 }
void main()
{ struct STUD stud[3];int i;
  for(i=0;i<3;i++) stud[i]=fun1();
  printf("\n 姓名   学号  年龄  性别  分数\n");
  for(i=0;i<3;i++)list(stud[i]);
}
```

视频

用输入/输出函数实现学生档案信息的显示

分析：

（1）程序的运行情况与例 10-3 是相同的。

（2）函数 fun1() 定义为 stuct STUD 类型，并在 main() 函数中对此函数作相应的类型声明。

（3）在 fun1() 函数的 return 语句中，将 stud 的值作为返回值。因此 stud 的类型与函数的类型一致。

（4）在 main() 函数中，将函数 fun1() 的值赋给 stud[i]，这二者的类型也是相同的。

（5）程序中有两个 stud 变量，它们是在不同函数中定义的，因此属于局部变量，各自代表一个变量，互无关系。应注意的是，类型定义在所有函数之前，但未定义外部变量，变量是在各函数中定义的，因此是局部变量。由于 struct STUD 写在所有函数之前，所以所有函数中都可以利用这个类型来定义自己所需的变量。

 ## 10.4 结构体变量与指针

10.4.1 结构体指针

1. 结构体指针变量的定义

可以定义一个指针变量指向一个结构体变量，结构体变量的指针指向的是这个结构体变量所占内存单元段的起始地址。其一般形式是：

```
struct 结构名  *指针变量名;
```

例如：`struct STUD  *p;`

经过定义后，指针变量 p 可以指向任何一个属于 struct STUD 类型的结构体变量。

2. 结构体指针的引用形式

当定义一个结构体指针变量后，在程序中就可以通过该指针变量引用结构体中的成员。在 C 语言中提供了两种引用形式。

（1）(*p).成员名。例如：`(*p).num`。

若 p 已指向某一结构体变量 stud，上面的引用形式表示通过指针变量 p 引用结构体变量 stud 中的 num 成员项。

> **📢 注意：**
>
> 不能写成 "p.num" 的形式，因为 p 是指针变量而非结构体变量。

（2）p->成员名。例如：`p->num`。

C 语言中常常用 "p->成员名" 代替 "(*p).成员名" 来引用结构体成员，它与第一种形式是完全等效的，但这种表示方法更加直观。"->" 运算符被称为指向运算符，它是由一个减号 "-" 和一个大于号 ">" 组合成的，优先级别最高，结合方向是从左到右。因此下面的表达式是等价的：

```
p->num+1 等价于 (p->num)+1
p->num++ 等价于 (p->num)++
```

3. 有关结构体指针用法的举例

例10-5 用结构体指针变量输出结构体变量中的各个成员数据。

```
#include <string.h>
struct STUD
{ char  name[20];
```

视 频

用结构体指针
输出各成员数
据

```
     long   num;
     int    age;
     char   sex;
     float  score;
};
void main()
{    struct STUD stud,*p=&stud;
     strcpy(stud.name,"Zhang Chi");
     stud.num=96001;stud.age=23;stud.sex='m';stud.score=75.5;
     printf("\n 姓名: %s\n 学号: %ld\n 年龄: %d"
            "\n 性别: %c\n 分数: %6.2f\n",(*p).name,
              (*p).num,(*p).age,(*p).sex,(*p).score);
}
```

运算结果如下：

姓名: Zhang Chi

学号: 96001

年龄: 23

性别: m

分数: 75.50

在程序中定义了指针变量 p 以后，还必须使这个指针指向一个具体的变量，p=&stud;语句的作用是将结构体变量 stud 的起始地址赋给 p，也就是使 p 指向了 stud，如图 10-6 所示。

图 10-6　用结构体指针输出结构体变量中的各个成员数据

可以将程序中的输出语句等效地改写为：

```
printf("\n 姓名: %s\n 学号: %ld\n 年龄: %d
        \n 性别: %c\n 分数: %6.2f\n", p->name,
              p->num,p->age,p->sex,p->score );
```

应当注意，既然 p 已定义为指向一个结构体类型的指针变量，那么它只能指向结构体变量而不能指向它其中的一个成员。例如，下面的语句在本程序中是不合法的：

```
p=&stud.num;
```

因为二者类型不匹配。尽管上面的语句在本程序中是不允许的，但 C 语言中是可以引用一个成员的地址的。若想将它赋给一个指针变量，应使该指针变量具有与该成员相同的类型。例如，下面的用法是合法的：

```
long *pt;
pt=&stud.num;
```

10.4.2　指向结构体数组的指针

前面学过，数组名可以代表数组的起始地址，同样结构体数组的数组名也可以代表结构体数组的起始地址。一个指针变量可以指向一个结构体数组，也就是将该数组的起始地址赋给此指针变量。

例如：

```
struct
{ int   a;
  float b;
}arr[3],*p;
```

194

```
p=arr;
```

此时，p 指向 arr 数组的第一个元素（见图 10-7）。若执行 p++；则指针的状况如图 10-7 中 p'所示，指针变量 p 此时指向 arr[1]。

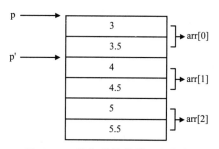

图 10-7 指向结构体数组的指针

例 10-6 将例 10-2 中的程序用指针变量实现。

```
#include <stdlib.h>
#include <stdio.h>
struct STUD
{ char  name[20];
  long   num;
  int    age;
  char   sex;
  float  score;
};
void main()
{ struct STUD stud[3],*p;
  int i;char numstr[20];
  for(i=0,p=stud;p<stud+3;p++,i++)                  /*输入 */
  { printf("\输入第%d个学生的所有档案信息: \n",i+1);
    gets(p->name);
    gets(numstr);p->num=atol(numstr);
    gets(numstr);p->age=atoi(numstr);
    p->sex=getchar();getchar();
    gets(numstr);p->score=atof(numstr);
  }
  printf("\n 姓名  学号  年龄  性别  分数\n");        /*输出 */
  for(i=0,p=stud;p<stud+3;p++,i++)
    printf("%-20s%-8ld %-6d %-6c %-6.2f\n",
           p->name,p->num,p->age,p->sex,p->score);
}
```

视频

用指针变量实现学生档案信息的显示

程序运行情况与例 10-2 是完全相同的。在本程序中只是用"p->成员名"代替"stud[i].成员名"。

10.4.3 用作函数参数的结构体指针

前面已经学习过把整个结构体变量直接传递给函数，但这种方式占用内存多，传递速度慢。而改用结构体指针来作为函数参数，则可以不额外占用内存，且传递速度有所提高。

例 **10-7** 将例 10-3 改用指针变量作函数参数。

```c
#include <stdlib.h>
#include <stdio.h>
struct STUD
{ char  name[20];
  long  num;
  int   age;
  char  sex;
  float score;
};
void list(struct STUD *pt)
 { printf("%-20s%-8ld%-6d%-6c%-6.2f\n",
          pt->name,pt->num,pt->age,pt->sex,pt->score);
 }
void main()
{ struct STUD stud[3];
  int i;char numstr[20];
  for(i=0;i<3;i++)
   { printf("\n输入第%d个学生的所有档案信息: \n",i+1);
     gets(stud[i].name);
     gets(numstr);stud[i].num=atol(numstr);
     gets(numstr);stud[i].age=atoi(numstr);
     stud[i].sex=getchar();getchar();
     gets(numstr);stud[i].score=atof(numstr);
   }
  printf("\n 姓名   学号  年龄  性别  分数\n");
  for(i=0;i<3;i++)list(&stud[i]);
}
```

视 频

用指针作函数参数实现学生档案信息的显示

程序运行情况与例 10-3 是完全相同的。其中，函数 list() 的形参变量 pt 是指向 struct STUD 类型结构体的指针。

当 main() 函数调用 list() 函数时，程序把实参 stud[i] 的地址传给形参变量 pt，也就是使指针变量 pt 指向数组元素 stud[i]。此时形参 pt 占有存储单元（一般为 2 个或 4 个字节）以存放地址，而没有开辟一个新的结构体变量，因此为系统节省了内存；而且由于只传递一个地址而不是传递所有成员值，因此虚实结合时花费的时间少，也就是说用指针作参数节省内存，节省时间。

函数的形参是指针变量 pt，而实参当然也可以是一个指针变量。所以语句：

`for(i=0;i<3;i++)list(&stud[i]);`

可改写为：

`for(p=stud;p<stud+3;p++)list(p);`

 **10.5 链　　表**

10.5.1 动态存储分配和链表的概念

1. 动态存储分配的引入

在实际应用中，我们会遇到这样一类问题：如为存储一个班级的学生档案信息，就需要定义一个数组，但如果事先并不能确定这个班级最终达到的人数，就目前而言，我们只能将数组定义得足够大，以便能容纳下全班的数据。显然，这种处理方法使程序缺乏灵活性，同时会浪费许多内存。

人们设想能否找到这样一种方法，根据需要临时分配内存单元以存放有用的数据，当数据不用时又可以随时释放存储单元。此后这些存储单元又可以用来分配给其他数据使用。

在前面的阐述中可知，如果一个变量被指定为全局变量，那么它在整个程序运行期间都占据存储单元，即使是自动变量和形参，其所在的函数执行期间，它所分配的存储单元也是不释放的。可见，定义灵活的变量类型并不是解决上面问题的有效途径。于是，人们提出了新的概念，即动态存储分配和链表（有关动态存储分配的具体内容这里并不展开来讲，详细内容可以参阅"数据结构"课程的有关内容）。

链表是能够解决这种问题的数据结构之一，本节将介绍有关链表的概念以及如何利用结构体变量和指针来实现链表的方法。

2. 链表的概念

所谓链表，是指若干个数据组（每一个数据组称为一个"结点"）按一定的原则连接起来的数据结构。这个原则是：链表中的前一个结点"指向"下一个结点，只有通过前一个结点才能找到下一个结点。这一点显然和数组不同，对数组元素的访问是随机的、无序的，每次可以任意指定下标，而不必顺序地访问。链表则不同，如图10-8表示了一个简单的链表。

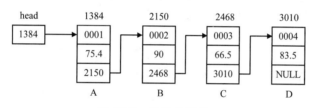

图 10-8　简单的链表

这个链表包含 4 个结点，每个结点中都包含一些有用的数据（这里的每个结点存放一个学生的学号和成绩）。在每个结点内都设置了一个指针项，它用来存放下一个结点的地址，从而使前一个结点与下一个结点之间建立了联系。换句话说，通过存放在前一个结点内的地址可以找到下一个结点的位置及其存放的数据。

既然这样，那么第一个结点的地址又存放在什么地方呢？ C 语言中是这样处理的：再设一个指针变量，用来存放第一个结点的地址，这个指针被称为"头指针"，一般以 head 命名，如图 10-8 所示，它的结构和一般结点是不同的，它不包含地址以外的数据。

链表最后一个结点的指针项不应指向任何一个结点，但又必须向这个指针赋值，于是系统将赋予 NULL。NULL 是一个符号常量，通常被定义为 0，也就是将 0 地址赋给最后一个结点中的地址项，表示最后一个结点不指向任何数据。

3. 利用链表实现动态存储分配

从链表的结构可以看到，它的各个结点在内存中并不是占连续的一片内存单元。各个结点可以分别存放在内存的各个位置，只要知道其地址，就能访问此结点。这是链表与数组的第二个不同之处。

如果想增加一个结点 B'到第二、三个结点（B 和 C）之间，那么只需将结点 B'中的地址指向结点 C，然后将结点 B 中的地址指向新结点 B'的地址即可，如图10-9所示。这样就使链表增加了一个结点，结点 B 指向新结点 B'，新结点 B'又指向结点 C，此时链表就具有 5 个结点。而且还可以根据需要不断增加结点。这就实现了动态存储分配。

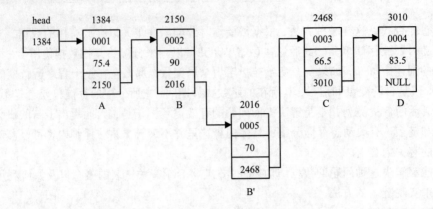

图 10-9　在链表中插入一个结点

　　如果想从已有的链表中删除一个结点，比如想将学号为 0003 的结点 C 删去，同样可以通过改变有关结点中的地址来实现。如图 10-10 所示，经过改变，结点 B'指向的下一个结点已不再是结点 C，而是结点 D 了。需要注意的是，由于结点 C 的地址项仍然指向结点 D，所以通过结点 C 也可以找到结点 D。但是结点 C 前头的"链"断开了，我们无法通过任何一结点与这个结点联系上。因此，结点 C 虽然存在，但已不在链表之中了。在链表中的结点顺序依次是 A→B→B'→D。

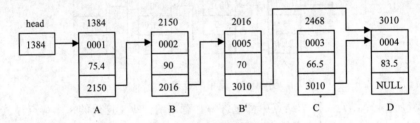

图 10-10　在链表中删除一个结点

10.5.2　用包含指针项的结构体变量构成结点

1. 链表的实现

从前面的学习中可以知道，链表中的每一个结点是由两部分组成的：

（1）对用户有用的数据，这是链表结点的实体部分，比如在图 10-10 中，每一结点中存放的学号和成绩。

（2）用来存放下一个结点地址的一个指针类型数据项。这是用来建立结点间联系的，也就是说用它来构成"链"。

用 C 语言来实现链表这种数据结构并不困难。实际上，用一个包含指向自身类型的指针变量可存放下一个结点地址。对于图 10-11 所示的结点，可以用下面定义的结构体类型实现。

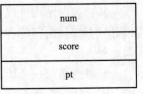

图 10-11　结点

```
struct stud_score
{
    long    num;
    float   score;
```

```
    struct stud_score *pt;
};
```

对于上面的结构体，其中 num 和 score 成员被用来存放每个学生的学号和成绩；pt 是指针变量，它指向 struct stud_score 类型的变量。这是什么意思呢？从图 10-8 中可以看到，结点 A 中的指针成员指向结点 B，结点 B 是什么类型呢？它与结点 A 同一类型。只有同一类型的结点才能形成链表。对上面这个具体例子来说，pt 本身属于一个 struct stud_score 类型的指针变量，它指向的必定也是 struct stud_score 类型的结点。

可以用下面的方法建立一个简单的链表：

```
struct stud_score stud1,stud2,stud3,*head;
stud1.num=0001;   stud1.score=75.4;⎫
stud2.num=0002;   stud2.score=90;  ⎬ 给三个结点赋予学号和成绩
stud3.num=0003;   stud3.score=66.5;⎭
head=&stud1;
stud1.pt=&stud2;⎫
stud2.pt=&stud3;⎬ 形成链表
stud3.pt=NULL;  ⎭
```

在建立链表的过程中，程序员不必具体知道每个结点中 pt 的值，只要将需要链入的下一结点的地址赋给它即可。而系统在对程序编译时，对每一个变量都分配了确定的地址。把&stud2 赋给 stud1.pt 就是将 stud2 结点链到 stud1 后面（即将 stud2 结点的地址存放到 stud1.pt 指针变量中），注意，head 不是一个结构体变量，而只是一个指向结构体变量的指针变量。用上面语句组建的链表如图 10-12 所示。

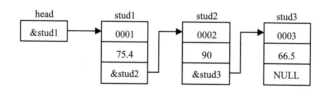

图 10-12　含有头指针的链表

2. 链表的引用

如果在程序中想要引用结点中的数据信息，比如以上面建立的链表为例，为了输出各个结点的学号和成绩，通常有以下两种方法：

（1）直接法。例如，为了输出上面链表中 stud1 的学号和成绩，可以直接用 studl.num 和 studl.score 实现。

（2）间接法。即通过链表中的指针成员来间接访问每个结点的数据。例如，如要引用 stud1 中的内容，可以通过头指针 head 来实现，即：

```
head->num          head->score
```

如要引用 stud2 中的内容，可以用下面的形式：

```
stud1.pt->num       stud1.pt->score
```

以上的方法虽然也能实现简单的链表结构，但它必须在程序中事先定义确定个数的结构体变量（结点），这就缺乏灵活性，而且所有结点都自始至终占据内存单元，而不是动态地进行存储分配。因此，实际上很少用这种办法来构成链表。而为了能动态地开辟和释放内存单元，就要用到 C 标准库中的 malloc()和 free()函数。

10.5.3　内存动态分配函数

C语言要求各C编译版本提供的标准库函数中应包括动态存储分配的函数,它们是:malloc()、calloc()、free()和realloc()。

1. malloc()函数

格式: `void *malloc(unsigned int size);`

功能: 在内存中开辟指定大小(size)的存储空间,并返回此存储空间的起始地址。

说明: 形参 size 指定存储空间的大小。函数值为指针(地址),这个指针是指向 void 类型的,也就是不规定指向任何具体的类型。如果想将这个指针值赋给其他类型的指针变量,应当进行显式转换(强制类型转换)。

例如,可以用 malloc(8)(见图 10-13)来开辟一个长度为 8 个字节的内存空间,如果系统分配的此段空间的起始地址为 1268,则 malloc(8)的函数返回值为 1268。返回的指针值为 void 型,如果想把此地址赋给一个指向 long 型的指针变量 p,则应进行以下显示转换:

`p=(long *)malloc(8);`

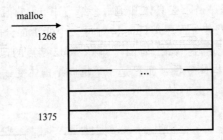

图 10-13　用 malloc(8)开辟一个长度为 8 个字节的内存空间

> **注意:**
> ① 应当指出,指向 void 类型是标准 ANSI C 建议的,但现在使用的许多 C 系统提供的 malloc()函数,其返回的指针是指向 char 型的,即其函数模型为:
> `char *malloc(unsigned int size);`
> ② 在使用指向 char 型的函数返回指针,并将它赋给其他类型的指针变量时,也应进行类似的强制类型转换。因此对程序设计者来说,无论函数返回的指针是指向 void 还是指向 char 型,用法是一样的。
> ③ 如果内存缺乏足够大的空间进行分配,则 malloc()函数返回值为"空指针",即地址为 0(或 NULL)。

2. calloc()函数

格式: `void *calloc(unsigned int num,unsigned int size);`

功能: 在内存中开辟若干(num)个指定大小(size)的存储空间,并将分配的单元清零,返回该空间的首地址。

说明: 该函数有两个形参 num 和 size,它们的作用是分配 num 个大小为 size 字节的空间。与 malloc()函数的不同之处在于,本函数把内存中分配的各单元清 0。

例如,可以用 calloc(10,20)开辟 10 个,每个大小为 20 字节的空间,即总长为 10×20=200 字节。此函数返回值为该空间的首地址。

3. free 函数

格式: `void free(void *ptr);`

功能: 在内存中释放（ptr）指定的存储空间。

说明: 该函数将指针变量 ptr 指向的存储空间释放，即交还给系统，系统可以重新分配这部分存储空间。使用该函数时应注意，ptr 值不能是任意的地址，而只能是由程序中执行过的 malloc() 或 calloc() 函数所返回的地址。free() 函数无返回值。

例如，可以用下面的操作释放由 malloc() 函数定义的存储空间。

```
p=(long*)malloc(8);
...
free(p);
```

它把原先开辟的 8 个字节的空间释放。虽然 p 是指向 long 型的，但可以传给指向 void 型的指针变量 ptr，系统会使其自动转换。

4. realloc() 函数

格式: `void *realloc(void *ptr,unsigned int size);`

功能: 改变已分配空间的大小，即重新分配。

说明: 该函数将 ptr 指向的存储区（原来由 malloc() 函数分配）的大小改为 size 个字节。使原先的分配区扩大或缩小。函数返回值是新的存储区的首地址，新的首地址不一定与原来的首地址相同，因为为了增加空间，在存储区会进行必要的移动，而原来存储的内容将尽量保留。

C 语言中要求，在使用动态分配函数时，要用#include 命令将 stdlib.h 文件包括进来，在 stdlib.h 文件中包含着动态分配函数的有关信息。在目前使用的一些 C 系统中，有的用的是 malloc.h 而不是 stdlib.h。在使用时请注意本系统的规定。有的系统则不要求包括任何"头文件"。

10.5.4 链表应用举例

利用结构体数组来存放学生的档案信息是静态存储方法，浪费内存空间，现在改用链表来处理，每一结点中存放一个学生的数据。

1. 链表的建立和输出

例 **10-8** （正向建立链表）链表中从链头至链尾的结点排列顺序和数的输入顺序相同。

利用链表结构建立一个学生档案管理程序。该程序应提供以下功能:

（1）当系统提问时，若回答 "E" 或 "e"，则表示要输入新的记录。

（2）当回答 "L" 或 "l" 时，表示将已有的学生档案记录打印出来。

（3）如输入此 4 个字符之外的字符表示使程序终止。

程序如下:

```c
#include <stdlib.h>
#include <stdio.h>
struct stud
{ char    name[20];
  long    num;
  int     age;
  char    sex;
  float   score;
```

视 频

正向建链实现学生档案管理程序

```
      struct stud *pt;
};
struct stud *head,*xthis,*xnew;
void fun1(void)                      /*数据链入尾结点*/
{ char numstr[20];
  /*开辟新的结点以存放输入的新信息*/
  xnew=(struct stud *)malloc(sizeof(struct stud));
  if(head==NULL) head=xnew;          /*如果 head 为空，将 xnew 指针内容赋予 head*/
  else                               /*如果 head 不空，使 xnew 链接在 head 的尾端*/
  { xthis=head;
    while(xthis->pt!=NULL)xthis=xthis->pt;    /* xthis 指向链表尾结点*/
    xthis->pt=xnew;                           /*在尾结点链入新结点 xnew*/
  }
  xthis=xnew;                        /*增加结点并输入数据*/
  printf("\n 键入姓名: ");gets(xthis->name);
  printf("\n 键入学号: ");gets(numstr);xthis->num=atol(numstr);
  printf("\n 键入年龄: ");gets(numstr);xthis->age=atoi(numstr);
  printf("\n 键入性别: "); xthis->sex=getchar(); getchar();
  printf("\n 键入分数: ");gets(numstr);xthis->score=atof(numstr);
  xthis->pt=NULL;                    /*新结点为尾结点 xthis->pt 指针域置空*/
}
void fun2(void)    /* 打印输出头指针 head 所指向的链表各结点内容*/
{ int i=0;
  if(head==NULL){printf("\n 空表\n"); return;}
  xthis=head;                        /*使 xthis 指向第一个结点*/
  do
  { printf("\n 记录号%d\n",++i);
    printf("姓名: %s\n",xthis->name);
    printf("学号: %ld\n",xthis->num);
    printf("年龄: %d\n",xthis->age);
    printf("性别: %c\n",xthis->sex);
    printf("分数: %6.2f\n",xthis->score);
    xthis=xthis->pt;
  }while(xthis!=NULL);               /*打印完最后一个结点后结束循环*/
}
void main()
{ char ch;int flag=1;
  head=NULL;
  while(flag)
  { printf("\n 需要输入新的记录键入 E 或 e，需要输出所有记录键入 L 或 l: ");
    ch=getchar();getchar();
    switch(ch)
    {  case 'e':
       case 'E':fun1();break;
       case 'l':
       case 'L':fun2();break;
       default :flag=0;
    }                                /*结束 switch 结构*/
  }                                  /*结束 while 结构*/
}
```

运行情况如下：

需要输入新的记录键入 E 或 e，需要输出所有记录键入 L 或 l：e（回车）

键入姓名：Tom（回车）

键入学号：0001（回车）

键入年龄：18（回车）

键入性别：m（回车）

键入分数：65.5（回车）

需要输入新的记录键入 E 或 e，需要输出所有记录键入 L 或 l：e（回车）

键入姓名：Mary（回车）

键入学号：0002（回车）

键入年龄：17（回车）

键入性别：f（回车）

键入分数：75.5（回车）

需要输入新的记录键入 E 或 e，需要输出所有记录键入 L 或 l：l（回车）

记录号 1

姓名：Tom

学号：0001

年龄：18

性别：m

分数：65.5

记录号 2

姓名：Mary

学号：0002

年龄：17

性别：f

分数：75.5

需要输入新的记录键入 E 或 e，需要输出所有记录键入 L 或 l：（回车）

分析：

程序由 fun1()、fun2() 和 main() 三个函数组成的。其中，fun1() 函数用来新增加一个结点，fun2() 函数用来打印输出已有的全部结点中的数据。

从 main() 函数前的外部定义部分可以看到，本程序没有定义数组，而是定义了三个全局结构体指针变量 head、xthis、xnew，用它们来处理链表结点间的联系。下面按照程序执行的顺序逐步分析这个程序的结构。

（1）在 main() 函数中先使头指针 head 的值为 NULL，也就是链表中开始是"空"的，如图 10-14（a）所示。

（2）如果输入"e"或"E"，就执行 fun1() 函数。下面着重分析如何将一个新结点插入链表中。如果开辟新结点，就需要调用 malloc() 函数，用表达式 sizeof(struct stud) 来测出每个结点的长度，这样用以下语句：

```
xnew=(struct stud*)malloc(sizeof(struct stud));
```

就能开辟一个 struct stud 类型的结点，它是一个结构体变量，但没有为它定义变量名。执行上面语句后，就把新结点的地址赋予指针变量 xnew，即指针 xnew 指向新开辟的结点，如图 10-14（b）所示。

（3）在第一次调用 fun1() 函数时，head 的值为 NULL，此时应将新结点链接在头指针 head 之后，head=xnew，就是使 head 指向新结点。如图 10-14（c）所示。接着执行 xthis=xnew，从而使 xthis 指向当前插入的结点。

（4）接着就可以向新结点输入数据，如图 10-14（d）所示。最后使 xthis->pt 为 NULL，也就是使这个结点不再指向其他结点。

图 10-14（a） 指针
head 的值为 NULL

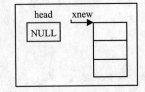

图 10-14（b） 指针 xnew 指向
新开辟的结点

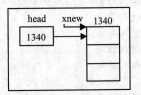

图 10-14（c） 使 head
指向新结点

（5）如果是第二次输入 "e" 或 "E"，此时再进入 fun1()函数时，初始状况如图 10-14（d）所示。这时再开辟一个新结点，如图 10-14（e）所示，xthis=head 的作用是使 xthis 指向第一个结点（每次都使 xthis 从第一个结点开始，一个一个结点往后找），然后在 while 循环中判断 xthis->pt 的值是否为 NULL，如果其值是 NULL 结束循环，表示 xthis 所指结点为尾结点（见图 10-14（e）），新结点应加在该结点之后，故执行 xthis->pt=xnew，即把新结点的地址赋给 xthis 所指的结点中的 pt 项，也就使 xthis 所指的结点指向新结点，具体的情况如图 10-14（f）所示。

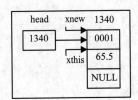

图 10-14（d） 向新结点输入数据

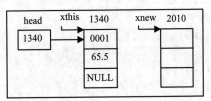

图 10-14（e） 再开辟一个新结点

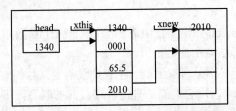

图 10-14（f） 使 xthis 所指的结点指向新结点

（6）然后再将指针 xnew 的值赋给指针 xthis，即 xthis 也指向 xnew 所指向的结点，然后就可以输入第二个结点的数据，并使 xthis->pt 为 NULL，如图 10-14（g）所示。

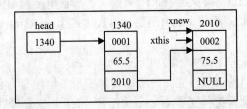

图 10-14（g） xthis 也指向 xnew 所指的结点

（7）当又增加新的结点时，再次进入 fun1()函数。然后先用 malloc()函数来开辟新结点，如图 10-14（h）所示。

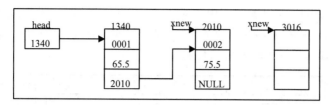

图 10-14（h） 又增加新的结点时，先用 malloc 函数开辟新结点

（8）由于头指针 head 值不为 NULL，所以程序会执行 if 语句的 else 部分，使指针 xthis 指向第一个结点，如图 10-14（i）所示。

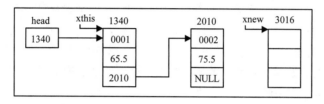

图 10-14（i） 由于头指针 head 值不为 NULL，指针 xthis 指向第一个结点

（9）当进入 while 循环后，由于此时 xthis->pt 不是 NULL，因而程序执行 xthis=xthis->pt，它的作用是把 xthis 所指向的下一结点的地址赋给 xthis。例如，开始时 xthis->pt 值为 2010，把 2010 赋给 xthis，因此 xthis 也就指向 2010 开始的结点，就是使 xthis 后移一个结点，xthis 由原来指向第一个结点改为指向第二个结点了，如图 10-14（j）所示。

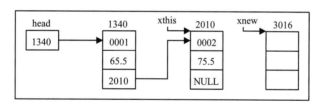

图 10-14（j） 进入 while 循环后，xthis 指向第二个结点

（10）此时 xthis->pt=xnew 值已是 NULL 了，不再执行循环体，如果原有结点数较多，则 while 循环使 xthis 一次一次地后移，直到指向最后一个结点为止（此时 xthis->pt 值为 NULL）。然后，程序接着执行 xthis->pt=new，把新结点链入最后一个结点之后，然后使 xthis 指向新结点并输入数据，最后使 xthis->pt 为 NULL。具体如图 10-14（k）所示。

如果继续增加新结点，情况类似，新结点都加在最后。

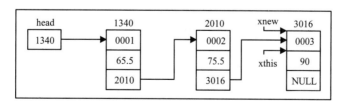

图 10-14（k） 使 xthis 指向新结点并输入数据，最后使 xthis->pt 为 NULL

（11）如果在 main() 函数中，输入 "L" 或 "l"，表示要输出链表中已有全部结点。调用 fun2() 函数。在 fun2() 函数中先判断是否为 "空表"（如果 head 值为 NULL，表示链表中无任何有效结点），如果是 "空表" 则输出 "空表" 信息，然后结束函数调用。如果不是空表，就先使 xthis 指向第一个结点（xthis=head），输出此结点中数据。如图 10-14（1）所示。然后执行 xthis=xthis->pt，使 xthis 后移一个结点，再输出 xthis 当前指向的结点中数据，如此不断输出，直到输完最后一个结点中的数据为止（此时指针 xthis==NULL）。

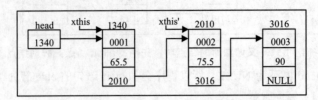

图 10-14（1）　先使 xthis 指向第一个结点，输出此结点中数据

通过上面例子，初步了解了设计一个动态存储分配程序的方法。程序中实际上只涉及最简单的链表，即单向链表，C 语言中还允许定义双向链表、环形链表等，可以参考有关数据结构的书籍。程序中对单向链表的处理只是顺序增加新结点（放到整个链表最后），其实也可以插入到中间某一位置，也可以从链表中删除某一个结点等。

例 10-9　（反向建立链表）输入一批整数，以 0 结束，将它们建成一个链表（0 不包含在链表内），使链表中从链头至链尾的结点排列顺序正好和数的输入顺序相反，最后输出整个链表。

源程序如下（请结合前面内容自行分析）：

```
#include <stdio.h>
#include <stdlib.h>
struct intnode
{ int data;
   struct intnode *next;
};
int main()
{ int n;
   struct intnode *head, *p;
   head=NULL;                              /*建立链表*/
   printf("input numbers end of 0\n");
   do
   { scanf("%d",&n);
     if(n)
     { p=(struct intnode *)malloc(sizeof(struct intnode));
       p->data=n;
       p->next=head;
       head=p;  }
   }while(n);
   p=head;                                 /*输出链表*/
   while(p!=NULL)                          /*或为 while(p)*/
   { printf("%6d",p->data);p=p->next;}
}
```

视频
反向建立链表

若输入：

84　76　91　99　64　0

输出为：

64　99　91　76　84

2. 删除链表的一个结点

假定要删除链表中 data 域值为 x 的一个结点,删除链表中一个指定结点的操作需要用两个临时指针,一个是遍历指针 p,另一个用于记住遍历过程中 p 的上一个结点的指针 q,以使由于删除一个结点而生成两段的链连接在一起,删除链表结点的步骤为:

(1)遍历链表,查找被删除结点的位置 p。

(2)从链表中删去指向的结点。

(3)向系统交回被删除结点占用的存储空间(用 free(p)语句释放 p 所指向的存储区)。

例 10-10 写一个函数,删除结点为 intnode 结构的链表中一个值为 x 的元素。

源程序如下(请结合前面内容自行分析):

视 频

删除链表的一个结点

```c
#include <stdio.h>
#include <stdlib.h>
struct intnode
{ int data;
  struct intnode *next;
};
struct intnode *deletenode(struct intnode *head, int x)      /*
删除结点*/
{ struct intnode *p=head,*q=head;
  while(p->data!=x && p->next!=NULL){q=p;  p=p->next;}      /*查找删除结点*/
  if(p->data==x)
  { if(p==head) head=p->next;          /*改变头指针内容*/
    else   q->next=p->next;            /*q 为被删结点 p 的前一个结点位置指针*/
    free(p);                           /*释放结点 p 占用的空间*/
  }
  return head;                         /*返回头指针*/
}
struct intnode *creater( struct intnode *headp)              /*正向建立链表*/
{ int n;
  struct intnode *p,*tail;
  printf("input numbers end of 0:\n");
  scanf("%d",&n);
  while(n)
  { p=(struct intnode*)malloc(sizeof(struct intnode));
    if(headp==NULL){ headp=p;tail=p;}
    else{tail->next=p; tail=p;}
    p->data=n;p->next=NULL;
    scanf("%d",&n);
  }
  return headp;
}
int main()
{ struct intnode *head,*p;
  head=NULL;
  head=p=creater(head);
  while(p!=NULL){printf("%6d",p->data);p=p->next;}
  printf("\n");
  head=p=deletenode(head,4);                               /*删除数据为 4 的结点*/
  while(p!=NULL){printf("%6d",p->data);p=p->next; }
}
```

3. 在链表中插入一个结点

例 10-11 写一个函数 insertnode()，在一个已存在的（不为空）升序链表中插入一个值为 x 的结点，设链表的结点为 intnode 结构。

源程序如下（请结合前面内容自行分析）：

```
void insertnode(struct intnode *head, int x)
{  struct intnode *xnew, *q, *p;
   xnew=(struct intnode *)malloc(sizeof(struct intnode));
   xnew->data=x;
   p=head;
   while(x>p->data && p->next!=NULL){q=p; p=p->next; }
   if(x<=p->data)
      if(p==head){xnew->next=head;  head=xnew;  }
      else{xnew->next=p;  q->next=xnew; }
   else{xnew->next=NULL;  p->next=xnew; }
}
```

视 频

在链表中插入
结点

下面是它的测试程序：

```
int main()
{ struct intnode *head,*p;
  head=NULL;
  head=p=creater(head);          /*正向建立链表*/
  while(p!=NULL){printf("%6d",p->data);p=p->next;}
  printf("\n");
  insertnode(head, 6);           /*插入一个数据为 6 的结点*/
  p=head;
  while(p!=NULL){printf("%6d",p->data);p=p->next;}
}
```

4. 链表的特点

（1）链表与数组相比，两者都可以用来存储数据，但数组所占的内存区大小是固定的，而链表则不固定，是可以随时增减的。数组占连续一片内存区，而链表则不同，它靠指针指向下一个结点，各结点在内存中的次序可以是任意的。

（2）要进行动态开辟单元，必须用 malloc()或 calloc()函数，所开辟的结点是结构体类型的，但无变量名，只能用指针方法间接访问它。

（3）对于单向链表中结点的访问，只能从"头指针"（即本程序中的 head 变量）开始。如果没有"头指针"，就无法进入链表，也无法访问其中各个结点。对单向链表中结点的访问只能顺序地进行，如同链条一样，一环扣一环，先找到上一环才能找到下一环。单向链表中最后一个结点中的指针项必须是 NULL，也就是不指向任何结点。

（4）如果断开链表中某一处的链，则其后的结点都将"失去联系"，它们虽然在内存中存在，但无法访问到它们。

10.6　枚举类型数据

10.6.1　枚举类型的概念

枚举类型是 ANSI C 新标准增加的数据类型。如果一个变量只有几种可能的值，可以定义为枚举类型。

　　所谓"枚举"类型，是指这种类型变量的值只能是指定的若干个名字之一，也就是说将变量的值一一列举出来，变量的值只限于列举出来的值的范围内。

　　在 C 语言中，用关键字 enum 定义枚举类型。

10.6.2　枚举类型和枚举变量的定义

　　1. 枚举类型的定义

　　枚举类型的定义格式如下：

　　enum 枚举类型名{枚举常量1,枚举常量2,…,枚举常量n};

　　例如：enum color_type{red,yellow,blue,white,black};

　　说明：

　　（1）enum 是关键字，标识枚举类型。定义枚举类型时必须以 enum 开头。

　　（2）定义枚举类型时，花括弧中的一些名字（如 red、yellow 等）称为枚举常量，或枚举元素。枚举常量是由程序设计者自己指定的，定名规则与标识符相同。

　　2. 枚举变量的定义

　　枚举变量的定义格式如下：

　　enum 类型标识符 枚举变量名列表;

　　例如：enum color_type color_one;

　　说明：

　　（1）只有在先定义了枚举类型后，才可以定义枚举变量。注意：在定义枚举变量时，enum 关键字是不能少的。

　　（2）变量 color_one 的属性是枚举类型 enum color_type，因此它的值只能是 red、yellow、blue、white、black 五者之一。

　　（3）可以采用下面的语句向变量 color_one 赋值：

　　color_one=red;

　　color_one=white;

　　但下面的赋值操作是非法的：

　　color_one=green;

　　color_one=orange;

因为变量 color_one 的所有可能的值中不包含 green 及 orange。

　　3. 可以在定义枚举类型的同时定义枚举变量

　　其形式为：enum 枚举类型标识符{成员表列}枚举变量名列表;

　　例如：enum color_type{red,yellow,blue,white,black}color_one,color_two;

　　4. 也可以不定义枚举类型而直接定义枚举变量

　　其形式为：enum {成员表列}枚举变量名列表;

　　例如：enum{red,yellow,blue,white,black}color_one,color_two;

10.6.3　有关枚举常量的说明

　　（1）枚举常量并无固定的含义，它只是一个符号，程序设计者仅仅为了提高程序的可读性才

使用这些名字。

（2）既然是枚举常量，它的值自然是不可改变的。因此任何试图向枚举常量赋值的操作都是错误的，同样也不能以字符串的格式进行输入或输出。例如，下面的语句是非法的：

```
red=3;
printf("%s",red);
```

（3）枚举常量的值是一些整数，在定义了枚举类型 color_type 后，系统会自动从花括弧中第一个枚举常量 red 开始依次赋予 0,1,2,3,4。可以输出：

```
printf("%d",blue);
```

此时输出的值为 2。

（4）尽管枚举常量有默认的固定整数值，但不允许在定义枚举类型时就直接写成：

```
enum color_type{0,1,2,3,4};
```

（5）可以在定义类型的同时对枚举常量指定初始值。例如：

```
enum color_type{red=3;yellow,blue,white=8,black};
```

经过上面的指定之后，red 的值为 3，yellow 的值为 4，blue 的值为 5，white 的值为 8，black 的值为 9。这是因为，red 的值为 3，则位于其后的 yellow 的值就顺序加 1，同理 black 的值为 9。

（6）枚举变量间可进行比较。比较时是按它们所代表的整数值进行的。例如：

```
if(color_one==red)  printf("red");
if(color_one!=black)printf("no black");
if(color_one>while) printf("black");
```

（7）一个枚举变量的值只能是这几个枚举常量之一。可以将一个整形常量值赋给一个枚举变量，但将一个超出范围的整数值赋给它是无意义的。

例 10-12 枚举变量的赋值与比较。

```
#include <stdio.h>
enum{red,yellow,blue,white,black}color_one,color_two;
void main()
{   color_one=black;
    color_two=4;                      /*同 black*/
    if(color_one==4)    printf("OK1");
    if(color_two==black)printf("OK2");
    color_one=25;                     /*无意义，但可以输出它的值*/
    printf("%d\n", color_one);
}
```

枚举变量的赋值与比较

程序中枚举变量 color_one、color_two 有效的数据范围是 0 ~ 4，所以将 25 赋给 color_one 是无意义的，但可以输出它的值，也可以参加相应的整数运算，实际上枚举变量相当于整型变量，请看例 10.13。

10.6.4 有关枚举类型的举例

例 10-13 枚举变量与整型变量的比较。

```
#include <stdio.h>
enum color{red=-2,yellow,blue,white=4,black};
void main()
{ enum color x;
  printf("%d\n",sizeof(x));
```

枚举变量与整型变量的比较

```
    for(x=red; x<=black; x++)printf("%3d",x);
}
```
输出结果：
```
4
-2 -1  0  1  2  3  4  5
```

从输出结果来看，枚举变量占用内存的长度为 4 个字节，与基本整型变量 int 相同。在循环中输出的也不仅仅是几个枚举常量 red,yellow,blue,white,black 的值，它实际相当于如下的循环：

```
for (x=-2; x<=5; x++)printf("%3d",x);
```

 10-14 利用枚举类型依次输出各种颜色的单词。

```
#include <stdio.h>
enum color_type{red,yellow,blue,white,black};
void main()
{  enum color_type color_one;
   for(color_one=red;color_one<=black;color_one++)
   switch(color_one)
   {  case red:   printf("red ");break;
      case yellow:printf("yellow ");break;
      case blue:  printf("blue ");break;
      case white: printf("white ");break;
      case black: printf("black");break;
   }
}
```

视　频

利用枚举类型
依次输出各颜
色的单词

程序中，color_one 作为循环变量，它的值是枚举常量。color_one++表示顺序变化，由 red 变成 yellow、由 yellow 变成 blue……

此外，在 switch 结构中，根据 color_one 的当前值由程序输出事先指定的字符串。当然也可以输出其他任意指定的字符串。

10.7　共同体类型数据

10.7.1　共同体的概念

1. 共同体的引入

常常遇到这样的问题：为了使用方便，需要将几种不同类型的变量存放到同一段内存单元中，比如把一个短整型变量、一个字符型变量和一个实型变量放在同一个地址开始的内存单元中，如图 10-15 所示。尽管这三个变量在内存中占有的字节数不同，但它们都是从同一地址（1000）存放的。

图 10-15　不同类型的变量存放到同一个地址开始的内存单元

所谓共同体数据类型，是指将不同类型的数据项组织为一个整体，它们在内存中占用同一段存储单元。共同体又称为联合或共用体。

2．共同体类型与变量的定义

共同体类型与变量的定义形式与结构体类似，具体如下。

（1）共同体类型的定义，其形式如下：

```
union 共同体名
{
    成员表列
};
```

例如：

```
union exam
{ short   a;
    float b;
    char  c;
};
```

说明：

① 上面的例子中定义了一个共同体类型 union exam。可以看到，共同体类型的定义与结构体类型的定义是类似的，但它们二者的概念是不同的，共同体结构中的各个成员共同占内存中同一段空间，如图 10-16 所示。a、b、c 均是从地址 1010 开始存储的。其中 a 是短整型数据，占 2 个字节；b 是浮点型数据，占 4 个字节；c 是字符型数据，占 1 个字节。

② 共同体成员中占字节最长的成员的长度就是整个共同体的长度。

③ 在成员表列中的各成员之间要用分号隔开。

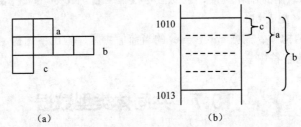

图 10-16　共同体结构中的各个成员在内存中的存储情况

（2）共同体变量的定义形式如下：

```
union 共同体名 共同体变量名;
```

例如：`union exam exam_one;`

说明：只有在定义了共同体类型 union exam 后，才允许用这种形式来定义共同体变量 exan_one。

（3）可以在定义共同体类型的同时定义共同体变量，其形式如下：

```
union 共同体名{成员表列}共同体变量列表;
```

例如：

```
union exam
{ short a;
   float b;
   char  c;
}exam_one,exam_two;
```

（4）也可以不定义共同体类型而直接定义共同体变量，其形式如下：

union{成员表列}共同体变量列表;

例如：

```
union
{ short  a;
  float  b;
  char   c;
}exam_one,exam_two;
```

（5）共同体的大小计算。

共同体的大小至少是最大成员的大小，当最大成员大小不是最大对齐数的整数倍的时候，就要对齐到最大对齐数的整数倍。

例如：

```
union Un1
{ char   c[5];    //1个 char 类型占 1 字节，5个占 5 字节
  int    i;       //4字节
};
union Un2
{ short  c[7];    //1个 short 类型占 2 字节，7个占 14 字节
  int    i;       //4字节
};
int main()
{ printf("%d\n", sizeof(union Un1));  //输出 8
  printf("%d\n", sizeof(union Un2));  //输出 16
}
```

Un1 解释：char 创建一个大小为 5 的数组 c，对齐数是 1。int 类型的 i 自身大小 4 字节，对齐数是 4。i 和 c 两成员最大的对齐数是 4，而最大成员的大小是数组 c（5 个字节），5 不是 4 的倍数，我们需要对齐到最大对齐数的整数倍，也就是 8（从 5 到 8 会浪费 3 个字节空间）。

Un2 解释：short 创建的 c 数组，其 c 对齐数是 2，i 对齐数是 4，最大对齐数为 4。最大成员大小也就是 c 数组大小为 14，14 并不是最大对齐数 4 的整数倍，14 往上对齐到 16，16 是 4 的整数倍。

10.7.2　共同体变量的引用

1. 共同体变量中成员项的引用

如果用下面的语句定义了一个共同体类型 union exam 和一个共同体变量 exam_one：

```
union exam{short a;float b;char c;}exam_one;
```

那么就可以引用这个共同体变量 exam_one 中的任一成员项，引用方式与引用结构体变量中的成员项是相似的。例如：

```
exam_one.a
exam_one.b
exam_one.c
```

2. 引用共同体变量时应注意的问题

（1）由于共同体类型的特点所致，一个共同体变量不能同时存放多个成员的值，而只能存放最后赋予它的那个值。例如：

```
exam_one.a=1;
exam_one.b=2.3;
exam_one.c='A';
printf("%d,%f,%c",exam_one.a,exam_one.b,exam_one.c);
```

实际上用 printf()函数将得不到 exam_one.a 和 exam_one.b 的值（也就是 1 和 2.3），只能得到 exam_one.c 的值'A'。

（2）与结构体类似，共同体中也可以通过指针变量来引用共同体变量中的成员。例如：

```
union exam exam_one,*pt=&exam_one;
pt->a=1;     printf("%d\t",pt->a);
pt->b=2.3;   printf("%f\t",pt->b);
pt->c='A';   printf("%c\n",pt->c);
```

pt 是指向 union exam 类型数据的指针变量，先使它指向共同体变量 exam_one，此时 pt->a 相当于 exam_one.a。

（3）与结构体类型类似的地方还有，不能直接用共同体变量名进行输入/输出。例如下面的输入/输出语句是非法的：

```
scanf("%d",&exam_one);
printf("%d",exam_one);
```

（4）C 语言中允许两个同类型的共同体变量之间进行赋值。例如：

```
void main()
{ union exam exam_one,exam_two;
  exam_one.a=1;
  exam_two=exam_one;
  printf("%d\n",exam_two.a);
}
```

运行结果：1

完成这段操作后，共同体变量 exam_two 中的内容就与 exam_one 变量的内容完全相同。

（5）C 语言中还允许把共同体变量作为函数参数。

（6）共同体类型和结构体类型在定义时可以互相嵌套，即一个结构体类型结构中可以有共同体类型结构。同样，一个共同体类型结构中也可以有结构体类型结构。

10.7.3 共同体变量的应用

C 语言中共同体类型变量的使用，增加了程序的灵活性，可以实现在同一段内存空间中，根据不同情况进行不同的使用。

共同体类型变量至少包括下面的两种用途：

（1）在数据处理问题中，常用一个数据域存放不同类型的对象。

例 10-15 编写程序实现在一个学校的人员档案管理中，对教师则应登记其"单位"，对"学生"则应登记其"班级"，它们都在同一栏中。

可以定义下面一个共同体类型：

```
struct
{ long num;
  char name[20];
  char sex;
  char job;
```

```
union
{ int  class;              /*所在班级号*/
  char group[20];          /*所在单位名*/
  }category;               /*种类*/
}person[10];
…
scanf("%c",&person[0].job);
if(person[0].job=='s')scanf("%d",&person[0].category.class);
else if(person[0].job=='t')scanf("%s",person[0].category.group);
            …
```

如果 job 项输入为's'（学生），那么程序将接收一个整数给班级号 class，如果 job 的值为't'（教师），则接收一个字符串给 group[20]。

（2）共同体的应用便于不同类型间的转换，比如可以将一段内存空间中的内容分成几部分使用。

例 10-16 编写程序将一个整数按字节输出其内容。

在微机中一个整数占 2 个字节，想分别使用这 2 个字节的内容，可以用下面程序：

视频 •·······
按字节输出整数内容

```
union int_char
{ short i;
  char ch[2];
}x;
void main()
{ x.i=24897;      /*相当于6141H,60501Q。存放顺序：41H,61H 即：Aa*/
 printf("i=%o\n",x.i);
 printf("ch0=%o,ch1=%o\nch0=%c,ch1=%c\n",
             x.ch[0],x.ch[1],x.ch[0],x.ch[1]);
}
```

运行结果如下：

```
i=60501
ch0=101,ch1=141
ch0=A,ch1=a
```

分析：

① 在程序中赋给 x.i 的值是 24897,用八进制表示就是 60501,即二进制数 0110000101000001,在内存中的存储情况如图 10-17(a)所示，这两个字节如果分别用八进制数表示是 141 和 101（高字节是 141，低字节是 101）。

② 整数两个字节的安排是高位占高字节，低位占低字节。可以表示为图 10-17（b）所示形式。因此 ch[0]的值为八进制数 101，即字符 'A'，ch[1]的值为八进制数 141，即字符 'a'。存储单元的地址是在一次运行中实测得到的。

图 10-17 二进制数在内存中的存储情况

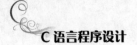

程序设计时，也可以把共同体变量作为函数参数，将其中的数据传给相应的形参。

例 10-17 使用共同体设计一函数：将一个短整型数分解为两个字节，并予以输出。

```
union int_char
{ short i;
  char ch[2];
};
void int_to_char(union int_char x)
{ printf("ch0=%o,ch1=%o\nch0=%c,ch1=%c\n",
            x.ch[0],x.ch[1],x.ch[0],x.ch[1]);
}
void main()
{ union int_char y;
  y.i=24897;
  int_to_char(y);
}
```

运行结果如下：

```
ch0=101,ch1=141
ch0=A,ch1=a
```

本程序的设计思路是，在函数 int_to_char() 中，x 是一个 union int_char 类型的函数参数，main() 函数调用此函数时的实参 y 也是 union int_char 类型，y 传数据给 x 的方式是将 y 所占内存空间中的内容原样传送给 x。于是在函数 int_to_char() 中，就可以引用 x.i 或 x.ch[0]、x.ch[1] 了。

程序中也可以用指针变量来传递共同体变量的地址，从而达到在函数中引用共同体变量成员的目的。

例 10-18 改写例 10-17，用指针变量传递共同体变量的地址。

```
union int_char
{ short i;
  char ch[2];
};
void int_to_char(union int_char *pt)
{ printf("ch0=%o,ch1=%o\nch0=%c,ch1=%c\n",
          pt->ch[0],pt->ch[1],pt->ch[0],pt->ch[1]);
}
void main()
{ union int_char y,*p;
  y.i=24897;
  p=&y;
  int_to_char(p);
}
```

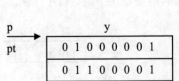

运行结果同上。

该程序的设计思路是，main() 函数的指针 p 指向共同体变量 y，int_to_char 函数的形参 pt 也是指向 union int_char 型的指针变量。在虚实结合的过程中，pt 取得实参 p 的值，即 pt 也指向了共同体变量 y，如图 10-18 所示。因此 pt->ch[0] 和 pt->ch[1] 就是 y 的 2 个字节的内容。

p	y
pt →	0 1 0 0 0 0 0 1
	0 1 1 0 0 0 0 1

图 10-18　pt 也指向了共同体变量 y

10.8　用 typedef 定义类型

10.8.1　使用 typedef 定义类型

在前面的学习中，用到的类型名，除结构体类型、共同体类型和枚举类型名要由用户自己指定外，其他的类型名都是系统预先定义好的标准名，如 int、float、char 等。

C 语言中还允许在程序中用 typedef 定义新的类型名来代替已有的类型名。typedef 是 C 的一个关键字，语法地位同存储类型区分符。typedef 说明的一般形式是：

```
typedef 类型区分符    新类型说明符表;
```

其中，"新类型说明符表"中的说明符是新定义的类型名。"类型区分符"可以是任何基本类型、结构或联合类型区分符，也可以是由 typedef 定义的类型名。为了醒目，一般由 typedef 定义的类型名使用大写。下面进一步举例说明。

（1）简单的名字替换。

例如：

```
typedef int INTEGER;    ①
INTEGER a,b;            ②
```

前一句的含义是用新的类型名 INTEGER 代替已有的类型名 int，定义后，INTEGER、int 二者等价。这样一来，在程序中就可以用 INTEGER 作为类型名来定义变量了，因此第二句相当于"int a,b;"，从而定义 a、b 为整型变量。

（2）定义一个类型名代表一个结构体类型、共同体类型或枚举类型。

例如：

```
typedef struct
 { char  name[20];
   long  num;
   float score;
 }STUDENT;                         ①
STUDENT student1,student2,*p;      ②
```

经过 typedef 定义后，将结构体类型 "struct{...}" 定义为花括弧后的名字 STUDENT。因此就可以用 STUDENT 来定义该结构体类型的变量。语句②定义了两个结构体变量 student1、student2 以及一个指向该类型的指针变量 p。

（3）定义数组类型。

例如：

```
typedef int  COUNT[10];      /*定义 COUNT 为整型数组*/
typedef char NAME[20];       /*定义 NAME 为字符数组*/
COUNT a,b;                   /*定义 a、b 为整型数组，各含 10 个元素*/
NAME  c,d;                   /*定义 c、d 为字符数组，各含 20 个元素*/
```

（4）定义指针类型。

例如：

```
typedef char *STRING;        /*定义 STRING 为字符指针类型*/
STRING  p1,p2,p[10];         /*定义 p1,p2 为字符指针变量*/
                             /*定义 p 为字符指针数组名*/
```

10.8.2　使用 typedef 定义类型时应注意的问题

（1）使用 typedef 只是定义了一个新的类型名字，但这并不意味着建立了新的数据类型。事实上，数据类型的种类并没有超出我们前面所学到的那些类型。

（2）由于程序员可以自己定义新的类型名字，这样就可以增加程序的可读性。例如，用 ADDRESS 去定义变量，使人一看就知道这些变量用在与地址有关的方面，从而使程序一目了然。

（3）便于移植。例如，在中型机上，一个整型量通常占 4 个字节，数值范围达 ±21 亿，如果把它移植到微型机上就会出现问题。因为有的微型机的 int 型一般为 2 个字节，这时如将超过 –32 768 ~ 32 767 范围的整数赋给整型变量就会溢出。故可以在程序中定义如下的类型名：

```
typedef int INTEGER;
```

再用 INTEGER 去定义所有整型变量。而在向微型机移植时只需将最前面的 typedef 定义改为：

```
typedef long INTEGER;
```

此时所有用 INTEGER 定义的变量都是 long 型，占 4 个字节。

（4）typedef 与#define 有相似之处。例如：

```
typedef int COUNT;        ①
#define COUNT int         ②
```

上面两个语句的作用均是用 COUNT 代表 int。但两者实际上是不同的。#define 是在预编译时处理的，它只能作简单的字符串替换，而 typedef 是在编译时处理的，它并不是简单的替换。例如：

```
typedef int NUM[10];
```

并不是用 NUM[10]去代替 int，而是采用如同定义变量的方法那样定义一个类型（就是前面介绍过的将原来的变量名换成类型名）

（5）当不同的源文件中用到同一类型的数据时，常用 typedef 定义一些数据类型，把它们单独放在一个文件中，然后在需要它们的文件中用#include 命令将它们包含进去。

 课 后 练 习

1. 输入一个字符串，将其中的每一个连续的数字序列看作一个整数，将这些整数检索出来后依次放入一个 long 型数组中。

2. 使用两个结构体变量，分别存放用户输入的两个日期（包括年、月、日），然后计算两日期之间相隔多少天。

3. 使用结构体编写程序：求解两个复数之积。

4. 用户输入 12 个 0 ~ 100 之间的整数，统计出小于 60，60 ~ 79，80 ~ 100 这 3 个范围的整数各有多少个，将统计的结果存放在一个结构体变量中，最后将此结构体变量传递给一个函数，此函数负责打印出结果。

5. 编写一个成绩排序程序。按学生的序号输入学生的成绩，按照分数由高到低的顺序输出学生的名次、该名次的分数、相同名次的人数和学号；同名次的学号输出在同一行中，一行最多输出 10 个学号。

6. 现在有教师（姓名、单位、住址、职称）和学生（姓名、班级、住址、入学成绩）的信息。编程实现输入 10 名教师和学生的信息后，按姓名进行排序，最后按排序后的顺序进行输出，对于教师要输出姓名、单位、住址和职称，对于学生要输出姓名、班级、住址和入学成绩。

7. 已知某月的第一天是星期三，编写程序实现输入当月中的一个日期号，输出是星期几。请使用枚举类型来定义一个星期中的每一天。

第11章
位 运 算

在计算机的各种运算中真正执行的是由 0 和 1 信号组成的机器指令，数据也是以二进制表示的。因此最终要实现计算机的操作，就是要对这些 0 和 1 信号进行操作。每一个 0 和 1 的状态称为一个"位"（bit）的状态。C 语言中这种对字节和位的操作就称为位操作或位运算。

对整型或字符型数据来说，C 语言具有直接操作其字节或位的能力。C 语言同汇编语言相比，虽然位操作运算没有后者那么丰富，但它可以实现大部分常用的位运算，比如按位取反、数据的左移或右移，等等，这对程序的编制来说还是相当方便的。

 ## 11.1 位运算与位运算符

C 语言所提供的位操作运算符如表 11-1 所示。

表 11-1 位操作运算符

位运算符	含　义	形　　式	说　　明
~	按位取反	~a	对变量 a 中全部位取反
<<	左移	a<<2	a 中全部位左移 2 位
>>	右移	a>>2	a 中全部位右移 2 位
&	按位与	a&b	a 和 b 中各位按位进行"与"运算
|	按位或	a|b	a 和 b 中各位按位进行"或"运算
^	按位异或	a^b	a 和 b 各位按位进行"异或"运算

说明：

（1）位运算中除"~"以外，均为二目运算符，即要求两侧各有一个运算量。

（2）运算量只能是整型或字符型数据，不能为实型数据。

这些位运算符可以与赋值运算符相结合，成为位运算赋值操作，如表 11-2 所示。

表 11-2 位运算符与赋值运算符结合的运算

运　算　符	含　义	举　例	等　价　于
&=	位与赋值	a&=b	a=a&b
|=	位或赋值	a|=b	a=a|b
^=	位异或赋值	a^=b	a=a^b
>>=	右移赋值	a>>=b	a=a>>b
<<=	左移赋值	a<<=b	a=a<<b

下面将分别介绍这些运算符的使用方法。

11.1.1　按位与运算符

运算符"&"要求有两个运算量（如 a&b），作用是将 a 和 b 中各个位分别对应进行与运算，即二者都为 1 时结果为 1，否则为 0。按规则具体有：

0&0==0　　　　0&1==0　　　　1&0==0　　　　1&1==1

例 11-1　对于两个 char 类型的八进制数（255 和 313）进行按位"与"运算后，则运算情况为：

$$
\begin{array}{lllllllll}
a= & 1 & 0 & 1 & 0 & 1 & 1 & 0 & 1 \\
\& \quad b= & 1 & 1 & 0 & 0 & 1 & 0 & 1 & 1
\end{array}
$$
（八进制数 255）
（八进制数 313）

$$
结果= \quad 1 \quad 0 \quad 0 \quad 0 \quad 1 \quad 0 \quad 0 \quad 1
$$
（八进制数 211）

视频

程序如下：

```
void main()
{ unsigned char x=0255,y=0311;
  printf("x&y=%o\n",x&y);
}
```

运行情况如下：x&y=211

两个 char 型八进制数按位"与"运算

例 11-2　输入一个短整数，测试其输入数据的第 3 位是否为 1（位号是从右向左数，起始位为第 0 位）。如果为 1 则输出 8，否则输出 0。

程序如下：

```
void main()
{ unsigned short x=8,y;
  scanf("%hd",&y);
  printf("%d",x&y);
}
```

下面是几次运行情况：

① 8（回车）　　② 24（回车）　　③ 40（回车）
　8　　　　　　　　8　　　　　　　　8

测试短整数的第 3 位

程序的设计思路是，将一个十进制数 8（0000 0000 0000 1000B）与 y 进行 & 运算，如果结果为 8，则第 3 位必然为 1，否则结果是 0。

在进行位运算时，用十进制数表示很难直接看出每一个二进位的状态。有鉴于此，人们在进行位运算时常常用八进制数或十六进制数。

视频

例 11-3　编写程序测试输入数据的任何一位是否为 1。

由例 11-2 改写后的程序如下：

```
void main()
{ unsigned short x,y;
  scanf("%hx",&x);    /*测试位编码。需测试的位置1，其它位置0 */
  scanf("%hx",&y);    /*测试数据*/
  printf("%02x",x&y);
}
```

测试短整数的任意位_1

运行情况如下：

① (如果要测数据的第 4 位是否为 1)　　② (如果要测数据的第 5 位是否为 1)

10 (回车)　　　　　　　　　　　　　　20 (回车)

12 (回车)　　　　　　　　　　　　　　23 (回车)

10　　　　　　　　　　　　　　　　　20

　　x 和 y 都是从键盘输入的十六进制数，其中 x 是用来测试 y 的某一位是否为 1 的数。第一个输入值为十六进制数 10，即二进制数 00010000，目的是测试第二个输入数据 y 的第 4 位是否为 1，由于 y 的值为十六进制数 12，即二进制数 00010010，所以 x&y 的值为十六进制数 10，与 x 相同，则说明 y 的第 4 位为 1。第二次运行的值为二进制数 00100000，目的是测第 5 位是否为 1，输入的数相当二进制数 00100011，第 5 位为 1，x&y 结果为十六进制数 20，与 x 相同，则说明 y 的第 5 位为 1。

　　由上可知，如果 x&y 的运算结果与 x 相同，则说明 x 中为 1 的位，y 中相应的位也为 1。上面我们用的只有 1 位为 1，实际上可以推广到测试若干位是否为 1。例如，测试 y 的低 4 位是否为 1，此时可以使 x 的值为十六进制的 0f，如果 x&y 的结果为 0f，则说明 y 的低 4 位为 1。

　　用这个方法不仅可以测试一个数的某几位是否为 1，还可以用来取一个数中的某几位。例如，取数据 y 的低 4 位，用 0xf&y 运算即可；取该数据的低 5 位，则用 0x1f&y 即可。例如，y 为十六进制的 25，其&运算为：

$$
\begin{array}{rcccccccc}
x= & 0 & 0 & 0 & 1 & 1 & 1 & 1 & 1 \\
\&\ y= & 0 & 0 & 1 & 0 & 0 & 1 & 0 & 1 \\
\hline
x\&y= & 0 & 0 & 0 & 0 & 0 & 1 & 0 & 1
\end{array}
$$

可见 x&y 运算结果的低 5 位与 y 的低 5 位完全相同。

　　利用这种方法甚至可以测试一个数中奇数位或偶数位是否为 1，或取一个数中的奇数位或偶数位的状态等。这种取一个数中某几位的办法称为"屏蔽方法"，即用 0 屏蔽掉一个数某些位，保留其余的位。例如，上面的 0x1f 称为"屏蔽字"，用来屏蔽掉 y 的高 3 位而保留低 5 位。

11.1.2　按位或运算符

　　按位或运算要求有两个运算量，这两个运算量之中，只要有一个为 1 则运算结果为 1，否则为 0。具体有：

0 | 0==0　　　　0 | 1==1　　　　1 | 0==1　　　　1 | 1==1

例 11-4　对两个十六进制数 10 与 34 进行"或"运算，则运算情况为：

$$
\begin{array}{rccccccccl}
x= & 0 & 0 & 0 & 1 & 0 & 0 & 0 & 0 & (16\ 进制数\ 10) \\
(|)\ y= & 0 & 0 & 1 & 1 & 0 & 1 & 0 & 0 & (16\ 进制数\ 34) \\
\hline
x|y= & 0 & 0 & 1 & 1 & 0 & 1 & 0 & 0 & (16\ 进制数\ 34)
\end{array}
$$

程序如下：

```
void main()
{ unsigned short x,y;
```

```
    printf ("输入两个十六进制数: ");
    scanf("%hx",&x);
    scanf("%hx",&y);
    printf ("%02x",x|y);
}
```

运行情况如下:

① 输入两个十六进制数: 10 34 (回车)   ② 输入两个十六进制数: 07 d0 (回车)

    34   d7

可以用 "|" 运算符将不同字节中的某些位组合成为新的值。例如:

$$x = 0\ 0\ 0\ 0\ 0\ 1\ 1\ 1 \quad (16 \text{进制数 } 07)$$

$$(|) \quad y = 1\ 1\ 0\ 1\ 0\ 0\ 0\ 0 \quad (16 \text{进制数 } d0)$$

$$x\,|\,y = 1\ 1\ 0\ 1\ 0\ 1\ 1\ 1 \quad (16 \text{进制数 } d7)$$

组合二个变量中某些位成为一个新值的方法是: 将不被包含到新值去的那些位置为 0, 然后进行或运算即可。例 11-4 中的 x 的高 4 位和 y 的低 4 位是不需要的, 不被包含到新值中去的置 0。这种方法不仅能保留两个变量中的各 4 位, 而且可以是任意若干位。

11.1.3 按位异或运算符

按位异或运算的作用是, 判断两个数据对应位上的值是否 "相异" (不同), 若相异, 则结果为 1, 否则为 0。具体有:

    0^0==0   0^1==1   1^0==1   1^1==0

异或运算符可用于 "翻转" 某位的值, 也就是使 0 翻转为 1, 使 1 翻转为 0。这是因为 1 与 1 进行异或运算结果为 0, 而 1^0 又成为 1。如果想翻转一个变量的某一位, 就使该变量与一个该位为 1 其余位全置 0 的数进行异或运算。例如, 若想使 b 的第 5 位翻转, 就应使 a 的第 5 位为 1 其余各位为 0, a^b 的运算结果中第 4 位改变了 (起始位为第 0 位), 而其余各位不变。列式计算如下:

$$a = 0\ 0\ 0\ 1\ 0\ 0\ 0\ 0 \quad (16 \text{进制数 } 10)$$

$$(\wedge) \quad b = 0\ 0\ 1\ 1\ 0\ 1\ 0\ 1 \quad (16 \text{进制数 } 35)$$

$$a^b = 0\ 0\ 1\ 0\ 0\ 1\ 0\ 1 \quad (16 \text{进制数 } 25)$$

                      ↑

               此位翻转

例 11-5 输出两个十六进制数的 "异或" 结果。

```
void main()
{ unsigned short x,y;
  printf ("输入两个十六进制数: ");
  scanf("%hx",&x);
  scanf("%hx",&y);
  printf ("%02x",x^y);
}
```

运行情况如下：

① 输入两个十六进制数：10 35（回车）　② 输入两个十六进制数：11 35（回车）

　 25　　　　　　　　　　　　　　　　　24

利用异或运算不仅可以翻转数据的某一个位，而且可以实现若干位的"翻转"。

如果使 y 二次与 x 进行异或运算，则其值仍为原值，即 y^x^y==y。

11.1.4　按位取反运算符

"~"是一个单目运算符，运算量写在运算符之后。取反运算符的作用是使一个数据中所有位
都取其反值（即 0 变 1，1 变 0）。例如：

　a= 0 0 0 0 0 0 1 1　（16 进制数 03）

　~a= 1 1 1 1 1 1 0 0　（16 进制数 fc）

例 11-6　输出一个十六进制数按位取反的结果。

```
void main()
{ unsigned char x;
  printf ("输入一个十六进制数: ");
  scanf("%hx",&x);
  printf ("%02x",~x);
}
```

运行情况如下：

① 输入一个十六进制数：03（回车）　② 输入一个十六进制数：fc（回车）

　 fc　　　　　　　　　　　　　　　　　03

也可把变量 x 定义为短整型变量，则可以对 16 个二进位进行取反运算。

11.1.5　左移运算符

左移运算符是"<<"，左移的含义是，将一个数据中的各个位全部左移若干位。

例 11-7　"x<<2"表示将 x 中各位左移 2 位，如果 x 的值为十六进制数 85，左移 2 位后得
14，左移后移出的两位丢失，右边空出来的位置补零。运算情况如图 11-1 所示。

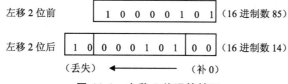

左移 2 位前　　1 0 0 0 0 1 0 1　（16 进制数 85）

左移 2 位后　1 0 0 0 0 1 0 1 0 0　（16 进制数 14）

（丢失）　◄—————　（补 0）

图 11-1　左移 2 位运算情况

程序实现如下：

```
void main()
{ unsigned char x,y;
  printf ("输入一个十六进制数: ");
  scanf("%hx",&x);
  y=x<<2;
  printf ("%02x",y);
}
```

运行情况如下：

输入一个十六进制数：85（回车）

14

可用左移运算实现乘法运算。在对机器操作的过程中，一个数据左移 1 位相当于该数据乘 2，左移 2 位相当于乘 4。由于左移运算比乘法运算要快得多，有些 C 编译系统会自动将乘 2 的操作通过左移 1 次来实现，将乘 2^n 的幂运算用左移 n 位来实现。比如，一个二进制数 15 左移 2 位的值为 60。

但有一点要注意，以上结论只是在左移不出现溢出才是正确的。这是容易想象的，比如 a<<8，假如 a 为 char 类型，等于 15，因为该数共占内中的一个 8 位字节，左移 8 位，左面高位溢出，右面补零，结果为 0。

11.1.6　右移运算符

与左移相反，右移运算符 ">>" 的作用是，使一个数的各个位全部右移若干位，右移出去的位丢失，左端补入的数值将视情况而定。这点与左移是不太相同的，要区分不同情况。

（1）对无符号 int 型或 char 型数据来说，右移时左端补零。这种移位方法称为"逻辑右移"。逻辑右移运算情况如图 11-2 所示。

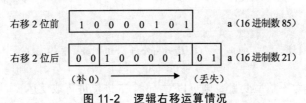

图 11-2　逻辑右移运算情况

例 11-8　输出一个 16 位无符号数右移两位后的运算结果。

```
void main()
{ unsigned short x,y;
  printf ("输入一个十六进制数: ");
  scanf("%hx",&x);
  y=x>>2;
  printf ("%d,%x\n",y,y);   /*同时输出 y 数据的十进制和十六进制形式 */
}
```

视 频

无符号数右移运算

运行情况如下：

① 输入一个十六进制数：85（回车）　　② 输入一个十六进制数：60（回车）

　33, 21　　　　　　　　　　　　　　　　　24, 18

③ 输入一个十六进制数：-85（回车）　　④ 输入一个十六进制数：-60（回车）

　16350, 3fde　　　　　　　　　　　　　16360, 3fe8

有符号数-60 以补码表示为 11111111 10100000，逻辑右移 2 位后为 00111111 11101000，也就是十六进制数 3fe8，运算情况如图 11-3 所示。

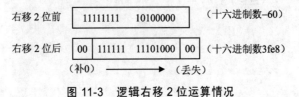

图 11-3　逻辑右移 2 位运算情况

（2）对带符号的 int 和 char 类型数据右移，如果符号位为 0（即正数），则左边也是补入 0，如果符号位为 1（即负数），则左边补入的全是 1，这是为了保存该数原来的符号并实现右移一位相当于除 2。这种补入符号位以保持符号不变的方法称为"算术右移"。

例 11-9　输出一个 16 位有符号数右移两位后的运算结果。

```
void main()
{ signed short x,y;
  printf ("输入一个十六进制数: ");
  scanf("%hx",&x);
  y=x>>2;
  printf ("%d,%x\n",y,y);
}
```

视频

有符号数右移运算

运行情况如下：

① 输入一个十六进制数: 85（回车）
　33, 21

② 输入一个十六进制数: 60（回车）
　24, 18

③ 输入一个十六进制数: -85（回车）
　-34, ffde

④ 输入一个十六进制数: -60（回车）
　-24, ffe8

有符号数-60 以补码表示为 11111111 10100000，算术右移 2 位后为 11111111 11101000，也就是十进制数-24，运算情况如图 11-4 所示。

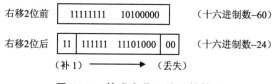

图 11-4　算术右移 2 位运算情况

11.2　位运算应用举例

在 C 语言程序的编制过程中，人们有时希望知道某个数的二进制数表示形式。但 C 语言中的 printf()函数只提供了%x、%d、%o 方式输出一个整数（即十六进制、十进制、八进制形式），而不能直接输出一个整数的二进制形式。因此需要用人工来转换，这样的做法很不方便，因此我们可以用位运算符来实现此功能。

11-10　完成将十六进制数转换为二进制数的功能。

程序如下：

```
void main()
{ short j,num,bit;
  unsigned short mask=0x8000;
  printf("\n 输入要转换的十六进制数: ");
  scanf("%hx",&num);
  printf ("%04x 的二进制数表示为: ",num);
  for(j=0;j<16;j++)
    { bit=(mask&num)?1:0;
      printf("%d",bit);
      if(j==7) printf("--");
      mask>>=1;
    }
}
```

视频

将十六进制数转换为二进制数

运行情况如下：

输入要转换的十六进制数：1（回车）

0001 的二进制数表示为：0 0 0 0 0 0 0 0 -- 0 0 0 0 0 0 0 1

输入要转换的十六进制数：f1e2（回车）

f1e2 的二进制数表示为：1 1 1 1 0 0 0 1 -- 1 1 1 0 0 0 1 0

程序设计的思路是：对输入的一个短整数 num（16 位）的每一位进行测试，视其为 0 还是 1 从而输出相应的 0 或 1。具体做法是：设置一个屏蔽字与输入的数据进行"与"运算，从而保留所需的一个位的状态。从最高位（第 15 位）开始，此时设置的屏蔽字为 0x8000（16 进制数 8000，即二进制数 1000000000000000），将它赋予一个变量 mask，使 mask 与 num 进行"与"运算。若结果为 1，则说明 num 的第 15 位为 1，否则为 0。把这个 1 或 0 存放在变量 bit 中并输出。接着通过右移一次 mask 处理第 14 位，依次输出 bit 的值。从而最终完成二进制数的输出。

例 11-11 设计一个程序，要求能实现 6 种位运算。也就是当输入两个整数，以及指定进行何种运算后，程序可以实现指定的位运算。

程序如下：

```
fun1(short num)  /*用十六进制和二进制形式输出数据*/
{   short j,bit;
    unsigned short mask=0x8000;
    printf("\t%04x   ",num);
    for(j=0;j<16;j++)
    {   bit=(mask&num)?1:0;
        printf("%d",bit);
        if(j==7)printf("--");
        mask>>=1;
    }
    printf("\n");
}
fun2(){printf("------------------------------\n");}
void main()
{ char c;short a,b;
  while(1)
  {   printf("\n 输入表达式: ");
      scanf("%hx%c%hx",&a,&c,&b);
      printf("\n");
      switch(c)
      {   case'&':fun1(a);printf("(&)");fun1(b);
                 fun2();fun1(a&b);break;
          case'|':fun1(a);printf("(|)");fun1(b);
                 fun2();fun1(a|b);break;
          case'^':fun1(a);printf("(^)");fun1(b);
                 fun2();fun1(a^b);break;
          case'>':fun1(a);fun2();printf("(>>%d)",b);
                 fun1(a>>b);break;
          case'<':fun1(a);fun2();printf("(<<%d)",b);
                 fun1(a<<b);break;
          case'~':fun1(b);fun2();
                 printf("(~)");fun1(~b);break;
          default:printf("输入错误\n");
```

视 频

按指定功能实现两整数间的位运算

```
        }
    }
}
```

运行情况如下：

输入表达式：2222& 3333 则输出：

```
    2222 0 0 1 0 0 0 1 0 - - 0 0 1 0 0 0 1 0
(&) 3333 0 0 1 1 0 0 1 1 - - 0 0 1 1 0 0 1 1
------------------------------------------------
    2222 0 0 1 0 0 0 1 1 - - 0 0 1 1 0 0 1 1
```

输入表达式：1111 | 2222 则输出：

```
    1111 0 0 0 1 0 0 0 1 - - 0 0 0 1 0 0 0 1
(|) 2222 0 0 1 0 0 0 1 0 - - 0 0 1 0 0 0 1 0
------------------------------------------------
    3333 0 0 1 1 0 0 1 1 - - 0 0 1 1 0 0 1 1
```

输入表达式：1111^ 2222 则输出：

```
    1111 0 0 0 1 0 0 0 1 - - 0 0 0 1 0 0 0 1
(^) 2222 0 0 1 0 0 0 1 0 - - 0 0 1 0 0 0 1 0
------------------------------------------------
    3333 0 0 1 1 0 0 1 1 - - 0 0 1 1 0 0 1 1
```

输入表达式：eeff<< 2 则输出：

```
    eeff 1 1 1 0 1 1 1 0 - - 1 1 1 1 1 1 1 1
------------------------------------------------
(<<2)bbfc 1 0 1 1 1 0 1 1 - - 1 1 1 1 1 1 0 0
```

输入表达式：eeff>> 2 则输出：

```
    eeff 1 1 1 0 1 1 1 0 - - 1 1 1 1 1 1 1 1
------------------------------------------------
(>>2)fbbf 1 1 1 1 1 0 1 1 - - 1 0 1 1 1 1 1 1
```

输入表达式：0000~ eeff 则输出：

```
    eeff 1 1 1 0 1 1 1 0 - - 1 1 1 1 1 1 1 1
------------------------------------------------
(~) 1100 0 0 0 1 0 0 0 1 - - 0 0 0 0 0 0 0 0
```

输入表达式：^c （结束）

在程序中用到了函数 fun1()，该函数所完成的功能与例 11-10 中的功能是一样的，也是完成数据的二进制的输出。

对于求反运算来说，在输入"~"之前，要先输入一个"多余的运算量"0000，以便使 scanf() 函数能按统一的输入方式处理。

例 11-12 完成循环移位的功能。

在汇编语言中有直接实现循环移位的指令，但 C 语言没有循环移位的运算符。不过可以利用已有的位运算符实现循环移位。所谓循环移位是指在移位时不丢失移出的内容，而是将它们依次补入另一端。运算情况如图 11-5 所示。

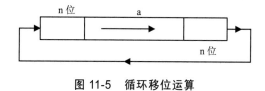

图 11-5 循环移位运算

对短整形 a 循环右移 n 位的程序如下：

视 频

实现循环右移功能

```
void main()
{ unsigned short a,b=0,c=0; short n;
  scanf("%hx,%hd",&a,&n);
  b=a<<(16-n);
  c=a>>n;
  c=c|b;
  printf("a=%x\nc=%x",a,c);
}
```

输入：f2d3,3（回车）

运行结果：a=f2d3

            c=7e5a

为实现循环右移 n 位的功能，可以用以下步骤实现：

（1）使 a 中各位左移(16−n)位，使右端的 n 位放到 b 中的高位中，其余各位补 0。程序中用 b=a<<(16−n); 语句实现。

（2）将 a 右移 n 位，由于 a 为无符号数，故左端补 0。将右移后的数放在 c 中，用 c=a>>n; 语句实现。

（3）按位"或"运算可以将数 b 和 c 中的数据组合，从而完成循环移位的功能，用 c=c|b; 语句实现。

11.3 位　段

11.3.1 位段概述

1. 位段的概念

前面介绍了 C 语言中的一系列位运算符，知道利用位运算可以实现对"位"的访问和操作。事实上，C 语言不止这一种访问"位"的方式，还可以利用"位段"的方式访问字节中的某些位。

位段（bit field）又被称为"位域""位字段"等，实际上它是字节中一些位的组合，因此也可认为它是"位信息组"。

首先，需要明确的是，位段是一种结构体类型中的成员，只不过这种结构体成员是非常特殊的。其特殊之处在于，它是以位为单位来定义结构体成员长度的。所以我们这样给出位段的概念，即位段是以位为单位定义长度的结构体类型中的成员。

2. 位段的定义形式

定义以位段作为成员的结构体类型的一般形式是：

```
struct 结构体名
{ 数据类型  变量名：所占位数
  数据类型  变量名：所占位数
       …
}结构体类型变量;
```

例如：

```
struct packed_data1
  { unsigned int  a: 3;      /*占 3 位*/
```

```
   unsigned int   b: 1;        /*占1位*/
   unsigned int   c: 3;        /*占3位*/
   unsigned int   d: 1;        /*占1位*/
}x;
```

如图 11-6（a）所示，可以看到 a、b、c、d 四个成员共占一个字节，每个位段占用不同位的位数，a 占 3 位，b 占 1 位，等等。

在一个字节中，各位段存放的方向并无统一规定，视各 C 版本的不同而不同，比如 PDP 就是从右到左存放的，如图 11-6（b）所示。

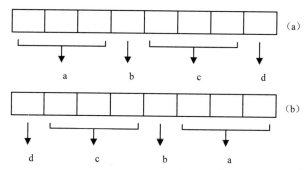

图 11-6 结构体中各个位段成员所占的位数

3. 在定义位段时应注意的问题

（1）如果出于程序设计的需要，可以跳过某些位不用。这些位段没有位段名，因此无法引用。例如：

```
struct packed_data2
{ unsigned int a:1;
  unsigned int  :4;        /*此4位无位段名，不能引用*/
  unsigned int c:3;
  unsigned int d:2;
  unsigned int e:4;
}x;
```

在上面的定义中，成员 a 后面的 4 位未用，具体如图 11-7 所示。

1 bit	4 bit	3 bit	2 bit	4 bit	2 bit
a	未用	c	d	e	未用

图 11-7 无法引用的无名位段

（2）允许指定某一个位段从下一个字节开始存放，而不是紧接着前面的位段存放。例如：

```
struct packed_data3
{ unsigned int a:3;
  unsigned int  :0;
  unsigned int c:5;
  unsigned int  :0;
  unsigned int e:6;
};
```

在上面的定义中，位段 a 后面定义了一个"位数为 0"的无名位段，它的作用是使下一个位段从另一个字节开始存放，如图 11-8 所示。a 后面的 5 位和 c 后面的 3 位未被使用，最后在 e 之后也有 2 位多余未用。

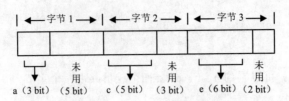

图 11-8　无名位段的应用

（3）在一个结构体中可以混合使用位段和通常的结构体成员。例如：

```
struct packed_data4
{ short i;      /*非位段*/
  unsigned int a:3;  ⎫
  unsigned int b:5;  ⎬ 位段
  unsigned int c:2;  ⎭
  float f;      /*非位段*/
};
```

第一个成员是短整型，占 2 个字节；接下来有 3 个位段，占 2 个字节（多余 6 位）；最后浮点型 f 又占有 4 个字节。共占 8 个字节。

（4）定义位段时，数据类型必须是 unsigned int 或 int 类型，使用 char 类型或其他类型是不合法的。注意：有的 C 编译系统只允许使用 unsigned 型。

（5）表示定义位数的常数必须是非负整数。位段的长度不能大于存储单元的长度，也不能定义位段数组。

（6）变量名为任选项，可以不命名，即虚设位。

（7）一个位段必须存储在同一存储单元中，不能跨两个单元。如果第一个单元空间不能容纳下一个位段，则该空间不用，而从下一个单元开始存放该位段。

11.3.2　位段的引用

1. 位段的引用方法

对位段的引用方法与引用结构体变量中的成员是相同的。比如已经定义了位段如下：

```
struct packed_data
{ unsigned int  a: 2;     /*占 2 位*/
  unsigned int  b: 1;     /*占 1 位*/
  unsigned int  c: 3;     /*占 3 位*/
  unsigned int  d: 2;     /*占 2 位*/
}x;
```

（1）可以用以下的方法引用位段。例如：

```
x.a    x.b    x.c    x.d
```

（2）允许对位段进行如下的赋值。例如：

```
x.a=2;    x.b=1;    x.c=7;    x.d=0;
```

（3）可以用指针变量指向一个成员为位段的结构体变量，可以引用此结构体变量的地址，也可以通过指针变量来引用位段。例如：

```
struct packed_data x,*p;
p=&x;                    /*使指针 p 指向结构体变量 x*/
printf("%d", p->a);      /*输出指针 p 所指结构体中的位段 a*/
```

（4）位段可以在数值表达式中引用，它会被系统自动地转换成整型。例如：

`x.c+5/x.b`

（5）位段可以用整型格式符输出。例如：

`printf("%d,%d,%d",x.a,x.b,x.c);`

也可以用%u、%o、%x 等格式符输出。

2. 引用位段时应注意的问题

（1）在对位段进行赋值的时候，要注意每一个位段能存储的最大值。例如：

`x.c=8;`

语句是不合法的。这是因为我们定义了 x.c 占三位，所能存放的最大值为 7，如果赋以 8 就会出现溢出，从而使 x.c 只取 8 的二进制数的低 3 位（000）。

（2）在引用位段的时候，不能引用位段的地址。例如：

`&x.a`

这是因为地址是以字节为单位的，无法指向位。

3. 使用位段的优点

位段在 C 语言编程中是很有用的，主要表现为：

（1）使用户能方便地访问一个字节中的有关位，从而能更有力地控制程序的运行。这在其他高级语言中是无法实现的。

（2）用位段可以节省存储空间。把几个数据放在同一字节中，如"真"和"假"（即 0 和 1），这样的信息只需一位就可以存放了。

（3）对位段的操作比用位运算方便，而且可移植性高，效率高。

 课 后 练 习

1. 简述按位与、按位或和按位异或分别可以起到什么作用。

2. 在执行右移运算时，低位移出，高位补什么？

3. 数据左移运算和右移运算可分别取代乘法和除法运算吗？

4. 什么是位段？它起到什么作用？

5. 编一函数用来实现短整形数据的左右循环移位，函数名为 move，调用方法为：

`move(value, n)`

其中，value 为要循环位移的短整形数，n 为位移的位数（<16），如 n<0 表示为左移；n>0 为右移；如 n=4，表示要右移 4 位；n=-3，为要左移 3 位。

6. 写一个函数，对一个 16 位的二进制数取出它的奇数位（即从左边起第 1、3、5、…、15 位）。

7. 编写一个函数 getbits()，从一个 16 位的单元中取出某几位（即该几位保留原值，其余位为 0）。函数调用形式为：

`getbits(value,n1,n2)`

value 为该 16 位单元（2 个字节）中的数据值，n1 为欲取出的起始位，n2 为欲取出的结束位。例如，getbits(0101675,5,8)表示对八进制数 101675，取出它的从左面起第 5 位到第 8 位。

第12章
文 件

所谓"文件"，是指记录在外部各种存储介质上的数据集合。例如，用 C 语言编制的一个源程序就是一个文件，把它存放到磁盘上就是一个磁盘文件，每一个文件都有自己的标识——文件名。

广义地说，所有输入/输出设备都可以认为是文件，例如打印机文件、卡片文件、磁带文件等。计算机以这些设备为对象进行输入/输出，对这些设备的处理方法也是统一按"文件"处理。

文件可以从不同的角度进行分类，根据文件所依附的介质可以分为：卡片文件、纸带文件、磁带文件、磁盘文件等。根据文件的内容可以分为：源程序、目标文件、数据文件、可执行文件等。此外，数据文件又可分为字符代码文件和二进制文件两类。其中，字符代码文件也称为字符文件、文本文件或正文文件。

所谓字符代码文件，是指文件的内容是由一个个字符组成的，每一个字符用一个代码（一般用 ASCII 代码）表示。如果输出数据的目的是作为文档供人们阅读的，一般用这种文件，它们通过显示器或打印机转换成字符输出，比较直观。因此这类文件又被形象地称为"字符文件"。例如，对应一个实数 123.45，它输出到纸上共有 6 个字符，如果按字符代码形式（ASCII 码）输出到磁盘上，一个字符占一个字节，共占 6 个字节。

所谓"二进制文件"，是指以数据在内存中的存储形式输出到磁盘上。这种数据文件的第一个特点是节省存储空间，另一个特点是输入/输出数据速度快，这是因为在输出时不需要把数据由二进制形式转换为字符代码，在输入时也不需要把字符代码先转换成二进制形式然后存入内存。如果存入磁盘中的数据只是暂存的中间结果数据，以后还要调入继续处理，一般用二进制文件以节省时间和空间。例如，123.45 在内存中以浮点形式存储，只占 4 个字节。不管一个单精度实数数值多大，都占 4 个字节。

对文件的操作是高级语言的一种重要功能，由于对文件的操作要与各种外围设备发生联系，因此对文件的输入/输出过程实际上是通过操作系统来实现的。

目前 C 语言所使用的磁盘文件系统有两大类：一类是缓冲文件系统，又称为标准文件系统或高层文件系统；另一类称为非缓冲文件系统，又称为低层文件系统。

1. 冲文件系统的特点

缓冲文件系统对程序中的每一个文件都在内存开辟一个"缓冲区"。这个缓冲区的作用是，从磁盘文件输入的数据先送到"输入文件缓冲区"中，然后再从缓冲区中依次将数据送给接收变量，如图 12-1（a）所示。

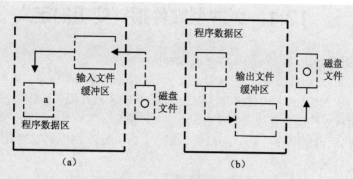

图 12-1 缓冲文件系统

在向磁盘文件输出数据的时候，先将程序数据区中的变量或表达式的值传送到"输出文件缓冲区"中，等到装满缓冲区后才一起输出到磁盘文件中，如图 12-1（b）所示。

开辟缓冲区的目的是为了减少对磁盘的实际读写次数。因为每一次对磁盘的读写都要移动磁头并寻找磁道扇区，这个过程是需要一些时间的，如果每一次操作读写函数时都对应一次实际的磁盘访问，那么就会花费很多的读写时间。缓冲区的设立，就可以实现一次读入一批数据，或者是输出一批数据。也就是说，不是执行一次输入或输出函数就实际访问磁盘一次，而是若干次读写函数语句对应一次实际的磁盘访问，这样一来，输入/输出的时间就被大大压缩了。

缓冲文件系统通常会自动为文件设置所需的缓冲区，缓冲区的大小随机器而异。

2. 非缓冲区文件系统的特点

非缓冲区文件系统的特点不是由系统自动设置缓冲区，而是用户自己根据需要设置。

比较而言，缓冲文件系统的功能强、使用方便，由系统代替用户完成许多操作，提供了许多方便。而非缓冲系统则直接依赖于操作系统，通过操作系统的功能直接对文件进行操作。所以它又称为"系统输入/输出"或"低层输入/输出"系统。

这两种磁盘文件系统的区别主要体现在以下几点：

（1）这两种文件系统分别对应使用不同的输入/输出函数。

（2）为方便起见，一般把缓冲文件系统的输入/输出称为标准输入/输出（标准 I/O），非缓冲文件系统的输入/输出称为系统级输入/输出（系统 I/O）。

（3）在传统的 UNIX 标准中，用缓冲文件系统处理字符代码文件，也就是对文本文件进行操作；用非缓冲文件系统处理二进制文件。

（4）新的 ANSI 标准中只建议使用缓冲文件系统，并对缓冲文件系统的功能进行了扩充，使之既能用于处理字符代码文件，也能处理二进制文件。

（5）目前使用的许多 C 语言版本都提供以上两种文件系统。但非缓冲文件系统依赖于操作系统版本，可移植性较差。由于标准 C 已建议不再使用非缓冲文件系统，因此建议在编写程序时不要再用非缓冲系统。这里之所以提到非缓冲系统，是由于就目前而言，原有的用非缓冲系统编写的程序还会使用。为使大家在阅读这些程序时不至于感到茫然，还是对它作了简单的介绍。

 ## 12.1　缓冲型文件指针变量的定义

1. 文件信息区的定义

当要调用一个文件的时候，首先应该知道关于该文件的一些必要信息。这些信息包括：文件当前的读写位置、对应该文件的内存缓冲区地址、缓冲区中未被处理的字符数、文件操作方式等。

缓冲文件系统将这些信息存放在内存中一个"文件信息区"的地方，每个文件对应一个"文件信息区"。这个位于内存中的"文件信息区"，是一个由系统自动定义的结构体变量。其定义形式如下：

```
typedef    struct
{  int  _fd;                /*文件号*/
   int  _cleft;             /*缓冲区中剩下的字符*/
   int  _mode;              /*文件操作模式*/
   char  * _next;           /*下一个字符位置*/
   char  * _buff;           /*文件缓冲区位置*/
}FILE;
```

对 FILE 的定义是在 stdio.h 头文件中由系统事先指定的。结构体中存放有关文件信息的成员名、成员个数、成员作用等，不同的 C 版本其具体定义也不同。

2. 文件（FILE）类型指针的使用

当程序用到一个文件的时候，系统就会为这个文件开辟一个 FILE 类型的结构体变量。有几个文件就开辟几个这样的结构体变量，分别用来存放各个文件的有关信息。这些结构体变量没用变量名标识，而通过一个指向该结构体变量的指针进行访问。

定义文件类型指针变量的一般形式如下：

FILE   *文件结构体指针变量名;

例如：FILE   *fp1,*fp2,*fp3;

上面的例子表示定义了 3 个文件指针变量 fp1、fp2、fp3。它们都是 FILE 类型的结构体指针变量，但此时它们并没有具体指向哪一个结构体变量。只有把某一个文件的结构体变量的起始地址赋给这些指针，它们才能指向该 FILE 结构体变量。如图 12-2 所示，此时这些指针指向对应的文件，通过它们就可以访问相应文件的信息区，从而达到操作有关文件的目的。

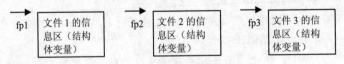

图 12-2　指向文件的文件类型指针

文件指针是缓冲文件系统的一个很重要的概念，只有通过文件指针才能调用相应的文件。

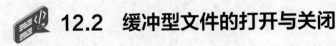 ## 12.2　缓冲型文件的打开与关闭

12.2.1　文件的打开（fopen()函数）

对磁盘文件的操作顺序是"先打开，再读写，最后关闭"。下面将对文件的这些操作进行详

细的说明。

1. fopen()函数的调用形式

文件的"打开"是用 fopen()函数来实现的。它的具体调用方式如下：

```
FILE *fp;
fp=fopen(文件名,文件使用方式);
```

例如：`fp=fopen("file1","r");`

上面的例子表示要打开文件的文件名为 file1，使用文件的方式为"只读方式"（即只能从文件读入数据而不能向文件写数据）。

2. 文件的使用方式

有关文件的使用方式详见表 12-1。

表 12-1　文件使用方式

文件使用方式	含　义	文件使用方式	含　义
r（只读）	为输入打开一个字符文件	r+（读写）	为读/写打开一个字符文件
w（只写）	为输出打开一个字符文件	w+（读写）	为读/写建立一个新的字符文件
a（追加）	向字符文件尾增补数据	a+（读写）	为读/写打开一个字符文件
rb（只读）	为输入打开一个二进制文件	rb+（读写）	为读/写打开一个二进制文件
wb（只写）	为输出打开一个二进制文件	wb+（读写）	为读/写建立一个新的二进制文件
ab（追加）	向二进制文件尾增补数据	ab+（读写）	为读/写打开一个二进制文件

可以看出在文件使用方式中，后 6 种方式是在前 6 种方式的基础上加一个"+"符号。它们的区别是，后 6 种方式是在前 6 种方式（即单一的读或写的方式）的基础上扩展为又能读又能写的方式。例如，方式"r"和方式"r+"都是为输入打开一个字符文件，该文件必须存在。用方式"r"时只能对该文件读，而用方式"r+"时则可对该文件执行读操作，在读完数据后可以向该文件写入数据（更新文件）。而方式"w+"则是建立一个新文件（使用方式"w"或"w+"时，若存在同名的文件，则在打开时将该文件删除），可以对它写入数据，然后又可以读入这些数据。同样，对于方式"a"可以向一个原已存在的文件末尾补加新的数据（该文件必须存在）。用"a+"方式打开的文件，原来的文件不被删除，位置指针移到文件末尾，可以添加，也可以读。

上面的介绍均是 ANSI 标准的规定。可以看到它能够处理字符文件和二进制文件。但需要注意的是，目前使用的一些 C 语言的缓冲文件系统不具备以上全部功能，比如这些系统只能用"r"、"w"和"a"方式来处理字符文件，而不能用"rb"、"wb"和"wb"方式来处理二进制文件（这是因为沿用以前 UNIX 缓冲文件系统的规定）。有的 C 语言缓冲文件系统不用"r+"、"w+"和"a+"，而用"rw"、"wr"和"ar"等。因此在用到有关这些方式时请注意查阅 C 语言系统的说明书或上机试一下。

3. fopen()函数的返回值

调用 fopen()函数后，fopen()函数有一个返回值。它是一个地址值，指向被打开文件的文件信息区（结构体变量）的起始地址。如果在执行打开操作时失败（如用"r"方式打开一个不存在的文件），则函数返回值是一个 NULL 指针（即地址值是 0，它是一个无效的指向）。函数的返回值应当立即赋给一个文件类型指针变量（如前面定义的 fp1、fp2 或 fp 等），以便以后能通过该指针变量来访问此文件，否则此函数返回值就会丢失而导致程序中无法对此文件进行操作。

4. 打开文件后系统得到的信息

由以上可知，在打开一个文件时，程序将会通知编译系统 3 个方面的信息：

（1）要打开哪一个文件，以"文件名"指出。

（2）对文件的使用方式。

（3）函数的返回值赋给哪一个指针变量，或者说，让哪一个指针变量指向该文件。

5. 打开文件的过程

打开文件的过程可用图 12-3 表示。

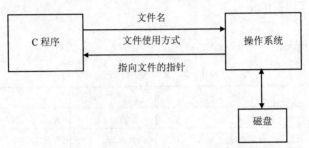

图 12-3　缓冲系统中打开文件的过程

在实际应用时，常用下面的方法打开一个文件：

```
if((fp=fopen("file1","r"))==NULL)
    { printf("不能打开此文件.\n"); exit(0);}
```

当执行 fopen()函数后，如果文件顺利打开，则将该文件信息区（结构体变量）的起始地址赋给指针变量 fp，也就是使指针 fp 指向该文件信息区的结构体；如果打开失败，则 fp 的值为 NULL，并输出信息"不能打开此文件"，然后执行 exit(0)。

exit()是一个函数，在头文件 stdlib.h 进行了说明，它的作用是关闭所有文件，使程序结束，并返回到操作系统，同时把函数括弧中的值传送给操作系统。一般情况下，exit(0)表示正常退出；如果括弧内为非零值，则表示程序是出错后退出的。也可以使括弧内空缺，即 exit()。

对于磁盘文件，在使用前先要打开，而对于终端设备，尽管它们也作为文件来处理，但并未看到"打开文件"的操作。这是因为，在程序运行时，系统自动地打开 3 个标准文件，它们是：标准输入、标准输出和标准输入/输出。系统会自动定义 3 个指针变量：stdin、stdout 和 stderr，分别指向标准输入、标准输出和标准输入/输出。这 3 个文件都是以终端设备作为输入/输出对象的。如果指定输出一个数据到 stdout 所指向的文件，就是指输出到终端设备。为了使用方便，允许在程序中不指定这 3 个文件，即系统隐含的标准输入/输出文件是指终端。

12.2.2　文件的关闭（fclose()函数）

当完成一个文件的读写操作后，应该用 fclose()函数关闭文件，其具体的形式如下：

fclose(文件指针变量);

例如：fclose(fp);

通过上面对 fclose()函数的调用，系统将对应指针指向的文件关闭，也就是释放文件信息区（结构体变量）。这样，原来的指针变量不再指向该文件，此后也就不可能通过此指针来访问该文件。如果是执行写操作后用 fclose()函数关闭文件，则系统会先将输出文件缓冲区的内容（不论缓冲区是否已满）都输出给文件，然后再关闭文件。这样可以防止丢失本来应写到文件上的数据。

如果不关闭文件而直接使程序停止运行，这时就会丢失缓冲区中还未写入文件的信息。因此文件用完后必须关闭。

12.3 缓冲型文件的读写

12.3.1 输入和输出一个字符

1. 输出一个字符到磁盘文件

在 C 系统中，fputc()函数完成一个字符的输出操作，其具体形式如下：

fputc(字符变量,文件指针变量);

例如：fputc(ch,fp);

上例中，将字符变量 ch 的值输出到指针变量 fp 所指向的 FILE 结构体的文件（简称为指向该文件）中。这个 fp 的值是用 fopen()函数打开文件时得到的。fputc()函数也有一个函数返回值。如果执行此函数成功就返回被输出的字符，否则就返回 EOF（EOF 是一个符号常量，在头文件 stdio.h 中被定义为–1）。

例 12-1 从键盘输入一串字符存入 file1.txt 文件。

```
#include "stdio.h"
#include "stdlib.h"
void main()
{ FILE *fp;char ch;
  if((fp=fopen("file1.txt","w"))==NULL)
    { printf("不能打开此文件.\n");exit(0);}
  while((ch=getchar())!='\n')fputc(ch,fp);
  fclose(fp);
}
```

运行情况是：当输入"this is a c program."并按【Enter】键后，这些字符被输出到磁盘文件 file1.txt 中，此程序是这样执行的：先打开一个文件（是"只写"方式的），并使指针变量指向此文件的 FILE 结构体。然后执行一个循环，每执行一次循环体从键盘读入一个字符，然后向磁盘文件输出该字符。应当说明的是，实际上从键盘输入的字符并不是立即送给 ch，而是在键盘输入一个回车后，才送到缓冲区中。每次从缓冲区中读数据，直到读入一个'\n'为止。

可以用记事本等文本编辑软件验证"file1.txt"文件中是否已有上面输入的字符串，若文档内容显示"this is a c program."，则可以证明在 file1.txt 文件中确实存在这样一个字符串。

2. 从磁盘文件中读取一个字符

在 C 系统中，用 fgetc()函数从磁盘文件中读取一个字符。具体形式如下：

字符变量=fgetc(文件指针变量);

例如：ch=fgetc(fp);

从指针变量 fp 所指向的文件中读入一个字符并赋给字符变量 ch，该函数的值就是该字符。如果执行 fgetc()函数时遇到文件结束符，则函数返回文件结束符 EOF（即–1）。注意这个–1 并不是函数读入的字符值，因为没有一个字符的 ASCII 码为–1。当操作系统判断出文件中最后一个字符已被读出时，它就使函数的返回值为–1。

例 12-2 将文本文件 file1.txt 中的内容显示出来。

```c
#include "stdio.h"
#include "stdlib.h"
void main()
{ FILE *fp;char ch;
  if((fp=fopen("file1.txt","r"))==NULL)
    { printf("不能打开此文件.\n");exit(0);}
  while((ch=fgetc(fp))!=EOF)putchar(ch);
  fclose(fp);
}
```

视频

将文本文件
file1.txt 中的
内容显示出来

程序运行结果如下：

this is a c program.

（1）在本程序中，"file1.txt" 是作为 "只读" 方式打开的（一定不要写成 "w" 方式）。执行 while 循环时，每次从 file1.txt 文件中读入一个字符，赋给 ch 变量，然后在终端输出该字符，直到读字符时遇到文件结束标志为止（此时 fgetc()函数返回 EOF，即-1）。

（2）程序运行时没有从终端输入，而是从磁盘文件逐个读入字符，并在终端输出。在实际执行时，并非每读一次字符都要访问一次磁盘，而是成批地将字符送入缓冲区后，每次执行 fgetc() 函数时从缓冲区取数据。

（3）程序中在终端显示字符的语句："putchar(ch);" 也可改为："fputc(ch,stdout);"。前面已介绍，stdout 是指向标准输出设备（也就是终端）的指针变量，用 fputc()函数指定 ch 在 stdout 指向的文件输出，就相当于执行一次 putchar(ch)函数。

（4）为了书写上的方便，有的 C 版本把 fputc()函数和 fgetc()函数定义为宏名 putc 和 getc，即：

```c
#define putc(ch,fp) fputc(ch,fp)
#define getc(fp) fgetc(fp)
```

因此，用 putc(ch,fp)和用 fputc(ch,fp) 效果是一样的。其实以前介绍的从键盘输入的 putchar() 和 getchar()函数也是宏名，即：

```c
#define putchar(c)  fputc(c,stdout)
#define getchar()   fgetc(stdin)
```

从用户的角度，完全可以把 putchar、getchar、putc、getc 看作是函数，而不必严格地称它为宏。

例 12-3 统计任意文本文件中的字符个数。

```c
#include"stdio.h"
#include "stdlib.h"
void main()
{ FILE *fp; int count=0;
  char *p="file1.txt";  /* 字符指针 p 指向需统计字数的文件名*/
  if((fp=fopen(p,"r"))==NULL)
    { printf("不能打开%s 文件.\n",p);exit(0);}
  while(fgetc(fp)!=EOF)count++;
  fclose(fp);
  printf("文件%s 的字符个数是%d.",p,count);
}
```

视频

统计任意文本
文件中的字符
个数

该程序统计 file1.txt 文件中的字符个数。本程序用"r"方式打开一个字符文件，用 EOF（即 –1）来判断读入是否已达文件尾，这些均是合适的。因为如果读入的字符的 ASCII 码值为-1，显然不是合法字符。用其作为文件结束标志是可以的。但是由于 ANSI 标准把缓冲文件系统扩充用于二进制文件，用一个 fgetc() 读一个字节，这就出现了问题。因为二进制文件中的某一字节内容可能存在整数–1（即 8 位全为 1，也就是二进制数 11111111），这恰好是 EOF 值。所以如果在读写二进制文件时仍如同处理字符文件那样以 EOF 作为文件结束标志就会出问题，把本来有用的数据当成了"文件结束"来处理。为了解决这个问题，ANSI C 提供了一个函数 feof() 来判断文件是否真的结束。当 feof(fp) 的值为 1 时说明文件结束，为 0 时说明文件没有结束。

如果想顺序读入一个二进制文件中的数据，而不用 EOF 来判断结束，可以书写如下的语句：

```
while(feof(fp)==0){ch=fgetc(fp);…}
```

或者用简化形式：

```
while(!feof(fp)){ch=fgetc(fp);…}
```

当未遇文件结束，feof(fp) 的值为 0，故 !feof(fp) 的值为 1，执行循环体，读入一个字节并赋给 ch，然后作所需要的处理。这种方法也适用于字符文件。

12.3.2 输入和输出一个字符串

在 C 系统中，输入和输出一个字符串的操作可以用 fgets() 函数和 fputs() 函数来实现，其中 fgets() 函数用来读入一个字符串，而 fputs() 函数用来输出一个字符串，其具体形式分别如下：

1. 利用 fgets() 函数实现字符串的读入

```
fgets (字符数组,读取到字符数组中的字节数,文件指针变量);
```

例如：fgets (str,n,fp);

在上例，从指针 fp 指向的文件中读取 n–1 个字符（注意不是 n 个字符），并把它放到字符数组 str 中。如果在读入 n–1 个字符完成之前遇到换行符 '\n' 或文件结束符 EOF，则结束读入并将遇到的换行符 '\n' 也作为一个字符送入 str 数组。系统最后会在读入的字符串之后自动加一个 '\0'，因此送到字符数组 str 中的字符串（包括 '\0' 在内）最多可占用 n 个字节。fgets() 函数的返回值为 str 数组首地址，如果读到文件尾或出错则返回 NULL。

2. 利用 fputs() 函数实现字符串的写入

```
fputs (字符串或字符串变量,指针变量);
```

例如：fputs(str,fp);

通过 fputs() 函数的调用，完成将字符数组 str 中的字符串（或字符指针指向的串，或字符串常量）输出到 fp 所指向的文件。但字符串结束符 '\0' 不输出。

例 12-4 从键盘输入若干行字符，把它们输出到磁盘文件上保存。

视频

将键盘输入的若干行字符保存到磁盘文件上

```
#include "stdio.h"
#include "string.h"
#include "stdlib.h"
void main()
{ FILE *fp;char string[81];
  if((fp=fopen("file2.txt","w"))==NULL)
    { printf("不能打开此文件.");exit(0);}
  while(strlen(gets(string))>0)
```

```
    { fputs(string,fp);fputs("\n",fp);}
  fclose(fp);
}
```

运行情况如下：

While there is a lower class I am in it.（回车）

Nice to meet you.（回车）

（回车）

（以上各行字符串均送到 file2.txt 文件中）

运行时，每次输入一行字符，然后按【Enter】键，这个字符串就被送到 string 字符数组，用 fputs()函数把此字符串送到 file2.txt 文件中。由于 fputs()函数不会自动的在输出一个字符串之后加上一个字符'\n'，所以必须单独用个 fputs()函数输出一个'\n'，以便以后从文件中读取数据能区分开各个字符串。当输入完毕所有的字符串之后，在最后一行开始就按【Enter】键，此时字符串长度为 0，循环结束，关闭文件，终止程序。

若验证 file2.txt 文件中是否已输入以上字符串，可用记事本或各类文本编辑软件查看。

例 12-5 从文本文件中读回字符串，并在屏幕上显示出来。

```
#include "stdio.h"
#include "stdlib.h"
void main()
{ FILE *fp;char string[81];
  if((fp=fopen("file2.txt","r"))==NULL)
    { printf("不能打开此文件.");exit(0);}
  while(fgets(string,81,fp)!=NULL)printf("%s",string);
  fclose(fp);
}
```

视频

从文本文件中
读取字符串并
显示

运行结果如下：

While there is a lower class I am in it.

Nice to meet you.

分析：

① fgets()函数如返回 NULL 表示已到文件尾或文件出错。只要未遇文件尾，则每次读入一行字符，并用 printf()函数向终端输出。

② 程序中 printf()函数的格式转换符 "%s" 后面没有'\n'（即没有写成 "%s\n"）。原因是 fgets()函数读入的字符串中已包含换行符'\n'。

③ 这里要提到在 C 语言中对'\n'的处理问题。C 语言对一行结束的处理方法与 MS-DOS 不同。在 C 语言中以单个字符做换行符（'\n'，ASCII 码值为十进制的 10），而 DOS 中的一行结尾以两个字符为标志，即一个 "回车"（ASCII 码为 13）和一个换行符'\n'（ASCII 码为 10）。当在 DOS 操作系统支持下，在输入一行后按【Enter】键时，实际上是发出 "回车" 与 "换行"，或者是采用习惯的 CR/LF（CR 代表 "回车"，LF 代表 "换行"）。当它输入到 C 程序时，系统会自动将这两个字符转换为一个换行符（LF 或'\n'）。反之，若从 C 程序向终端、打印机或磁盘文件输出一个'\n'时，又自动转换为 CR/LF 两个字符。从磁盘文件输入一行字符的时候，遇到 CR\LF 则转换成单个字符'\n'。

12.3.3 格式化的输入和输出

1. 格式化输入/输出函数

前面我们用格式化输入函数 scanf()从终端输入数据，用格式化输出函数 printf()向终端输出数据。但是如果输入/输出的对象不再是终端，而是磁盘文件，上面的两个函数显然已不再适用。

对于面向磁盘文件的格式化输入和输出，就要用到 fscanf()和 fprintf()这两个函数。各在 scanf 和 printf 这两个名字前面加一个字母 f，表示是对"文件"（file）的操作。它们的一般调用方式为：

```
fprintf(文件指针,格式字符串,输出表列);
fscanf(文件指针,格式字符串,输入表列);
```

参数格式字符串、输入/输出表列的规定及使用方法同 scanf()和 printf()中的规定。例如：

```
fprintf(fp,"%d,%6.2f",i,t);
```

它的作用是将整型变量 i 和实型变量 t 的值按%d 和%6.2f 的格式输出到文件指针 fp 指向的文件中。如果 i=3,t=4.5，则输出到磁盘文件上的是以下的字符串：

```
3,^^4.50
```

同样，用以下 fscanf()函数可以从磁盘文件上读入 ASCII 字符：

```
fscanf(fp,"%d,%f",&i,&t);
```

磁盘文件上如果有字符：3,4.5

则将磁盘文件中的数据 3 送给变量 i，4.5 送给变量 t。

用 fprintf()和 fscanf()函数对磁盘文件读写，使用方便，容易理解，但由于在输入时要将 ASCII 码转换为二进制形式，在输出时又要将二进制形式转换成字符，花费时间比较多。因此，在内存与磁盘频繁交换数据的情况下，最好不用 fprintf()和 fscanf()函数。

2. 格式化输入/输出举例

例 12-6 写格式化数据到磁盘文件。

```
#include "stdio.h"
#include "string.h"
#include "stdlib.h"
void main()
{ FILE *fp;char name[20];int num;float score;
  if((fp=fopen("file3.txt","w"))==NULL)
        {printf("不能打开此文件。"); exit(0);}
  printf("输入姓名、学号和成绩: ");
  scanf("%s %d %f",name,&num,&score);
  while(strlen(name)>1)
  { fprintf(fp,"%s %d %f",name,num,score);
    printf("输入姓名、学号和成绩: ");
    scanf("%s %d %f",name,&num,&score);
  }
  fclose(fp);
}
```

视 频

写格式化数据
到磁盘文件

运行情况如下：

```
输入姓名、学号和成绩: Wang 1001 89.5 (回车)
输入姓名、学号和成绩: Ling 1003 67 (回车)
输入姓名、学号和成绩: x 0 0 (回车)
```

运行程序后，要求先输入一个学生的姓名、学号和成绩。如果输入的姓名长度大于 1，则表示是有效数据，然后将它们输出到磁盘文件 file3.txt 中；接着输入第二个学生的数据，再把它们输出给磁盘文件，直到输入全部有效数据为止。此时输入一个字母（姓名的特例，作为结束输入的标志）和两个 0，程序测出 strlen(name) 的值不大于 1，则循环终止。

在输入以上数据后，磁盘文件 file3.txt 中已存储了以上数据。可以用各类编辑软件查看。

```
Wang 1001 89.500000Ling 1003 67.000000
```

由于在 fprintf() 函数中没有输出'\n'，因此几次输出的数据是连续存放在一行的。但不影响再把它们读回到程序中。

例 12-7 将例 12-6 中输出给文件的数据读回到程序并输出到显示屏上。

```
#include "stdio.h"
#include "stdlib.h"
void main()
{ FILE *fp;char name[20];int num;float score;
  if((fp=fopen("file3.txt","r"))==NULL)
    { printf("不能打开此文件");exit(0);}
  while(fscanf(fp,"%s %d %f",name,&num,&score)!=EOF)
          printf("%-20s %6d %6.2f\n",name,num,score);
  fclose(fp);
}
```

视频

读取格式化文件数据并显示

运行结果如下：

```
Wang              1001 89.50
Ling                1003 67.00
```

虽然 file3.txt 中的数据之间没有用回车换行分隔，但用格式输入不受影响。由于 fscanf() 函数是连续从缓冲区中读数据的，因此用函数 fscanf() 能够控制应读入的数据，然后在 printf() 函数中加'\n'以便在显示屏上分行显示。

如果在例 12-6 中的 fprintf() 函数中加一个'\n'，即：

```
fprintf(fp,"%s %d %f\n",name,num,score);
```

那么在 file3.txt 文件中的数据形式为：

```
C>: type file3.txt
  Wang    1001 89.500000
  Ling    1003 67.000000
```

与例 12-7 读入时效果相同。这和用 scanf() 函数从终端输入时的情况是相似的，即在一行中输入数据和用若干行输入这些数据的作用相同。

12.3.4 按"记录"的方式输入和输出

1. fread() 和 fwrite() 函数的调用

除了用以上介绍的方式读写文件之外，ANSI 标准还对缓冲文件系统作了扩充，允许按"记录"（即按数据块）来读写文件。这是以前 UNIX 系统中的缓冲文件系统所不提供的。C 提供的这种读写方式，可以方便地对程序中的数组、结构体数据进行整体输入/输出。C 语言是用 fwrite() 和 fread() 函数按"记录"进行读写的，其调用形式如下：

```
fread (buffer,size,count,fp);          //读入文件
fwrite(buffer,size,count,fp);          //写入文件
```

（1）buffer 是一个指针变量（或数组名），对 fread()来说，它是读入数据存储区的起始地址，对 fwrite()来说，是将要输出数据存储区的起始地址；size 为要读写的字节数；count 表示要读写多少个 size 字节的数据项；fp 为文件类型指针变量。

（2）fread()和 fwrite()的函数返回值为实际上已读入或输出的项数。也就是说如果执行成功则返回 count 的值。

（3）用 fread()和 fwrite()函数按"记录"读写时，必须采用二进制方式。ANSI 标准就是企图用这种方式来取代原来用非缓冲文件系统处理二进制文件的方法。

例如：fwrite(arr,100,2,fp);

表示从数组名 arr 所代表的数组起始地址开始，每次输出 100 个字节的数据，共输出 2 次，输出到 fp 所指向的磁盘文件中。如执行成功，函数的返回值为 2。

2. 按"记录"方式输入/输出举例

例 12-8 从键盘输入一批学生数据，然后存储到磁盘上。

```
#include "stdio.h"
#include "stdlib.h"
struct
{ char  name[20];
  long  num;
  float score;
}stud;
void main()
{ char numstr[81],ch;FILE *fp;
  if((fp=fopen("stud.rec","wb"))==NULL)
    { printf("不能打开 stud.rec 文件");exit(0);}
  do{ printf("\n键入姓名: ");gets(stud.name);
      printf("键入学号: ");gets(numstr);stud.num=atol(numstr);
      printf("键入分数: ");gets(numstr);stud.score=atof(numstr);
      fwrite(&stud,sizeof(stud),1,fp);
      printf("还输入其他学生的档案吗？(y/n)");
      ch=getchar();getchar();
    }while(ch=='y');
  fclose(fp);
}
```

视 频

从键盘输入一批学生数据存储到磁盘上

运行情况如下：

键入姓名：Wang Li（回车）
键入学号：89101（回车）
键入分数：89.5（回车）
还输入其他学生的档案吗？(y/n)y
键入姓名：Ling Li（回车）
键入学号：89105（回车）
键入分数：78（回车）
还输入其他学生的档案吗？(y/n)n

文件的打开方式是"wb"，即"二进制只写"方式。fwrite()函数的作用是将结构体变量的内容送到文件"stud.rec"中。程序用表达式 sizeof(stud)来直接给出一次输出的字节数，它就是一个结构体变量的长度。每输入完一个学生的数据后，系统就将这些数据写入文件中。

用 fwrite()函数不仅能输出结构体变量的内容，也可以输出一个数组的全部元素值给文件。

例如，如果 table 已定义为数组名，则用下面语句可输出其全部元素：

```
fwrite(table,sizeof(table),1,fp);
```

🔔 **注意：**

不能用记事本等文本编辑软件打开 stud.rec 文件的内容，因为文件是以二进制形式存储的。存在于 stud.rec 文件中的二进制信息可以用 fread()函数读取。

例 12-9 按"记录"读取磁盘文件 stud.rec 中的数据。

视频

按"记录"读取磁盘文件中的数据

```c
#include"stdio.h"
#include"stdlib.h"
struct
{ char  name[20];
  long  num;
  float score;
}stud;
void main()
{ char numstr[81],ch;FILE *fp;
  if((fp=fopen("stud.rec","rb"))==NULL)
        {printf("不能打开 stud.rec 文件.");exit(0);}
  while(fread(&stud,sizeof(stud),1,fp)==1)
    {  printf("\n 姓名: %s\n",stud.name);
       printf("学号: %ld\n",stud.num);
       printf("分数: %6.2f\n",stud.score);
     }
  fclose(fp);
}
```

程序运行结果如下：

```
姓名: Wang Li
学号: 89101
分数: 89.50
姓名: Ling Li
学号: 89105
分数: 78.00
```

程序中表达式"fread(&stud,sizeof(stud),1,fp);"完成从磁盘文件 stud.rec 中读取一个长度为 sizeof(stud)字节的数据块的功能。这个数据块的长度就是结构体变量 stud 的长度。读入的数据存放在 stud 变量的各成员中。应当保证读入的数据长度和例 12-8 程序中用 fwrite()函数输出的长度、类型一致，否则读回的数据将会是错误的。例如，如果在例 12-8 中对成员 num 定义为 short 型，而在本程序中对 num 定义为 long 型，这样用 fwrite()函数输出一次的长度和用 fread()函数读入一次的长度不同，破坏了数据间的相应关系，结果就会出错。

如果执行 fread()函数成功，即正确地读入了一个指定长度的数据块后，fread()函数返回值为 1（因为 fread()函数的第三个参数为 1，即每次只读一个指定长度的数据项）。因此在 while 语句中判断 fread()函数返回值是否为 1，如为 1 就表示磁盘文件还未读完，读入的是有效数据，如为 0，表示未能读入数据，说明文件结束。

用"记录"输入/输出读写文件，采用的是二进制方式，这就比用 ASCII 代码方式（文本方式）节省内存。例如，本例中 num 为 long 型，在内存中占 4 个字节，score 占 4 个字节。输出到磁盘文件时也和内存中情况一样。如果采用文本方式,则会多占内存。此外,一次读入一个"记录",也节省了时间。

还有一个问题要说明的是:对字符文件读写时,在输入回车换行时转换为换行符,在输出换行符'\n'时转换为回车换行(CR/LF)。在对二进制文件进行读写时,不进行这种转换。在内存中的数据形式与输出到磁盘文件中的数据形式完全一致。

12.4 缓冲型文件的定位与随机读写

12.4.1 文件的定位

1. 顺序读写与读写位置指针

上面介绍的对文件的读写都是顺序读写,即从文件的开头逐个进行数据读或写。文件中有一个"读写位置指针",指向当前读或写的位置。在顺序读写时,每读完或写完一个数据后该位置指针就自动移到它后面一个位置。如果读写的数据项包含多个字节,则对该数据项读写完后位置指针移到该数据项之末(即下一次数据的起始地址),如图 12-4 所示:图中箭头①为文件打开时位置指针的指向,读完数据项 a(假设 a 为整型,占 2 字节)后位置指针的指向见②;读完 b(设 b 为 long 型)后位置指针的指向见③,读完 c(设 c 为字符型)后位置指针的指向见④;读完 d(设 d 为一字符数组)后的指向见⑤。

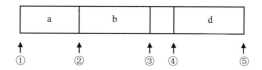

图 12-4 顺序读写中读写位置指针的移动

2. 与文件定位有关的函数

(1)fseek()函数。

格式:`fseek(文件类型指针,位移量,起始点);`

功能:使文件指针位置移动到指定位置。

说明:

① "起始点"是指以什么地方为基准进行移动,用数字代表:

- 0 代表文件开始处。
- 1 代表文件位置指针的当前指向。
- 2 代表文件末尾。

② "位移量"指以"起始点"为基点向前(后)移动的字节数。如果它的值为正数,表示移动方向按指针所指方向移动;如果是负数,表示移动方向按指针所指的反方向移动。

位移量应为 long 型数据,这样可以保证当文件的长度很长时(如大于 64 KB),位移量仍在 long 型数据的表示范围之内。

③ 如果执行 fseek()函数成功,函数值返回 0,如果失败则返回一个非零值。例如:

```
fseek(fp,10L,0);        /*将位置指针从开始处后移 10 个字节*/
fseek(fp,-20L,1);       /*将位置指针从当前位置前移 20 个字节*/
```

```
fseek(fp,-50L,2);          /*将位置指针从文件末尾前移 50 个字节*/
```

（2）ftell()函数。

格式：`ftell(文件指针);`

功能：告知用户文件位置指针的当前指向。

例如：`ftell(fp);`

说明：在上面的例子中，ftell(fp)的返回值是 fp 所指向的文件中位置指针的当前指向。如果出错（如不存在此文件），则该函数返回值为-1。

（3）rewind()函数。

格式：`rewind(文件指针);`

功能：使文件位置指针重新返回到文件的开头处。

例如：`rewind (fp);`

说明：该函数无返回值。

12.4.2　随机读写

1. 随机读写的概念

如果我们希望能够直接读取某一个数据，而不必像上面那样按物理顺序逐个地读下去，是不是可以呢？回答是肯定的。这种可以任意指定读写位置的操作被称为随机读写。由于读写位置指针的存在，所以只要移动位置指针到所需的地方，就能实现这种随机读写文件。

指针的移动是通过调用前面介绍的 fseek()函数来实现的。

2. 随机读写文件的举例

例 12-10　按例 12-8 建立的 stud.rec 文件，从任意指定位置输出一个学生的记录。

```c
#include "stdio.h"
#include"stdlib.h"
struct
{char name[20];
 long num;
 float score;
}stud;
void main()
{ FILE *fp;int rec_no;long offset;
  if((fp=fopen ("stud.rec","rb"))==NULL)   /*打开文件*/
    { printf("不能打开 stud.rec 文件");exit(0);}
  printf("键入你要查找的档案号: ");scanf("%d",&rec_no);
  offset=(rec_no-1)*sizeof(stud);
  if(fseek(fp,offset,0)!=0){printf("文件定位失败。");exit(0);}
  fread(&stud,sizeof(stud),1,fp);
  printf("\n 姓名: %s\n",stud.name);
  printf("学号: %ld\n",stud.num);
  printf("分数: %6.2f\n",stud.score);
  fclose(fp);
}
```

视频

任意指定位置输出学生的信息

运行结果如下：

键入你要查找的档案号: 2

姓名: Ling Li
学号: 89105
分数: 78.00
键入你要查找的档案号: 1
姓名: Wang Li
学号: 89101
分数: 89.50

程序中，位移量 offset 的值应该是：（记录号−1）× 记录所包含的字节数。如果 fseek() 函数返回一个非零值，表示未能正确执行此函数。如果正确执行此函数，则移动位置指针，函数读出一个记录（它包含一个结构体变量的字节数），然后将这些数据送到以 &stud 开始的地址中，也就是赋给了结构体变量各成员项，最后打印出来。

事实上，C 语言的随机读写能实现的只是"随机读"，并没有实现随机写。

例12-11 将一个磁盘文件的内容复制到另一个文件中，即实现类似 copy 命令的功能。

```c
#include "stdio.h"
#include "stdlib.h"
char buff[32768];
void main()
{   FILE *fp1,*fp2;
    char *p1="file1.txt",*p2="file2.txt";
    unsigned int bytes,bfsz=32768;
    unsigned long i=0;
    if((fp1=fopen(p1,"rb"))<0)
      { printf("不能打开%s 文件.",p1);exit(0);}
    if((fp2=fopen(p2,"wb"))<0)
      { printf("不能打开%s 文件.",p2);exit(0);}
    while(bfsz)
    { if(fread(&buff,bfsz,1,fp1))
          {fwrite(&buff,bfsz,1,fp2);i=i+bfsz;}
      else {fseek(fp1,i,0);bfsz=bfsz/2;}
    }
    fclose(fp1);fclose(fp2);
}
```

视 频

将一文件的内容复制到另一个文件中 i

该程序将指针变量 p1 指向的文件复制到指针变量 p2 指向的文件中，可以用来复制任何文件（包括字符文件和二进制文件）。

这个程序设计的思路是：将文件 p1 指向的文件读入，然后输出到文件 p2 指向的文件中。一次读入多少个字节可在程序中指定。

假设在一般情况下，一次将磁盘文件（p1 指向的文件）中的 32 768 个字节读入内存的一个数组中。bfsz 是指定一次读入和输出的字节数，开始时它的值为 32 768，如果第一次能读入 32 768 个字节，则 fread() 函数的返回值为 1，则输出 32 768 个字节给磁盘文件 p2 指向的文件中。

变量 i 表示文件中当前读写位置，即位置指针。如果读到最后一个记录，不足 32 768 个字节，则 fread() 函数返回值为 0，此时执行 else 部分，fseek() 函数使位置指针指向文件开始处的第 i 个字节处，即已被复制出的部分的末尾。然后使 bfsz 缩小一半（思路是这样的：既然不足 32 768 个字节，就只读 32 768/2 个字节）。下次执行 fread() 函数时，一次准备读入 32 768/2= 16 384 字节，如果读入数据成功，i 就等于已读字节数再加上 16 384 字节。如果最后一个记录连 16 384 个字节还不到，则 fread() 函数返回 0，进而执行 else 部分，将位置指针还原到执行 fread() 函数之前

处，再使 bfsz 减少一半，即下一次准备读入 8 192 个字节。如果仍不足 8 192 个字节那么 bfsz 再减一半，如此下去直到把最后一个记录读完为止。

例 12-12 用另一种文件读入的方式实现上例的功能。

视 频

将一文件的内
容复制到另一
个文件中 ii

```c
#include "stdio.h"
#include "stdlib.h"
char buff[512];
void main()
{ FILE *fp1,*fp2;
  unsigned int bytes,bfsz=512;
  char *p1="file1.txt",*p2="file2.txt";
  int n=0;char ch;
  if((fp1=fopen(p1,"rb"))<0)
    { printf("不能打开%s 文件.",p1);exit(0);}
  if((fp2=fopen(p2,"wb"))<0)
    {printf("不能打开%s 文件.",p2);exit(0);}
  while(fread(&buff,bfsz,1,fp1))
    { fwrite(&buff,bfsz,1,fp2); n++;}
  fseek(fp1,512L*n,0);
  ch=fgetc(fp1);
  while(!feof(fp1)){fputc(ch,fp2);ch=fgetc(fp1);}
  fclose(fp1); fclose(fp2);
}
```

与例 12-11 思路不同的是：对于最后一个记录，程序并没有采用减半的方法，而是逐个字符读入并输出到 p2 指向的文件中。

现在把 buff 数组大小改为 512，被复制的文件如果是小的文件，数组 buff 定得小一些可以节省内存，而且避免在读最后一个记录时执行过多的循环次数。

最后一个 while 循环的作用是依次读入并输出一个字符。需要注意的是在这里 feof()函数的用法。feof()函数的作用是测试是否遇到文件结束标志。注意程序中最后 while 循环不应该写成：

```c
while(!feof(fp1)){ch=fgetc(fp1); fputc(ch,fp2);}
```

如果这样的话，就会将最后一次读入的"-1"也写到 fp2 所指的文件中，然后系统又会给该文件再加一个"-1"，这样文件 file1 会比文件 file2 多一个字节。

 12.5 缓冲型文件操作的出错检测

12.5.1 ferror()函数

1. ferror()函数的引入

通过前面的学习知道，在调用各种输入/输出函数的时候，如果出现错误，可以从函数的返回值中得到反映。但事实上，大多数标准输入/输出函数并不具有明确的出错信息返回值。例如，调用 fputc()函数时返回值是 EOF，它可能表示文件结束，也可能表示调用失败而出错。调用 fgets()函数时如果返回 NULL，它可能是文件结束，也可能是出错。为了明确地检查是否出错，C 语言提供一些函数用来检查输入/输出函数调用中的错误。

2. ferror()函数的调用

格式：ferror(fp);

功能：可以进行输入/输出函数调用中的出错检查。

说明：

（1）如果函数返回值为 0，则表示未出错；如果返回非零值，则表示出错。

（2）在调用 fopen()函数时，也就是试图打开文件的时候，系统会自动使相应文件的 ferror()函数的初值为零。

（3）每调用一次输入/输出的函数后，都有一个 ferror()函数值与之对应。如果想检查调用输入/输出函数是否出错，应在调用该函数后立即测试 ferror()函数的值，否则该值会丢失（ferror()函数反映的是最后一个输入/输出函数调用的出错状态）。

12.5.2　clearerr()函数

当调用一个输入/输出函数时，如果出现错误，文件错误标志或文件结束标志将会置位。clearerr()函数的作用就是将文件错误标志或文件结束标志复位（即清零）。具体情况如下：

格式：clearerr (fp);

功能：使文件错误标志或文件结束标志置 0。

说明：

（1）如果在调用一个输入/输出函数时出现错误，ferror()函数值为一个非零值。在调用 clearerr(fp)后，ferror(fp)的值变为 0。

（2）只要出现错误标志，这个错误标志就一直保留，直到遇到对同一个文件调用 clearerr()函数或 rewind()函数，或其他任何一个输入/输出函数。

 ## 12.6　非缓冲文件系统（系统 I/O）

12.6.1　非缓冲文件系统的主要特点

1. 缓冲文件系统和非缓冲文件系统的区别

前面介绍的缓冲文件系统（标准 I/O）是借助文件结构体对文件进行管理，通过文件指针来访问文件。它的读功能强，可以读写字符、字符串、格式化数据，以及按记录方式读写。既可用于字符代码文件，也可用于二进制文件。可以看到，在使用缓冲文件系统的时候，C 编译系统替人们做了不少事情，减少了人们编程的困难。因此缓冲文件系统又被称为高级（高层）输入/输出系统。

而非缓冲系统则直接依赖于操作系统，通过操作系统的功能直接对文件进行操作，这称为低级（低层）输入/输出系统，或系统级输入/输出。这里所说的高级或低级，是从与操作系统接近的程度而言的，类似于高级语言与低级语言的关系。非缓冲文件系统没有文件结构体，不设文件类型指针，不能读写单个字符、字符串和格式化数据，一般用于二进制文件，它只有一种读写方法，即成块（包含许多字节）读入二进制的数据。表 12-2 列出了缓冲文件系统与非缓冲文件系统的主要区别。

表 12-2　缓冲文件系统与非缓冲文件系统的主要区别

缓冲文件系统（标准 I/O）	非缓冲文件系统（系统 I/O）
设文件结构体	不设文件结构体
通过文件指针访问文件	通过文件号访问文件
可以读写单个字符、字符串，格式化读写和按记录读写	只能读写成块数据
可以处理字符文件和二进制文件	主要用于处理二进制文件
系统自动开辟缓冲区	程序需要自设缓冲区
编程序比较容易	编程序难度大些
执行效率稍低	执行效率高

2. 非缓冲文件系统的特点

从使用者的角度来看，缓冲文件系统的功能强，使用方便，但效率稍低。而非缓冲系统最大的优点是执行效率高。因此在编写系统软件或进行程序控制的时候，往往需要用到非缓冲文件系统。这种情况如同高级语言使用方便、但低级语言执行效率高一样。由于 ANSI 标准已不再包括非缓冲系统，因此建议尽量不要使用它编程。在此也只作简单介绍。

前面已提及，非缓冲系统不自动设置缓冲区，而由程序设计者根据需要在程序中设置缓冲区。也就是说，此时缓冲区是程序的一部分，它的位置在用户数据区中（见图 12-5）。在读入数据时，由磁盘文件将数据读到"缓冲区"中，然后程序可以直接引用缓冲区中的数据。在输出时，将"缓冲区"中的数据送到磁盘文件。实际上，常用一个数组来作为缓冲区。

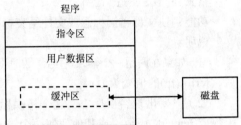

图 12-5　非缓冲系统中打开文件的过程

12.6.2　打开文件

1. open()函数的调用

即使是非缓冲文件系统，在使用文件之前也要先将其打开。打开文件的操作是用 open()函数来实现的。其一般形式如下：

```
open（文件名，使用方式）；
```

（1）在系统 I/O 中，"文件名"的使用方法与标准 I/O 中的使用方法是相同的。

（2）"使用方式"含义与标准 I/O 的概念也是相同的，但具体规定又有所不同，且不同的系统有不同的规定。在 C 系统中使用方式规定如表 12-3 所示。

（3）C 系统为了提高程序的可读性，定义了一些宏名代替以上数字，如表 12-4 所示。这些宏名是在标头文件 fcnt1.h 中定义的。因此在使用这些宏名时，要用 include 命令将文件 fcntl.h 包含进来。

表 12-3　open()函数中使用方式的含义

使用方式	含　义
1	只读
2	只写
4	读写

表 12-4 open 函数中使用方式的宏名

使用方式		含 义
宏名表示	数字表示	
O_RDONLY	1	打开一个文件, 只能读
O_WRONLY	2	打开一个文件, 只能写
O_RDWR	4	打开一个文件, 用于读和写

上述宏名的选取是为了便于理解与记忆。例如,"O"表示打开操作(open),RDONLY 表示只读(read only),WRONLY 则表示只写(write only),RDWR 表示读写(read and write)。

(4)open()函数有一个返回值,但它不是指针,而是一个正整数,用它来代表所打开的文件,因此这个整数被称为"文件标识号"或"文件号"。在没有关闭这个文件前,该文件号始终代表着一个确定的文件。在执行函数 open()后应及时将函数的返回值赋给一个整型变量。在程序的 read()和 close()函数中都用这个整型变量代表所要操作的文件。当打开失败时返回值为−1。

2. 打开文件的具体举例

例 12-13 将一个已存在的文件内容读入内存并显示在屏幕上。

```c
#include "stdio.h"
#include "stdlib.h"
#include <fcntl.h>
char buff[512];
void main()
{ int fd,bytes,i;
  if((fd=open("file2.txt",1))<0)
    { printf("不能打开此文件.");exit(0);}
  while((bytes=read(fd,buff,512))>0)
      for(i=0;i<bytes;i++)putchar(buff[i]);
  close(fd);
}
```

视频

将文件内容读入并显示

程序中语句: `if((fd=open("file2.txt",1))<0)`
也可以改写为: `if((fd=open("file2.txt",O_RDONLY))<0)`

程序中的数组 buff 就是程序员设置的长度为 512 字节的缓冲区,这个缓冲区用来存放从文件中一次读入的数据。程序中使用了打开文件的 open()函数。可以看到,open()函数中采用的是方式 1(即只读方式),打开的文件是 file2.txt。程序中还用到读文件和关闭文件等函数,我们将在下面逐一介绍。

3. creat()函数的调用形式

在有的系统(如 Turbo C)中,试图用 open()函数建立一个新文件的操作是不允许的。这些系统通常用 creat()函数来建立新文件,其具体的调用形式如下:

```
creat(文件名,文件使用方式);
```

参数文件名、文件使用方式基本同 open()函数的使用。

12.6.3 文件的读写与关闭

1. read()函数的调用

在非缓冲文件系统中,用 read()函数来实现对文件的读入,其一般形式如下:

```
read(文件号,缓冲区地址,读入最大字节数);
```

例如：`read(fd,buff,512);`

上面的例子表示，系统一次从文件号 fd 所代表的文件中读入 512 个字节，并送到起始地址为 buff 的缓冲区中。如果文件中可供本次读入的字节数不足（如少于 512 个字节），那么就将这些字节全部读入。也就是说实际读入的字节数小于或等于 512 字节。

read()函数的返回值为实际读入的字节数。比如实际读入了 100 个字节，则 read()函数的返回值就是 100。如果返回值为 0，则表示文件结束，无读入。如果读操作失败，则函数返回值为-1，因此可以根据 read()函数的返回值是否大于零来判断函数是否有效地读入字符。

2. write()函数的调用

写文件的操作是由 write()函数来实现的，它的调用形式如下：

```
write(文件号,缓冲区起始地址,一次输出的字节数);
```

例如：`write(fd,buff,100);`

上面的例子表示，将内存中起始地址为 buff 存储区中的 100 个字节输出到 fd 所代表的文件中去。可以看出，用 write()函数可以输出整个缓冲区中的内容，也可以输出其中一部分数据。

如果执行 write()函数成功，则函数的返回值为实际写入磁盘文件的字节数，若失败则返回-1。

3. close()函数的调用

在系统 I/O 中用 close()函数关闭文件，其调用形式如下：

```
close(文件号);
```

例如：`close(fd);`

上面例子的作用是关闭 fd 所代表的文件。

12.6.4 缓冲区的设置

1. 缓冲区的设置方式

有关非缓冲文件系统中缓冲区的设置，在前面的例子中已经有所阐述。比如从例 12-13 中可以看到设置缓冲区的一般方法，就是将数据输入到一个数组中，由程序再对数组内容作处理。但在缓冲区的设置上往往是很灵活的，有时甚至可以不设数组，而将数据直接读入变量。

例如：

```
float x;
...
read(fd,&x,4);
...
```

系统一次从文件号为 fd 的文件中读入 4 个字节的内容给变量 x，这也是允许的。但是这样的做法，一次读入量小，效率不高。而我们则希望能够尽量减少磁盘读写次数，以提高效率。一般将缓冲区定为 512 字节或 512 的倍数，如 1 024、2 048、4 096 等。缓冲区愈大，时间愈省，当然占内存也就愈大。这些不是绝对的，只能作为实际编程时参考。

2. 缓冲区设置举例

例 12-14 将一个文件内容复制到另一个文件中，即模拟 copy 命令的功能。

```
#include "stdio.h"
#include "stdlib.h"
#include <fcntl.h>
#define BUFFSIZE 4096
```

视 频

将一文件的内容复制到另一个文件中 iii

```
char buff[BUFFSIZE];
void main()
 { int fd1,fd2,bytes;
   char *p1="file1.txt",*p2="file2.txt";
  if((fd1=open(p1,1))<0)    /*按只读方式打开文件 1 */
   { printf("不能打开%s 文件.",p1);exit(0);}
  if((fd2=open(p2,2))<0)    /*按只写方式打开文件 2 */
   { printf("不能打开%s 此文件.",p2);exit(0);}
  while((bytes=read(fd1,buff,BUFFSIZE))>0)write(fd2,buff,bytes);
  close(fd1);
  close(fd2);
 }
```

这个程序所要完成的功能是将一个已有的文件 1（p1 指向的文件）复制到另一个建立的文件 2（p2 指向的文件）中去。

程序中用文件号 fd1 代表文件 1，用文件号 fd2 代表文件 2，一次从文件 1 读入 4 096 个字节，然后立即输出到文件 2 中。

使用 Turbo C 编译时，Turbo C 要求用 creat()函数来建立一个新文件，这时程序中原有的两个 if 语句中的第一行可改写为：

```
if((fd1=open(p1,O_RDONLY))<0)/*按只读方式打开文件 1*/
 …
if((fd2=creat(p2,O_WRONLY)<0)/*按只写方式打开文件 2*/
 …
```

关于非缓冲系统（系统 I/O）有许多深入的细节，这里不再深入讨论。应该注意的是，各种 C 版本之间差异较大，使用时应注意所用系统的规定。

最后要强调的是，不主张初学者使用非缓冲系统。这里提到非缓冲系统的目的只是为了在阅读旧程序时不至于感到茫然。

课 后 练 习

1. 数据文件可分为哪两类？它们有什么区别？

2. C 语言所使用的磁盘文件系统分哪两大类？它们有什么区别？

3. 文件用完后必须关闭吗？为什么？

4. C 语言能实现真正的随机"读""写"吗？

5. 请编程实现文本文件的复制功能。

6. 从键盘输入若干行字符存入磁盘文件 file.txt 中。

7. 将输入的 3 个 3 位整数用 fprintf(fp, "%d,",x)的格式存入一个新建的文件中，再使用 fgetc()函数将它们读出并在屏幕上输出。

8. 从键盘输入一个字符串和一个十进制整数，将它们写入 test 文件中，然后再从 test 文件中读出并显示在屏幕上。

9. 编程实现对一个文本文件内容的反向显示。

10. 从键盘上输入一个长度小于 20 的字符串，将该字符串写入文件 file.dat 中，并测试是否有错。若有错，则输出错误信息，然后清除文件出错标记，关闭文件；否则，输出输入的字符串。

11. 编写程序，实现将命令行中指定的文本文件的内容追加到另一个文本文件的原内容之后。

12. 已知一个学生的数据库包含如下信息：学号（6 位整数）、姓名（3 个字符）、年龄（2 位整数）和住址（10 个字符），请编程由键盘输入 10 个学生的数据，将其输出到磁盘文件中；然后再从该文件中读取这些数据并显示在屏幕上。

13. 输入 6 个用户的用户名和密码，用户名为 15 个字符以内的字符串，密码为 5 个字符的定长字符串。新建一个文件，将用户名和密码以结构体的形式存入，要求密码存放时应将每一个字符的 ASCII 码加 1。

附录 A
ASCII 码表

ASCII 值	字符	ASCII 值	字符	ASCII 值	字符	ASCII 值	字符	ASCII 值	字符	ASCII 值	字符	ASCII 值	字符	ASCII 值	字符
0	NUL	32	(space)	64	@	96	`	128	Ç	160	á	192	└	224	α
1	SOH	33	!	65	A	97	a	129	ü	161	í	193	┴	225	β
2	STX	34	"	66	B	98	b	130	é	162	ó	194	┬	226	Γ
3	ETX	35	#	67	C	99	c	131	â	163	ú	195	├	227	Π
4	EOT	36	$	68	D	100	d	132	ä	164	ñ	196	─	228	Σ
5	END	37	%	69	E	101	e	133	à	165	Ñ	197	┼	229	σ
6	ACK	38	&	70	F	102	f	134	å	166	ª	198	╞	230	μ
7	BEL	39	'	71	G	103	g	135	ç	167	º	199	╟	231	τ
8	BS	40	(	72	H	104	h	136	ê	168	¿	200	╚	232	Φ
9	HT	41	)	73	I	105	i	137	ë	169	⌐	201	╔	233	θ
10	LF	42	*	74	J	106	j	138	è	170	¬	202	╩	234	Ω
11	VT	43	+	75	K	107	k	139	ï	171	½	203	╦	235	δ
12	FF	44	,	76	L	108	l	140	î	172	¼	204	╠	236	∞
13	CR	45	─	77	M	109	m	141	ì	173	¡	205	═	237	φ
14	SO	46	.	78	N	110	n	142	Ä	174	«	206	╬	238	ε
15	SI	47	/	79	O	111	o	143	Å	175	»	207	╧	239	∩
16	DLE	48	0	80	P	112	p	144	É	176	░	208	╨	240	≡
17	DC1	49	1	81	Q	113	q	145	æ	177	▒	209	╤	241	±
18	DC2	50	2	82	R	114	r	146	Æ	178	▓	210	╥	242	≥
19	DC3	51	3	83	S	115	s	147	ô	179	│	211	╙	243	≤
20	DC4	52	4	84	T	116	t	148	ö	180	┤	212	╘	244	⌠
21	NAK	53	5	85	U	117	u	149	ò	181	╡	213	╒	245	⌡
22	SYN	54	6	86	V	118	v	150	û	182	╢	214	╓	246	÷
23	ETB	55	7	87	W	119	w	151	ù	183	╖	215	╫	247	≈
24	CAN	56	8	88	X	120	x	152	ÿ	184	╕	216	╪	248	°
25	EM	57	9	89	Y	121	y	153	Ö	185	╣	217	┘	249	·
26	SUB	58	:	90	Z	122	z	154	Ü	186	║	218	┌	250	·
27	ESC	59	;	91	[	123	{	155	¢	187	╗	219	█	251	√
28	FS	60	<	92	\	124	¦	156	£	188	╝	220	▄	252	ⁿ
29	GS	61	=	93	]	125	}	157	¥	189	╜	221	▌	253	²
30	RS	62	>	94	^	126	~	158	Pt	190	╛	222	▐	254	■
31	US	63	?	95	_	127	⌂	159	ƒ	191	┐	223	▀	255	ÿ

附录 B

C 常用库函数

C 系统提供非常丰富的库函数，这里给出其中常用的一小部分。

1. 输入/输出库函数（见表 B–1）

使用输入/输出库函数，应包含 stdio.h 文件。

表 B-1   输入/输出库函数

函 数 模 型	功　能
int fclose(FILE*fp)	冲刷并关闭文件。有错返回非 0，正常返回 0
int feof(FILE*fp)	若当前文件读写位置在文件尾，返回非 0 值
int ferror(FILE*fp)	读写有错时，返回非 0 值
void fflush(FILE*fp)	冲刷指定文件的文件缓冲区
int fgetc(FILE*fp)	读取文件下一个字符，返回读入字符。若文件结束或出错，返回 EOF
char *fgets(char *buf, int n, FILE*fp)	读取多至 n-1 个字符，或遇换行符（保存换行符）结束，并以字符串形式存储于 buf 数组中。返回 buf；若出错或文件尾，返回 NULL
FILE *fopen(char *fname, char *mode)	以 mode 方式打开 fname 文件，成功返回文件指针，否则返回 NULL
int fprintf(FILE*fp, char *fmt[, args,…])	对 args 的值按 fmt 所指的格式进行转换，并输出到指定文件。返回实际输出的字符数。若出错，返回 EOF
int fputc(int ch, FILE*fp)	输出 ch 中的字符到文件，成功返回输出的字符，否则返回 EOF
int fputs(char *str, FILE*fp)	输出字符串到文件。成功返回最后输出的字符；否则返回 EOF
int fread(void * ptr, unsigned size, unsigned n, FILE*fp)	从文件读取长为 size 字节的 n 个数据块到 ptr 所指数组。返回实际输入的数据块数；若文件结束或出错，返回值不足块数，可能为 0
int fscanf(FILE*fp, char *fmt [,sometype *args,…])	从文件读入数据，按 fmt 中的格式进行字符匹配和数据转换,并将转换结果存入 args 所指对象中。函数返回输入数据的个数。若企图在文件尾输入，则返回 EOF。如未存储数据，返回 0
int fseek(FILE*fp, long offset, int base)	以 base 为基准，offset 为偏移字节数，移动文件读写位置。成功移动返回 0，否则返回非 0
long ftell(FILE*fp)	返回文件当前读写位置。出错情况返回-1L
int fwrite(void *ptr, unsigned size, unsigned n, FILE*fp),)	将从 ptr 所指内容，每块长为 size 字节，共 n 块内容输出到文件。成功，返回实际输出的数据块数；文件结束或出错返回 0 值
int getchar(void)	从标准输入设备读取下一个字符
char *gets(char *str)	从 stdin 读入字符串，遇换行结束，并将换行符用字符串结束符代替存储。成功返回 str；出错或文件结束返回 NULL
int printf(char *fmt[, args,…])	除输出到标准输出文件外，作用与 fprintf()相同

256

函 数 模 型	功　　能
int putchar(char ch)	把字符 ch 输出到标准输出设备
int puts(char *str)	输出字符串 str 到 stdout，并附上换行。成功返回最后输出的字符；否则返回 EOF
int remove(char *fname)	删除文件。成功返回 0；出错返回非 0 值
int rename(char *old, char *new)	将原名为 old 的文件改为新名 new。成功返回 0；出错返回非 0 值
int rewind(FILE*fp)	与 fseek(fp, 0L, SEEK_SET)相同，成功移动返回 0，否则非 0
int scanf(char *fmt[,sometype *args, …])	从 stdin 输入数据，作用与 fscanf()相同
int sprintf(char *buf, char *fmt[, args,…])	除输出到 buf 数组外，作用与 fprintf()相同
int sscanf (char *buf, char *fmt[, sometype *args,…])	除从 buf 中的字符串提取数据外，作用与 fscanf()相同
int ungetc(int c, FILE*fp)	将 c 中字符推回到文件。返回推回的字符

2. 数学库函数（见表 B-2）

使用数学库函数的程序，应包含 math.h 文件。

表 B-2　数学库函数

函 数 模 型	功　　能
int abs(i nt i)	i 的绝对值 |i|
double acos(double x)	$\arccos(x)$，$\|x\| \le 1$
double asin(double x)	$\arcsin(x)$，$\|x\| \le 1$
double atan(double x)	$\arctan(x)$
double atan2(double x, double y)	$\arctan(x/y)$
double atof(char *str)	从浮点数字符列字符串译出浮点数
int atoi(char *str)	从整数字符列字符串译出整数
long atol(char *str)	从整数字符列字符串译出长整数
double cos(double x)	$\cos(x)$
double cosh(double x)	$\cosh(x)$
double exp(double x)	e^x
double fabs(double x)	$\|x\|$
double floor(double x)	求不大于 x 最大整值，返回该整值的 double 值
double fmod(double x, double y)	x 整除 y 后的余数
double frexp(double v, int *npt)	当 v 不等于 0.0 时，记 $v = x*2^n$，$0.5 \le \|x\| < 1$，将 n 存于 npt 所指变量，返回 x
double log(double x)	$\log_e x$
double log10(double x)	$\log_{10} x$
double modf(double v, double *dpt)	将 v 的值分成整数部分和小数部分，整数部分值存于 dpt 所指变量，返回 v 的小数部分
double pow(double x, double y)	x^y
int rand(void)	返回伪随机数

函 数 模 型	功　能
double sin(double x)	sin(x)
double sinh(double x)	sinh(x)
double sqrt(double x)	x 的平方根
void srand(unsigned seed)	伪随机数发生器按 seed 值初始化
double tan(double x)	tan(x)
double tanh(double x)	tanh(x)

3. 字符库函数（见表 B-3）

使用字符库函数的程序，应包含 ctype.h 文件。

表 B-3　字符库函数

函 数 模 型	功　能
int isalnum(int ch)	检查 ch 是否是字母或数字符，是返回非 0
int isalpha(int ch)	检查 ch 是否是字母，是返回非 0
int iscntrl(int ch)	检查 ch 是否是 delete 字符或通常的控制字符（0x7F，或 0x00～0x1F），是返回非 0
int isdigit(int ch)	检查 ch 是否是数字符，是返回非 0
int isgraph(int ch)	检查 ch 是否为可打印字符（除空格符外，0x21～0x7E），是返回非 0
int islower(int ch)	检查 ch 是否是小写英文字母，是返回非 0
int isprint(int ch)	检查 ch 是否为可打印字符（0x20～0x7E），是返回非 0
int ispunct(int ch)	iscntrl(ch)或 isspace(ch)
int isspace(int ch)	检查 ch 是否是空格、制表符、回车符、换行符、垂直制表符等（0x09～0x0D、0x20），是返回非 0
int isupper(int ch)	检查 ch 是否是大写英文字母，是返回非 0
int isxdigit(int ch)	检查 ch 是否是十六进制数字符，是返回非 0
int tolower(int ch)	若 ch 是大写字母返回对应的小写字母，否则与 ch 同
int toupper(int ch)	若 ch 是小写字母返回对应的大写字母，否则与 ch 同

4. 字符串库函数（见表 B-4）

使用字符串库函数，应包含 string.h 文件。

表 B-4　字符串库函数

函 数 模 型	功　能
char *strcat(char *s1, char *s2)	将 s2 复制接在 s1 字符串之后，返回 s1
char *strchr(char *s, int ch)	在 s 中找 ch 第一次出现，返回找到的字符指针，未找到返回 NULL
char *strcmp(char *s1, char *s2)	比较 s1 与 s2，s1 小于 s2 返回负数，s1 等于 s2，返回 0，s1 大于 s2 返回正数
char *strcpy(char *s1, char *s2)	将 s2 复制到 s1，返回 s1
char *strncpy(char *s1, char *s2, int n)	将 s2 多至 n 个字符复制到 s1，返回 s1
unsigned int strlen(char *s)	返回 s 有效字符个数
char *strstr(char *s1, char *s2)	在 s1 中找 s2 第一次出现的位置，返回找到处的字符指针，未找到返回 NULL

5. 存储动态分配库函数（见表 B–5）

使用动态分库配函数应包含 malloc.h 文件或 stdlib.h 文件。

表 B-5 存储动态分配库函数

函 数 模 型	功　　能
void *calloc(unsigned n, unsigned size)	分配每块 size 个字节，共 n 块的一个连续内存空间，并清 0。成功返回分配空间的开始位置指针，否则返回 NULL
void free(void *p)	释放 p 所指内存块。要求 p 值是调用动态分配函数的返回值
void *malloc(unsigned size)	分配 size 个字节的一个连续内存空间。成功返回分配空间的开始位置指针；否则返回 NULL
void *realloc(void *p, unsigned size)	对 p 所指原先分配的内存空间重新分配，改为 size 个字节。成功返回重新分配空间的开始位置指针；否则返回 NULL

附录 C
C 语言的关键字

auto	break	case	char	const
continue	default	do	double	else
enum	extern	float	for	goto
if	int	long	register	return
short	signed	sizeof	static	struct
switch	typedef	union	unsigned	void
volatile	while			

附录 D
运算符的优先级与结合性

优 先 级	运 算 符	含 义	运算符类型	结合方向
1	( ) [ ] -> .	圆括号 数组元素下标 指向结构类型中的成员 结构类型成员运算符		自左至右
2	! ~ ++、-- + - * & (类型名) sizeof	逻辑非运算符 按位取反运算符 自增 1、自减 1 正号 负号 指针运算符 求地址运算符 强制类型转换运算符 求所占存储单元的字节数	单目运算符	自右至左
3	* / %	乘法运算符 除法运算符 整数求余（或求模）运算符	双目运算符	自左至右
4	+ -	加法运算符 减法运算符	双目运算符	自左至右
5	<< >>	按位左移运算符 按位右移运算符	双目运算符	自左至右
6	<、<=、>、>=	关系运算符	双目运算符	自左至右
7	== !=	关系运算中的等于运算符 关系运算中的不等于运算符	双目运算符	自左至右
8	&	按位与运算符	双目运算符	自左至右
9	^	按位异或运算符	双目运算符	自左至右
10	|	按位或运算符	双目运算符	自左至右
11	&&	逻辑与运算符	双目运算符	自左至右
12	||	逻辑或运算符	双目运算符	自左至右
13	? :	条件运算符	三目运算符	自右至左
14	=、+=、-=、*= /=、%=、&=、^= |=、<<=、>>=	赋值运算符		自右至左
15	,	逗号运算符		自左至右

> **注意:**
>
> ① 在对表达式求值时，首先考虑运算符的优先级，按照运算符的优先级从高到低顺序执行。
>
> ② 如果多个运算符的优先级相同，此时运算的顺序由运算符的结合性决定。